“十二五”职业教育国家规划教材
经全国职业教育教材审定委员会审定

服装CAD技术

第三版

刘荣平　李金强　主　编

化学工业出版社
·北京·

本书主要介绍了爱科服装CAD和PGM服装CAD的操作方法，以最基本的一步裙、衬衫、男西裤为例阐述了这两种 CAD 软件的使用技巧，力求使读者能尽快入门，并举一反三地掌握软件的使用，从而制作出千变万化的服装款式图、结构纸样及其他技术文件。该书从最简单、最基本的款式制作来讲述CAD的使用，思路清晰、阐述简洁明了、图文并茂，能帮助不同层次的读者学习和使用CAD软件，并利用CAD软件进行服装效果图和服装技术文件的制作。

本书可作为高职高专服装类专业教材，也可供中等专业学校以及各种使用爱科或PGM CAD软件的服装培训班和服装设计、服装制板、服装工艺单编制人员使用。

图书在版编目（CIP）数据

服装CAD技术 / 刘荣平，李金强主编. —3版. —北京：化学工业出版社，2015.9（2025. 2重印）

“十二五”职业教育国家规划教材

ISBN 978-7-122-23173-4

Ⅰ.①服… Ⅱ. ①刘… ②李… Ⅲ. ①服装设计-计算机辅助设计-AutoCAD软件-高等职业教育-教材 Ⅳ. ①TS941.26

中国版本图书馆CIP数据核字（2015）第040853号

责任编辑：陈有华　蔡洪伟　　　　文字编辑：刘志茹

责任校对：宋　玮　　　　装帧设计：刘剑宁

出版发行：化学工业出版社（北京市东城区青年湖南街13号　邮政编码100011）

印　　装：北京天宇星印刷厂

787mm×1092mm　1/16　印张16¾　字数396千字　　2025年2月北京第3版第3次印刷

购书咨询：010-64518888　　　　售后服务：010-64518899

网　　址：http://www.cip.com.cn

凡购买本书，如有缺损质量问题，本社销售中心负责调换。

定　　价：48.00元

前言

《服装CAD技术》自出版以来，受到了广大读者的关注和使用院校的好评，也收到了读者、相关教师和企业技术人员对本书提出的一些很有价值的参考意见。期望本次修订能更好地满足相关人员的要求。

考虑到当前户外服装蓬勃发展并已形成较大的市场，并且为了使学校的教学与企业能更好衔接，邀请了企业板房资深人士选择了典型的户外服装——冲锋衣为例进行介绍，读者定能对企业实际生产中户外服装的制板、放码及排料等技术工作举一反三。此外，服装三维试衣也已经有了长足的发展，这必将引起服装行业的巨大变革，新版中对此也作了较为深入的阐述，读者可以窥见一斑。

在结构上，本书仍分上篇、下篇两个部分，分别以爱科和PGM两个软件为载体进行介绍。在内容上主要是介绍软件的具体使用方法，列举了大量的实例，反映了工学结合下对技能学习的要求。对软件版本的选择，结合企业使用情况和院校使用的实际，打板、放码与排料项目上仍然选择PGM 9.6版本为基础进行编写，而三维试衣部分则是用PGM 12.0版本编写。

全书共11章，第一章由扬州市职业大学陈秀凤编写，第二章和第六章由山东服装职业学院马宝利、李小静编写，第三章、第四章和第五章由山东服装职业学院李金强、李亚楠编写，第七章、第八章、第九章由扬州市职业大学刘荣平编写，第十章、第十一章由刘荣平和江苏阿珂姆野营用品有限公司刘在敏编写。全书由刘荣平统稿。

本次修订已经尽力做了很多的工作，但仍有不足之处，恳请同行批评指正。

编者

2015年2月

第一版前言

当今人类社会正处于科学技术迅猛发展的新时期，计算机科学和信息技术更是日新月异，多媒体技术、计算机网络技术、虚拟现实技术等给计算机信息科学带来一次又一次的革命，也大大地推动了服装 CAD 技术的发展。

CAD（计算机辅助设计）技术是衡量一个国家工业水平的重要标志，它可以使人们摆脱手工方式的脑力劳动，为人们进入更高层次的创造性劳动提供良好的环境，使企业能以高质量、低价格和更短的产品周期完成对市场的快速响应。从国内外具有较高水准的服装公司的研究态势和产品开发上，我们可以对服装 CAD 的发展趋势略见一斑。

本书的论述力求深入浅出，能使读者迅速、科学地掌握软件的操作方法与技巧，注重技能的培养，能使使用人员在短时间内掌握西服裙、衬衫和西裤等最基本的服装款式的绘制，并能举一反三，掌握各种裙装、裤装的结构及其变化特点，绘制出其款式及结构，以符合现代服装生产和管理要求。

本书分上篇、下篇两个部分，分别以爱科和 PGM 两个服装 CAD 软件为载体进行介绍。教材目标是职业教育与培训，培养技术应用型人才，在内容上主要是讲软件的具体使用方法，并且关于实例的篇幅较大，反映了对技能学习的要求。

本书由刘荣平、李金强主编。第一章和第十章由陈秀凤编写，第二章和第六章由马宝利、李小静编写，第三章、第四章和第五章由李金强、李亚楠编写，第七章、第八章、第九章和第十一章由刘荣平编写。全书由刘荣平统稿。

本书在编写过程中得到了 PGM 公司丁向毅等的帮助，在录入过程中得到了汤金梅的大力支持，特别荣幸的是请到了东华大学服装设计与工程系主任、博士生导师李俊教授作为本书的主审，他在百忙之中仔细阅览全书，并提出了许多宝贵的意见，在此对他们表示衷心感谢。

由于时间仓促，编者水平有限，书中难免有疏漏之处，恳请各位读者和同行提出宝贵意见，以便再版时加以修正。

编 者

2007 年 4 月

第二版前言

《服装CAD技术》自2007年出版至今已有5年时间，受到了广大读者的关注和使用院校的好评，也收到了读者、相关教师和企业技术人员一些很有价值的参考意见，为此我们对教材做了修订。与第一版相比，主要做了如下修改。

第一，对要求较高的图形，全部替换为矢量格式图形，使其更圆顺清晰美观。

第二，在案例示范方面，操作步骤更具连续性，使得读者更容易理解与接受。

第三，参考企业技术人员意见，对排料范例做了全新调整，使得排料更合理科学，合乎企业实际。

在结构上，本书仍分上篇、下篇两个部分，分别以爱科和PGM两个软件为载体进行介绍，以满足职业教育与企业培训的需要。在内容上主要是介绍软件的具体使用方法及应用，并配有具体的实例，反映了工学结合下对技能学习的要求，以培养技术应用型人才。对软件版本的选择，结合企业使用情况和院校使用的实际，仍然选择PGM 9.6版本为基础进行编写。

全书共11章，第一章和第十章由陈秀凤编写，第二章和第六章由马宝利、李小静编写，第三章、第四章和第五章由李金强、李亚楠编写，第七章、第八章、第九章和第十一章由刘荣平编写。全书由刘荣平统稿。

由于编者水平有限，难免有不妥之处，恳请同行批评指正。

编者

2012年4月

目　录

下　篇

第一章　绪论

- 第一节　服装 CAD 概述
- 第二节　国内外服装 CAD 系统简介及服装 CAD 的发展趋势
- 第三节　服装 CAD 系统的使用环境
- 第四节　购买服装 CAD 的必要性以及如何选购服装 CAD

学习目标

了解服装 CAD 的概念，服装 CAD 的发展历史，国内外服装 CAD 的现状及其发展趋势。了解服装 CAD 对服装产业发展的促进作用，服装 CAD 系统的软硬件概况，对怎样选择合适的服装 CAD 系统有正确的认识。

第一节　服装 CAD 概述

从 20 世纪 70 年代以来，随着计算机技术的不断发展，特别是微型计算机的发展，对促进许多行业的发展做出了重要的贡献。服装业在 20 世纪 70 年代初开始引入计算机技术，早期因为硬件的原因，发展非常缓慢，直到 IBM PC 机问世之后，才加快了发展步伐，而我国服装 CAD 的迅速发展则是近十多年的事情。

一、服装 CAD 的概念

CAD 是计算机辅助设计（Computer Aided Design）的英文缩写。将设计工作所需的数据与方法输入到计算机中，通过计算机计算与处理，将设计结果表现出来，再由人对其进行审视与修改，直至达到预期目的和效果。一些复杂和重复性的工作由计算机完成，而那些判断、选择和创造性强的工作由人来完成，这样的系统就是 CAD 系统。

服装 CAD 是应用于服装领域的 CAD 技术，简单地讲就是应用计算机实现服装产品设计和工程设计的技术。目前，已经成功应用于服装领域的有款式设计（FDS）、纸样设计（PDS）、推档（Grading）、排料（Marking）等。

二、服装 CAD 的作用

1. 计算机在服装工业中的应用

计算机在服装工业中的应用非常广泛，主要有以下几个方面：

① 计算机辅助服装设计——服装 CAD；

② 计算机辅助制造——CAM；

③ 柔性加工系统——FMS；

④ 企业信息管理系统；

⑤ 服装信息系统；

⑥ 服装促销；

⑦ 人才培养。

2. 服装 CAD 的作用

由于服装业产品及其质量的迫切需要，服装 CAD 系统的实现与其功能的不断拓宽已成为近年来服装界、CAD 界研究人员追求的目标之一。服装 CAD 的应用所产生的巨大经济效益，引起了世界范围内研究机构和服装行业的极大兴趣和关注，并结出了丰硕的成果。据不完全统计，21 世纪初服装 CAD 普及率日本已达 80%；欧洲国家达 70%以上；我国台湾地区达 30%；我国大陆地区不足 5%。我国作为“服装大国”，在使用服装 CAD 上必须加快步伐。

企业引进服装 CAD 系统后，使得样板设计制作效率明显提高。据测算，国内服装企业若完成一套服装样板（包括面板、里板、衬板等），按照一般人工定额，完成一档为 8 个工时，若以推五档计算，就需 40 个工时。如果采用服装 CAD 系统，则只需 10 个工时即可，这就意味着工作周期将大大缩短。

根据日本数据协会在 20 世纪 90 年代对几十家 CAD 用户所作的有关应用效益的调查表明，CAD 系统的作用主要体现在以下几个方面：

- 90%的用户提高了产品设计的精度；
- 78%的用户减少了产品设计与加工过程中的差错；
- 76%的用户缩短了产品开发的周期；
- 75%的用户提高了生产效率；
- 70%的用户降低了生产成本。

国内亦有同类资料介绍，服装企业采用 CAD 技术之后，企业的社会效益和经济效益都得到了显著的提高：

- 面料利用率提高了 2%~3%；
- 产品设计周期缩短为原来的十几分之一到几十分之一；
- 产品生产周期缩短 30%~80%；
- 设备利用率提高 2~3 倍。

综上所述，服装 CAD 技术在服装工业化生产中起到了不可替代的作用，可以说这项技术的应用是现代化服装工业生产的起始，因此，大力推广服装 CAD 技术十分必要。

第二节 国内外服装 CAD 系统简介及服装 CAD 的发展趋势

一、服装 CAD 发展概况

1. 国内技术发展状况

我国服装 CAD 技术起步较晚，但发展速度很快。自“七五”（第七个五年计划）后期，国内许多研究机构和大专院校也相继开始研究开发服装 CAD 技术，并逐步从实验室成功地走向商品市场。航天工业科技集团 710 研究所、杭州爱科电脑公司等经过 20 多年的努力，使我国服装 CAD 基本上站稳了国内市场，系统功能比较强大，国产的服装 CAD 系统在很多方面适于国人使用，已经逐渐被国内用户所接受。

虽说国产服装 CAD 应用方面的技术同国外相比存在一定差距，但国产服装 CAD 的价格更符合我国企业实情，使中小企业更愿意接受，其系统之间既可独立运作，又可连成一体共享资源，有些国产服装 CAD 系统还具有记录、重播和修改设计过程的功能，便于学习与修改。就总体而言，国内服装 CAD 系统与国外相比还有很大差距。从软件的整体技术来看，国外系统的技术覆盖面远远大于国内系统，从 CAD 本身来看，无论在设备的技术精度上，还是软件功能模块覆盖面上，都占有优势。

目前，国内服装 CAD 技术较成熟，如航天服装 CAD、北京日升天辰服装 CAD、杭州爱科服装 CAD、富怡服装 CAD、智尊宝坊服装 CAD 等。

2. 国外技术发展现状

20 世纪 60 年代初美国率先将 CAD 技术应用于服装加工领域并取得了良好的效果，70 年代起，一些发达国家也纷纷向这一领域进军，取得了一定的成绩。迄今，国外服装生产已经从 60 年代的机械化、70 年代的自动化、80~90 年代的计算机化发展到了网络化。纵观服装 CAD 各大系统的技术发展，各有所长。在世界各国拥有数千用户的美国格柏（Gerber）公司历史悠久，占据了服装 CAD 技术的首领地位并形成新的技术产业。格柏系统目前比较注重专业软件的通用化和操作系统的兼容性，已经进入了软件的集成化即 CIMS 和硬件的 CAM 发展阶段。

在国际及我国影响较大的主要有美国的格柏公司、法国的力克（Lectra）公司和西班牙的艾维（Investronica）公司等。

法国力克系统也比较注重 CAD 软件的服装专业化和自成体系；而西班牙艾维系统则介于两者之间，同时兼顾操作系统兼容性和 CAD 软件的专业化。大家都在界面汉化上做了一定的工作，在三维服装 CAD 系统方面，也有了不小的成果，如美国、加拿大、日本等国都有研制成果推出。美国 PGM 系统、加拿大派特系统（PAD System）在实现款式从二维裁片到三维显示方面取得了阶段性进展。法国力克目前推广的高版本 CDI-U4IA 已含有三维技术，部分实现了三维设计转化为二维裁片的功能，使得设计师可以进行虚拟的立体裁剪设计。

二、国内服装 CAD 系统简介

1. 航天服装 CAD（Arisa）

航天服装 CAD 系统是国内最早自行开发研制并商品化的服装 CAD 系统之一。经过十多年的不懈努力，在国内外同类产品中，航天系统的功能模块较为齐全，有款式设计、样板设计、放码、排料、试衣五大分系统，并可按需组合，涵盖了服装设计和生产的全过程。有广泛、丰富的信息和实力雄厚的专业研制队伍，最新研发的衣片数码摄像输入、三维人体测量系统，确保航天服装科技处于国内领先地位。

2. 日升天辰服装 CAD（NAC2000）

日升天辰服装 CAD 系统已有十年的发展历史，能顺应企业的实际需要，在细节上做了不少的开发工作，建立了非常实用的数据库，有制板系统、推档系统、排料系统、工艺单设计系统、款式设计系统、三维立体描绘中心、面料设计中心等部分。

3. 爱科服装 CAD（ECHO）

爱科公司在中国是最早进行服装 CAD 软件研发的专业公司之一，在国内享有很高的知名度，ECHO 服装 CAD 一体化系统经过多年的研发，目前该系统已经涵盖了设计、打板、放码、排料、工艺、三维、数据管理、生产管理等功能强大的软件产品群。ECHO 系统与其他 CAD 系统可以进行广泛的数据交换，EC 支持 TIIP-DXF（日本服装 CAD 数据交换标准）以及 AAMA-DXF（美国标准）等。

4. 智尊宝坊服装 CAD（MODASOFT）

智尊宝坊服装 CAD 由北京六合生科技发展有限公司开发，这是一家从事服装计算机应用软件开发的高新技术公司，背靠清华大学和东华大学在科技与服装专业方面的优势，凭借对服装行业透彻的理解和领先的计算机技术水平，经过多年的努力，研究和开发出具有行业领先优势、适合我国服装工业特点、而又有别于其他软件产品的一系列服装软件产品。

已推出的产品有：打板系统、推档系统、排料系统、服装款式设计系统、工艺单制作系统等。

5. 富怡服装 CAD（richpeace）

富怡服装 CAD 系统兼容性较好，能与目前国内外绝大多数的绘图仪和数字化仪连接应用，且可以进行多种转换格式（如 DXF、AAMA 等），可以与国内外 CAD 系统的资料进行互相转换应用。富怡服装 CAD 系统是目前国内普及率和应用率较高的产品，特别是在广东、福建、江浙及一些沿海地区。

已经开发出来的产品有：富怡服装工艺 CAD（打板、放码、排料）、工艺单软件、格式转换软件、富怡 FMS 生产管理系统、立体服装设计系统及毛衫设计、针织、绣花系统等。

三、国外服装 CAD 系统简介

1. 美国格柏系统（Gerber）

美国格柏服装 CAD 是世界上最早进行服装 CAD 软件开发的公司，也是最早进入我国的服装 CAD 软件之一。系统功能包括：产品设计（Vision Fashion Studio）、AccuMark™、纸样设计系统（Pattern Design）、量体裁衣系统（Made to Measure）、服装设计和立体试衣系统（V-Stitcher）、Gerber 3D Direct、工业排版图优化系统（NESTERserver）、排版图优化系统（NESTERpac）、纸样设计系统（Silhouette）等。

2. 法国力克系统（Lectra）

法国力克服装 CAD 于 20 世纪 90 年代初进入中国市场，以“优异的性能、合理的价格”和得当的营销策略赢得了较大的市场。其产品包括：织物设计系统、结构设计与放码系统（Modaaris）、排料系统（Diamino）、工艺单制作系统（Graphic sped）、电子产品目录系统（Lectra catalog）、量身定制系统（MD-Fitnet）、三维视觉商店设计系统（3DVM）、三维人体扫描系统（3D body scanner）等。

3. 德国埃斯特系统（Assyst－Bullmer）

德国埃斯特系统于 20 世纪 90 年代末进入中国，由于系统适应面广、性能独特、营销恰当，在我国已有一定的市场和知名度。其软件功能包括：Graph assyst 服装设计、cad assyst 打板放码、lay assyst 交互式自动排料、automarker com 网上排料、MTM assyst 量身定制等。

四、服装 CAD 的发展趋势分析

当今人类社会正处于一个科学技术迅猛发展的新时期，计算机科学和信息技术更是日新月异，多媒体技术、计算机网络技术、虚拟现实技术等给计算机信息科学带来一次又一次的革命，也大大地推动了服装 CAD 技术的发展。从国内外具有较高水准的服装公司的研究态势和产品开发上，我们可以对服装 CAD 的发展趋势略见一斑。

1. 集成化

服装生产的全面自动化已成为当今服装业发展的必然趋势。这种全面自动化技术既包括公司经营和工厂管理的计算机信息系统（MIS 系统），也包括计算机辅助设计与制造系统（CAD/CAM 系统）和计算机辅助企划系统（CAP 系统），从而使产品从设计、加工、管理到投放市场所需的周期降到最低限度，提高企业对市场的反应速度，以提高企业的经济效益。世界各国的专家预测，当今工程制造业的发展趋势是向 CIM 方向发展，CIMS 正成为未来服装企业的模式。

2. 网络化

服装产业本身就是信息敏感的产业，对信息的及时获取、传送，并进行快速地反应，是企业生存和发展的基础。利用网络技术，建立企业内部的信息系统，进入国内外的公共信息网络，既可以使企业及时掌握各种信息，以利于企业的决策，又可以通过信息网络宣传自己和进行产品交易。服装 CAD 系统不仅属于服装企业，商家与顾客也可以与企业的 CAD 系统联网，直接参与设计。随着三维 CAD 技术的发展，人们还可以进入网络的虚拟空间去选购时装，进行任意的挑选、搭配、试穿，达到最终理想的效果。同时，系统的网络化也为 CIMS 的实现创造了必不可少的条件。因此，服装 CAD 只有通过网络互联起来才能达到资源共享和协调运作，发挥更大的效益。

3. 三维设计服装 CAD

迄今为止，服装 CAD 系统都是以平面图形学原理为基础的，无论是款式设计、样片设计还是试衣系统，其中的基本数学模型都是平面二维模型。但是，随着人们对着装合体性、舒适性要求的提高以及着装个性化时代的到来，建立三维人体模型、研究三维服装 CAD 技术，已经成为服装 CAD 技术当前最重要的研究方向和研究热点。尽管目前许多服装 CAD 系统，如 Gerber、Lectra、PGM 和 PAD 等含有三维试衣等技术，但仍处于探索阶段，还存在着一些较为困难的问题，与实用要求尚存距离。如何解决这些问题，是三维 CAD 走向实用化、商品化的关键所在。如果这一技术能获得真正突破，必将会给服装产业及相关领域带来深刻革命。

4. 智能化

迄今为止服装 CAD 设计系统的指导原则是采用交互式工作方式，为设计师提供灵活而有效的设计工具。计算机科学领域中富有智能化的学科和技术，例如知识工程、机器学习、联想启发和推理机制、专家系统技术，都未被成功地应用到服装 CAD 系统中。由于系统本身缺少灵活判断、推理和分析能力，使用者又仅限于具有较高专业知识和丰富经验的服装专业人员，因此许多服装生产厂家在其面前望而却步。但是随着知识工程和专家系统逐渐被引进服装工业，计算机具有了模拟人脑的推理分析能力，拥有行业领域的经验、知识、听觉和语言能力，使服装 CAD 系统提高到智能化水平，起到了激发创造力和想象力的作用，发挥出更有意义的“专家顾问”、“自动化设计”之作用。

5. 自动量体、试衣

世界时装业的主题正朝着个性化及合身裁剪方向发展。服装合体性已被广泛地认为是影响服装外观及服装舒适性的一个重要方面，它甚至被认为是影响服装销售的最重要的因素之一。这对服装 CAD 系统提出新的要求：快速自动测量完整、准确的人体数据，将数据输送到设计系统，并且在电脑的屏幕上进行试衣。无接触式的测量可利用摄影中的剪影技术来确定体型，借助精密的形体识别系统来确定人体尺寸的各个部位，或者利用激光技术产生人体的三维图像。目前人们正在研究更加可行的自动生成人体体型数据的软件。

第三节 服装 CAD 系统的使用环境

服装 CAD 是一个系统工程，从大的方面来划分，可以分为硬件与软件两个方面，在其发展历史中各部分相辅相成，共同促进。

一、服装 CAD 系统的硬件设备

服装 CAD 系统由硬件系统和软件系统两部分组成。

服装 CAD 硬件系统是软件的载体，一般包括如图 1-1 所示的一些子系统。

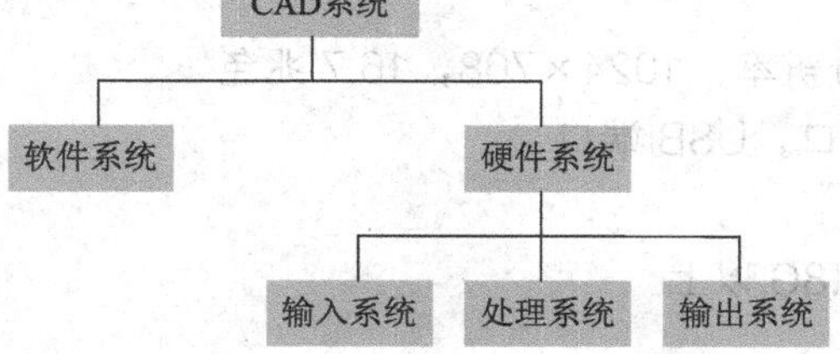

▲ 图 1-1

输入系统：用来获取数字信号，然后输入计算机，包括数字化仪、扫描仪、数码相机等。扫描仪、数码相机用来获取款式效果图或面料，数字化仪用来读取手工已绘制好的纸样。

处理系统：计算机系统。服装 CAD 对电脑的配置要求不是很高，例如，PⅣ CPU，40~80G 硬盘，256M 内存的配置已能很好满足要求。不过显示器应该配置好一些，19 英寸以上的纯平显示器较好，能保证图样效果且又善待了自己的眼睛。

输出系统：包括打印机、绘图仪和自动裁床等。打印款式效果图用一般彩色打印机即可，打印纸样则需要 90cm 以上幅宽的绘图仪（如图 1-2 所示）。

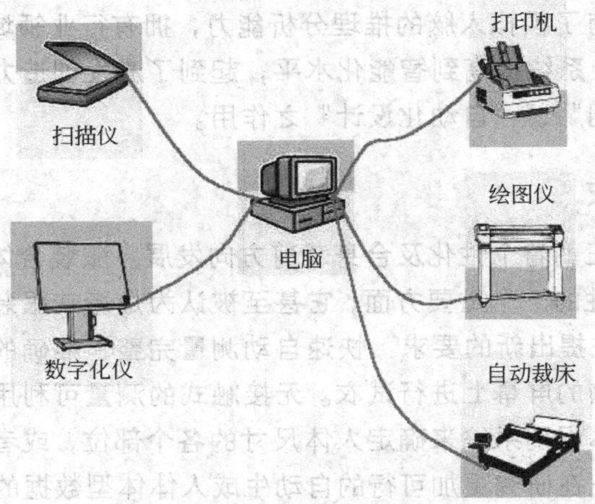

▲ 图 1-2

二、服装 CAD 系统对计算机软硬件的要求

在早期的时候，因为服装 CAD 涉及图形处理及图形显示与输出，对计算机硬件能力有一定的要求，随着计算机硬件的不断发展，现在主流的计算机配置均能满足服装 CAD 的要求，只不过因为图形显示的需要，在显示器的选购上可作高一点的要求。

基本配置如下：

CPU：Pentium Ⅳ-1.8G

内存：256MB

操作系统：Microsoft Windows™ 2000

硬盘：40GB

显示器：17 英寸，分辨率：1024×768，16.7 兆色

接口：并行口，串行口，USB 端口

推荐配置

CPU：Pentium Ⅳ-2.8G 以上

内存：512MB

操作系统：Microsoft Windows™ XP

硬盘：80GB

显示器：19 英寸；分辨率：1280×1024，16.7 兆色；可视角度（水平/垂直）：水平 170°/垂直 170°以上

接口：并行口，串行口，USB 端口

第四节 购买服装 CAD 的必要性以及如何选购服装 CAD

服装 CAD 系统从产生到现在已经有 30 多年的时间，对服装工业的发展起到了良好的促进作用，近年来服装 CAD 的普及率日益提高，购买的必要性分析以及如何选购成为迫切需要解决的问题。

一、购买的必要性

现在大多数的服装款式变化大、号型多，制板工作和推档工作越来越复杂。人工制板推档已经不能满足多款式、小批量的要求，招聘更多的员工又是一件比较麻烦的事，亦非最佳方案。服装 CAD 的制板推档的高效率可以较好地满足企业这方面的需求。服装 CAD 的高效率体现在如下几个方面。

制板效率：服装 CAD 远比手工快，特别在省褶变化比较多的女装制板方面。

修板：服装 CAD 在已经推档的板型上只要修改基本码，其他号型的板型就自动修改，与手工相比效率有极大的提高。

推档：服装 CAD 在推档方面的效率和准确度已经为大家所公认，并且号型越多效率越高。

排料：可以学习和继承老师傅的排料经验，让新手也能很快成为排料能手。

一般工厂都有纸样间用来保存纸样，多年下来纸样非常多，不但保存占用房间，而且查询非常困难。服装 CAD 能让所有纸样都成为数字信息，不管有多少纸样都可以保存在计算机里，时时刻刻都能轻松查询。远程纸样传输几分钟就可完成，工厂可以低成本聘请高级结构设计师从事兼职制板工作，降低企业的生产成本。

服装数字化是服装行业的必然趋势，服装 CAD 是服装数字化的开始。以前的国有企业购买服装 CAD 也许只是摆设，现在购买服装 CAD 对于大多数企业来说则是真正的需要。

二、如何选购

早期的服装企业抱着“硬件为先”的想法，一些大型服装企业购买裁床，同时选择某个裁床配套的服装 CAD 系统，结果软件不好用，企业实施不起来，几十万元、上百万元的大型设备或瘫痪，或利用率极低，造成了极大的浪费。这种现象同样也发生在一些小企业身上，由于对资金方面的考虑，有些小企业或个人，倾向于购买硬件获赠软件。其实软件如同大脑，一个没有好的大脑指挥的机器，即使再好也可能形同废铁。因此，越来越多的企业意识到，服装 CAD 应用的成功与否，关键在于 CAD 软件是否好用。

对一些发展初期中的或已经具有一定规模的服装企业来说，企业引进服装 CAD 系统不应看作是一件孤立的事情。这些初具规模的企业不仅需要在技术方面引进服装 CAD 系统，还要在管理方面引进相应的服装管理系统。因此在采购软件之前，首先自身应该先确立起来一套针对数字化建设的整体想法，服装 CAD 系统的实施只是整个方案中的一个局部。也就是说服装 CAD 是服装企业数字化的一个环节，它必须与其他系统相连接。

其次，就是看价格。一般来说价格与产品质量和售后服务有关，企业可在购买时根据自己的需要和购买能力进行选购。

再次，是售后服务，这个因素非常重要。一个企业在购买 CAD 前要做一定的调查了解，有的公司在你购买之前非常热情，说的让人感觉他什么都好，但购买了之后出现问题要他解决时却推卸责任、长时间不予处理，对企业造成很大的损失。

因此，购买时要克服盲目性，必须结合企业自身的生产规模、产品结构、产品档次、生产方式等选择不同系统功能与输入输出设备。在能力允许的情况下，可以选择有较好口碑的大公司的产品，使用起来有保障。

三、评判服装 CAD 系统的标准

一个服装 CAD 系统本身质量有好与差之分，但我们在评价它时主要是要结合我们自身实际情况来评价，这才是有价值的评价。

主要有这么一些方面：

① 软件的稳定性与兼容性；

② 软件的操作性能；

③ 软件的升级及售后服务；

④ 软件的功能与本企业的实际需要是否相符。

思考题

1. 什么是服装 CAD？
2. 服装 CAD 由哪些部分组成？
3. 服装 CAD 有哪些作用？
4. 简要分析服装 CAD 的发展趋势。
5. 简述购买服装 CAD 的必要性。
6. 简述如何购买服装 CAD。
7. 如何进行服装 CAD 的评价？

上　篇

第二章　款式设计系统

- 第一节　款式设计系统
- 第二节　款式设计操作实例

学习目标

了解服装爱科款式设计系统的界面组成及相关的工具，并能熟练掌握工具的使用，最终绘制出所需的设计效果图。

服装是人类美化自身的艺术产品，服装设计是实现这一目的的一种手段，它由款式设计、结构设计和工艺设计三部分组成。

款式设计包括许多实用的库，有款式库（女装、男装、童装）、面料库（丝绸、毛料、针织等）、部件库（领子、袖子、袋型等）和装饰物库（帽子、围巾等）等，也可用扫描仪加入新图案。此外多种颜色和绘画工具可以帮助设计师完成款式、花样和图案设计。当操作工具时，下栏会有操作提示，便于设计师更好地掌握工具，使设计师的创意得到更好的发挥。

第一节　款式设计系统

一、主界面介绍

进入爱科服装CAD，首先双击桌面上的图标，就会出现如图2-1所示的图片。填写人员代码和口令，就会出现登录界面，点击确定则出现如图2-2所示的界面。点击设计，就可进入款式设计的界面（如图2-3所示）。

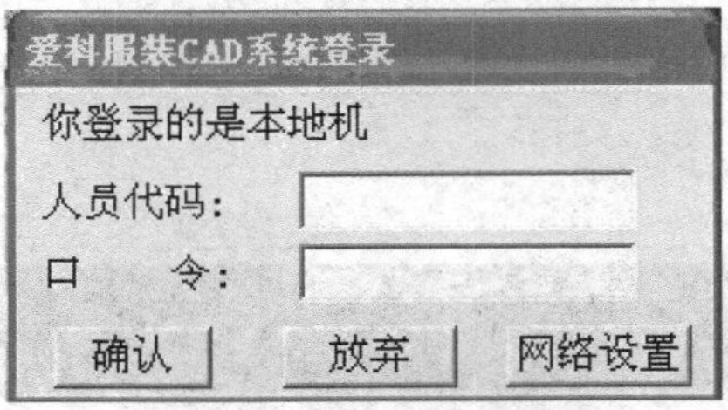

▲ 图2-1

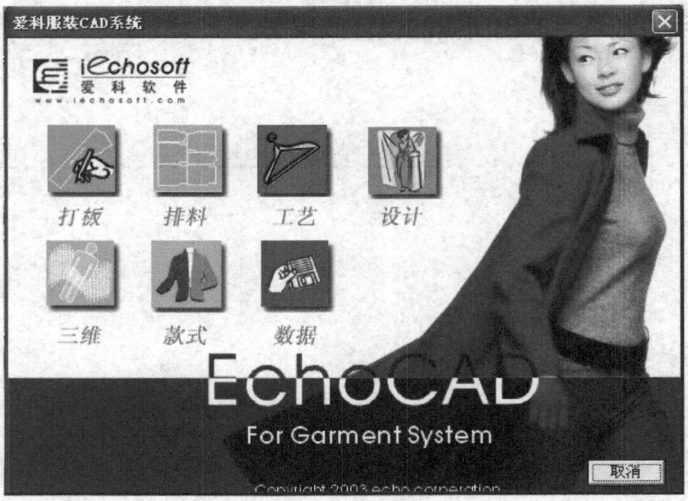

▲ 图2-2

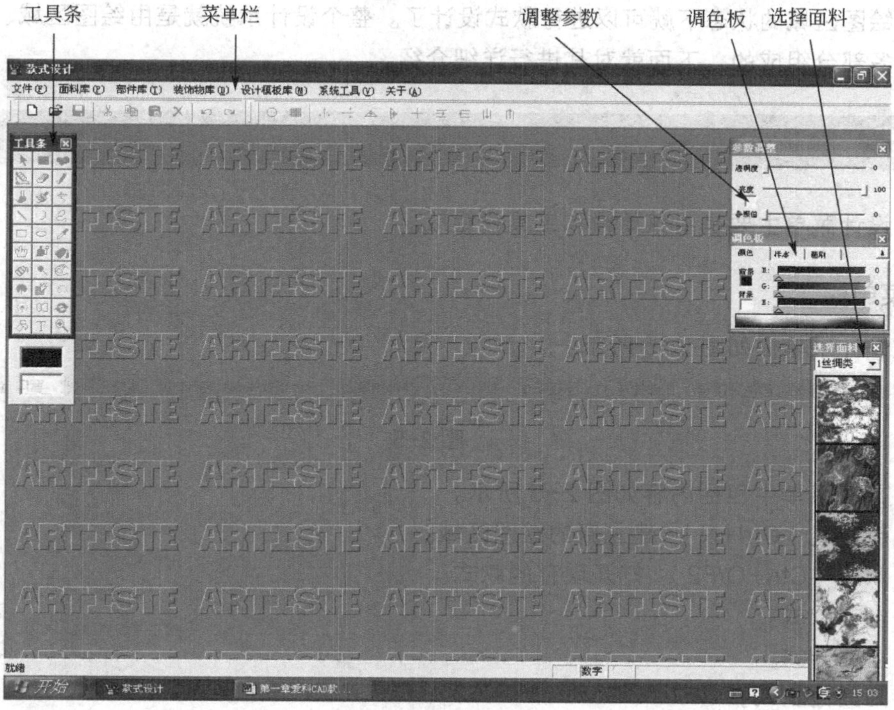

▲ 图 2-3

注意：因为整个界面是没有绘图区域的，所以工具条上的工具全部处于不能使用的状态。在文件中选择创建新款式后，出现绘图区域，而且菜单栏中会增加新的功能，并且工具条上的工具处于能使用的状态（如图 2-4 所示）。

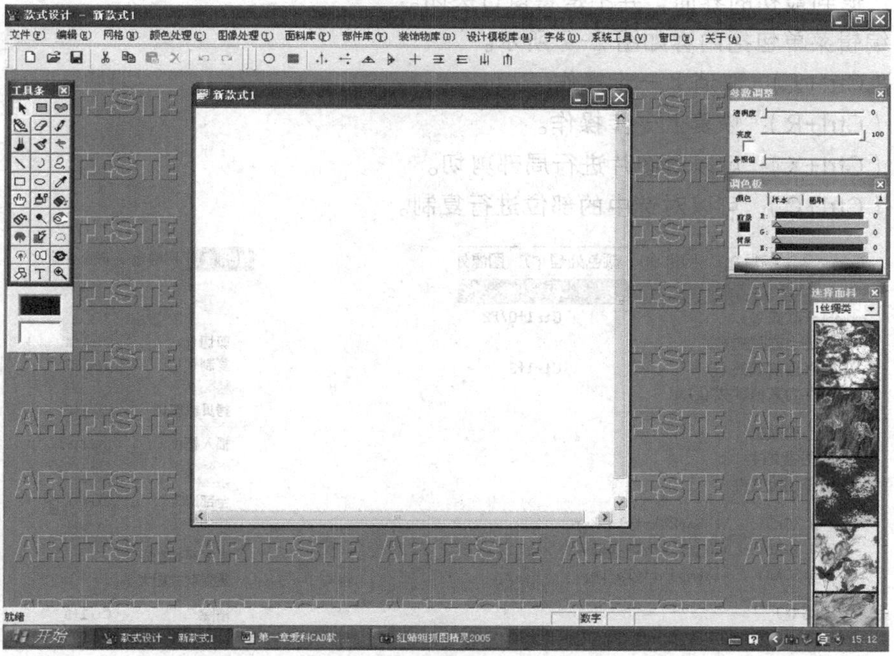

▲ 图 2-4

在有绘图区域的状态下就可以进行款式设计了。整个设计系统就是由绘图区域、菜单栏、工具条等多部分组成的，下面就对其进行详细介绍。

二、菜单介绍

款式设计菜单主要是由菜单栏和工具栏组成。

1. 菜单栏

款式设计菜单栏如图 2-5 所示。

▲ 图 2-5

（1）文件菜单中包括内容如图 2-6 所示。

创建新款式（Ctrl+N）：建立新的绘图区域。

打开款式（Ctrl+O/F2）：打开现存的款式。

关闭当前款式。

保存当前款式。

另存为其他款式。

来自剪贴板：款式来自剪贴板。

读图像文件：在电脑中查找图片。

保存图像文件：将款式保存成其他的图片形式。

1 到 3 为最近打开的款式。

退出：退到最初的界面，并不是将窗口关闭。

（2）编辑菜单包括内容如图 2-7 所示。

撤销（Ctrl+Z）：取消上一步操作。

恢复（Ctrl+R）：恢复上一步操作。

剪切（Ctrl+X）：可以对图片进行局部剪切。

复制（Ctrl+C）：可以对选中的部位进行复制。

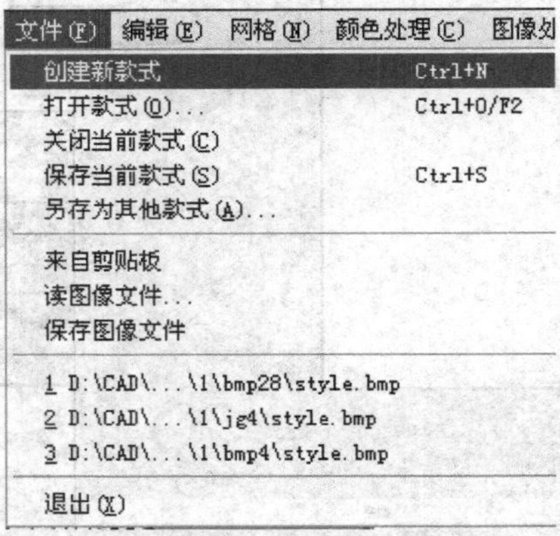

▲ 图 2-6

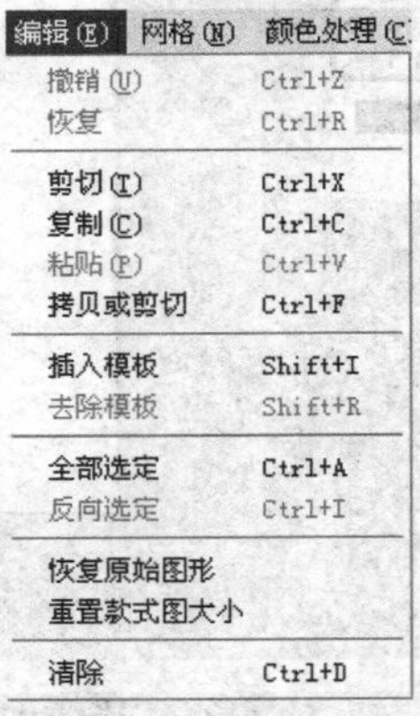

▲ 图 2-7

粘贴（Ctrl+V）：在指定部位，对剪切或复制的部分进行粘贴。

拷贝或剪切（Ctrl+F）：在不选中该选项的情况下，是进行拷贝的功能，在选中该选项的情况下，是进行剪切功能。

插入模板（Shift+I）：在绘图区域内插入相应的模板。

去除模板（Shift+R）：去除规定区域内的模板。

全部选定（Ctrl+A）：对绘图区域进行全部选定。

恢复原始图形和重置款式图大小是一起使用的，重新设置了款式图的大小后，觉得不合适可恢复原始图形的大小。

清除（Ctrl+D）：是将绘图区域的所有东西进行清除。

（3）网格菜单栏包括内容如图 2-8 所示。

读网格：读取款式中所存在的网格。

保存网格：是将你设置的网格进行保存。

设置网格尺寸：可根据自己的需要进行网格的设置。

联动调网格（Ctrl+L）：如图 2-8 所示。

（4）颜色处理菜单包括内容如图 2-9 所示。

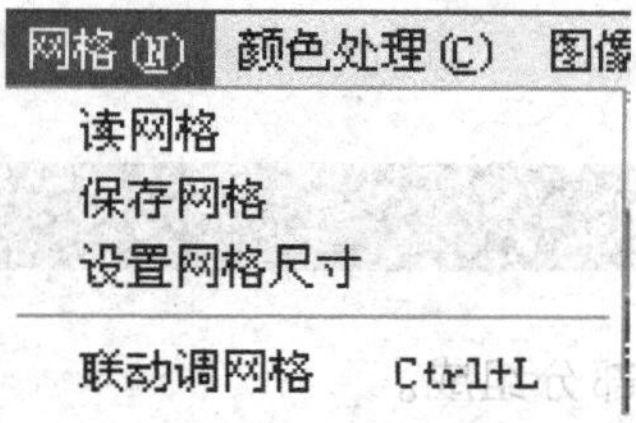

▲ 图 2-8

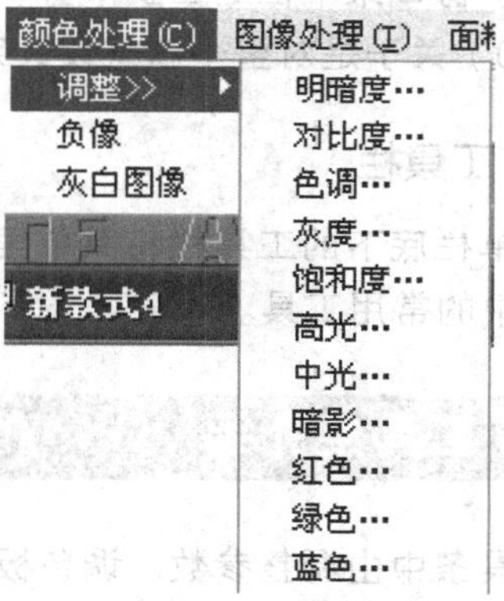

▲ 图 2-9

调整：对服装颜色进行多项调整。

负像：是对服装款式进行底片的处理。

灰白图像：是对服装中的颜色进行去除，呈现黑白灰效果。

（5）图像处理菜单包括内容如图 2-10 所示。

这些工具全部是对整个图像进行处理的。旋转、垂直翻转、水平翻转是对图像进行方位上的处理；RGB 通道是从红、绿、蓝三种颜色上对图片进行处理；滤镜是对图片进行特殊的图片处理；裁剪边界是对图像大小进行处理。

（6）下面的面料库菜单、部件库、装饰库菜单和设计模板库是对整个服装款式的一种添加。它只有简单的打开、关闭、保存、另存为几个简单的命令。

（7）字体菜单栏包括内容如图 2-11 所示。可在其中对字体进行修改。

（8）系统工具菜单栏包括内容如图 2-12 所示。在制定工具条中，可对工具条上的工具进行删除或添加。

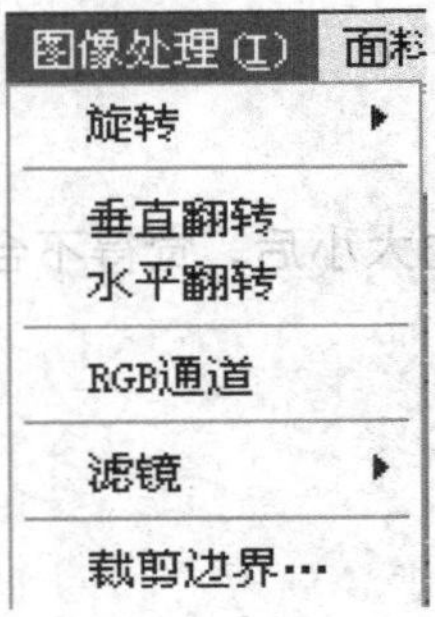

▲ 图 2-10

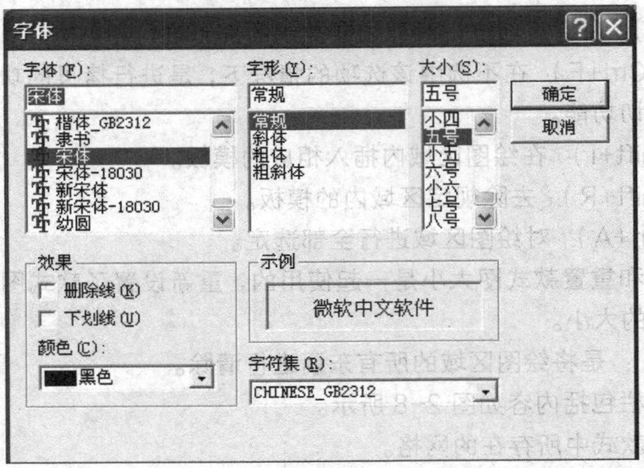

▲ 图 2-11

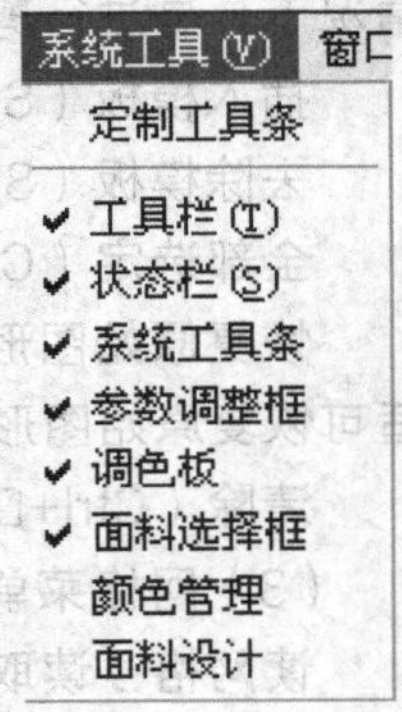

▲ 图 2-12

在前面出现对号的是出现在整个界面上的工具。颜色管理和面料设计是对现有颜色和面料的统一管理，在上面可对颜色和面料进行设置。

（9）窗口菜单栏是在多个窗口打开的情况下，对窗口进行管理和调整作用的。

（10）关于是对整个款式设计系统作出的一个解释。

2. 工具栏

菜单栏底下的工具栏将菜单里的常用工具用按钮表示，操作起来更加简便，工具栏包含了菜单中的常用工具。

三、工具条介绍

工具条中由调整参数、调色板、选择面料和工具条几部分组成。

系统工具条又名标准工具条，用来实现系统中系统的基础支持功能，它是用户设计工程中所需要的辅助性工具。

1. 调整参数

可在上面调整色彩的亮度、透明度、参照范围等操作。

2. 调色板

可在上面进行颜色上的取样和更改色彩，还可以进行笔触大小的更改。

3. 选择面料

可在做设计的时候加入不同的面料。

4. 工具条简介

 调整浮动对象：对选定的部位进行调整。

矩形区域：构造矩形裁减区域。按鼠标左键，拖动；+Ctrl 为裁减，+Shift 为合并。周边为虚线所表示。

构造裁减区域：构造不规则裁减区域。使用方法同巨型区域，按鼠标左键，拖动；+Ctrl 为裁减，+Shift 为合并。周边为虚线所表示。

查找区域、选定区域：按参照值查找区域，+Ctrl 为查找多个区域。

铅笔：选定颜色、画刷形状后，在画板内或在选定范围内，按鼠标左键拖曳绘画。

画笔、毛笔：毛笔画。选定颜色、画刷形状后，点击或按下鼠标左键拖动。

麦克笔、刷子：选定颜色、画刷形状后，点击或按下鼠标左键拖动。

喷笔：喷笔画。选定颜色、喷嘴种类后，点击或按下鼠标左键拖动。

插入字符：在需要插入字符的位置，点击鼠标左键。可在字体菜单栏中对字体进行调整。

放缩图像：单击左键为放大；Ctrl+左键为缩小，单击右键为恢复原状。

涂抹：按左键拖动，改变透明度和画刷形状，可得到不同效果。

印章、同步刷：单击右键选择复制源，然后按下左键拖动复制。

拾取颜色、吸管：在所要提取的颜色上点击左键。

直线：按下左键拖动。

构造弧线：按下左键拖动画出直线，然后，按左键构造出弧线。

折线、曲线：点击左键画折线；单击右键进入调整模式，在控点上双击左键可改变控点点型；拖动控点；双击右键完成。

矩形：画矩形。按左键拖动；Ctrl+左键拖动为圆角矩形；Shift+左键为实心矩形；Ctrl+Shift+左键为实心圆角矩形。可在画刷中改变周边的粗细，四周边框为实框。

椭圆：画椭圆。按左键拖动；Shift+左键为实心椭圆。可在画刷中改变周边的粗细，四周边框为实框。

选择网格、网格填充：点击网格区域，使之成为当前网格，用鼠标双击面料，即填充面料；Ctrl+左键为在当前网格内填充颜色（建议透明度在 12 左右）。

双色填充：在封闭区域内填过渡色。选择好过渡色的开始色和结束色后，选定区域，点击填色区。

替换指定颜色、填单色：在选定区域内，用当前颜色替换指定颜色（颜色范围调参照值）。

修改轮廓：将鼠标指针指向控制点，按左键拖动。

勾边：点击鼠标左键进行勾边操作，点右键结束。

合并公共边：必须在勾线结束前使用此工具。按鼠标左键点要与之合并的轮廓。

调整轮廓：在使用完勾边工具后，自动回归到此工具，进行调整。在轮廓上，Ctrl+左键为插入控点，Shift+左键为削减控点。

旋转部分网格：共有三种使用方法。

① 选择旋转源点；

② 选择要旋转的纵向网格数；

③ 选择要旋转的横向网格数。

网格分割旋转：（Ctrl+）点击左键选中分割线，+、-、键旋转（缺省旋转点为左/上，

+Ctrl 为右/下）。

减淡工具：调整透明度可产生不同的效果。按左键拖动，可以减淡颜色。

加深工具：同减淡工具一样，可调整透明度。按左键拖动，可以加深颜色。

第二节　款式设计操作实例

在了解了款式设计的工具之后，让我们来具体学习一下怎么利用这些工具设计出我们所喜欢的服装款式。

一、西服裙

（1）首先打开设计模板库，选出一个适当的模特，由于西服裙只是一件单纯的下装，可以只选用模特的下半身。在菜单栏的设计模板库中，选出一个合适的模特，在选用工具条中的矩形选框工具，选出模特的下半身，如图 2-13 所示。

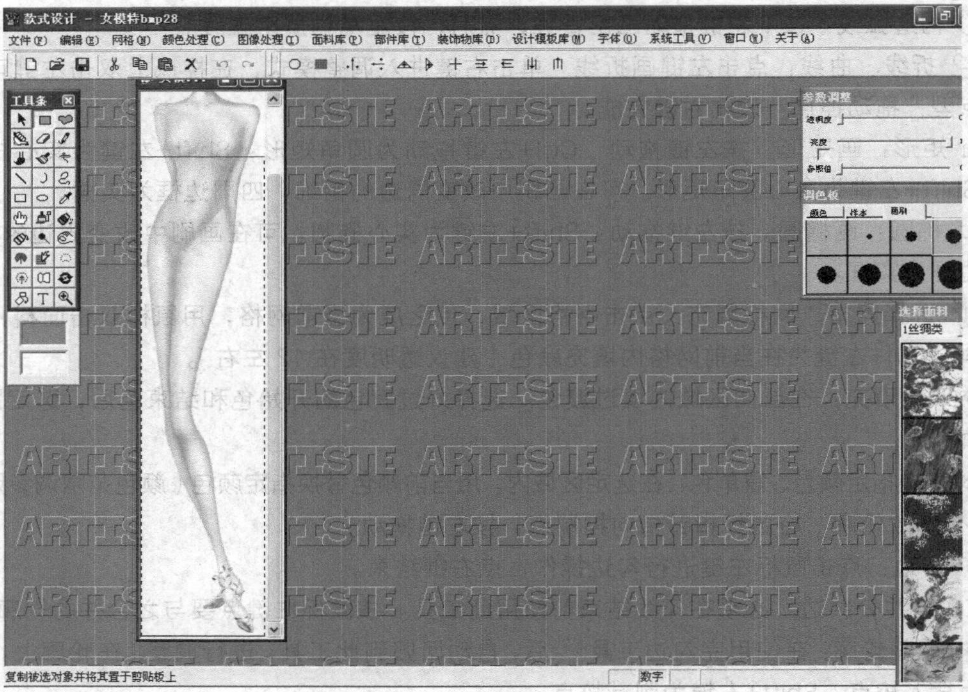

▲ 图 2-13

注意：面料库菜单、部件库、装饰库菜单和设计模板库在显示时，有两种模式，一种是按名称进行排列的，另外一种是浏览模式。可根据自己的习惯方式进行选择。

（2）按工具栏上的复制键。新建一个绘图区域，按工具栏上的粘贴键，复制一个新的人体在绘图区域，如图 2-14 所示。

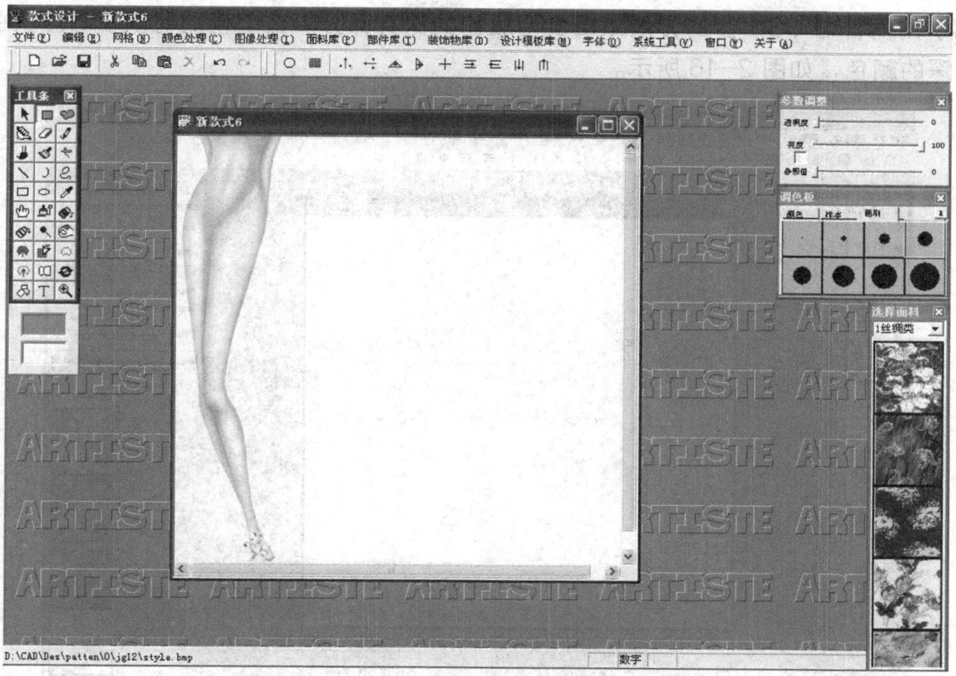

▲ 图 2-14

（3）用勾边工具先画出腰头的位置，点击网格工具使腰头处出现网格，选择适合的颜色，点击工具条上的网格填充工具，按下 Ctrl 键+鼠标单击衣片网格，双击就会在腰头部位填充上所需要的颜色，如图 2-15 所示。

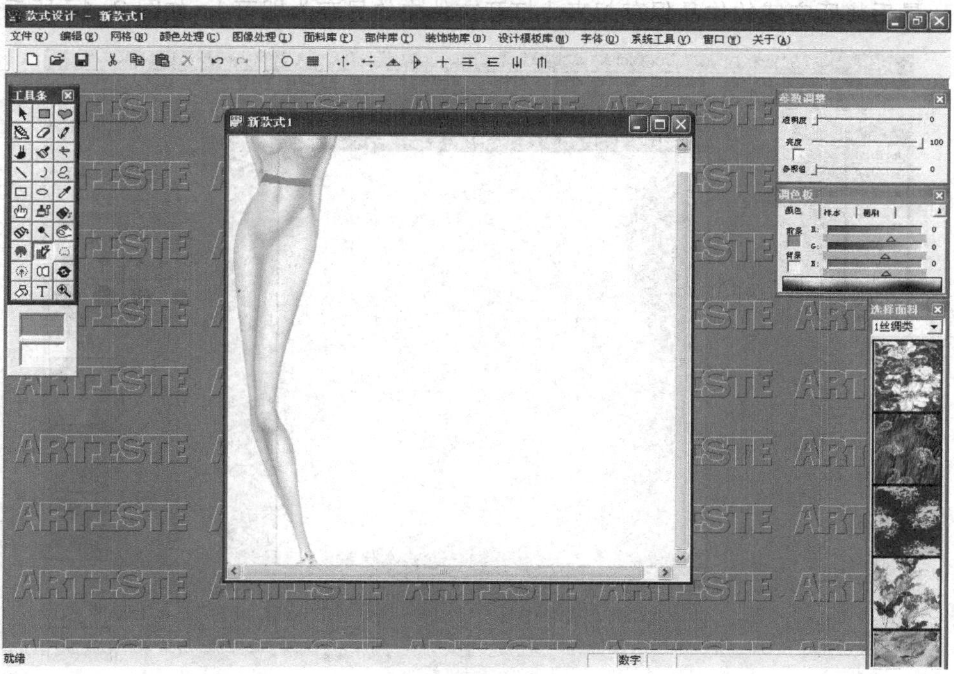

▲ 图 2-15

（4）用同样与（3）步的方法做出女西服裙的裙身部分。在上色的时候要与腰头的颜色相比要深的颜色，如图 2-16 所示。

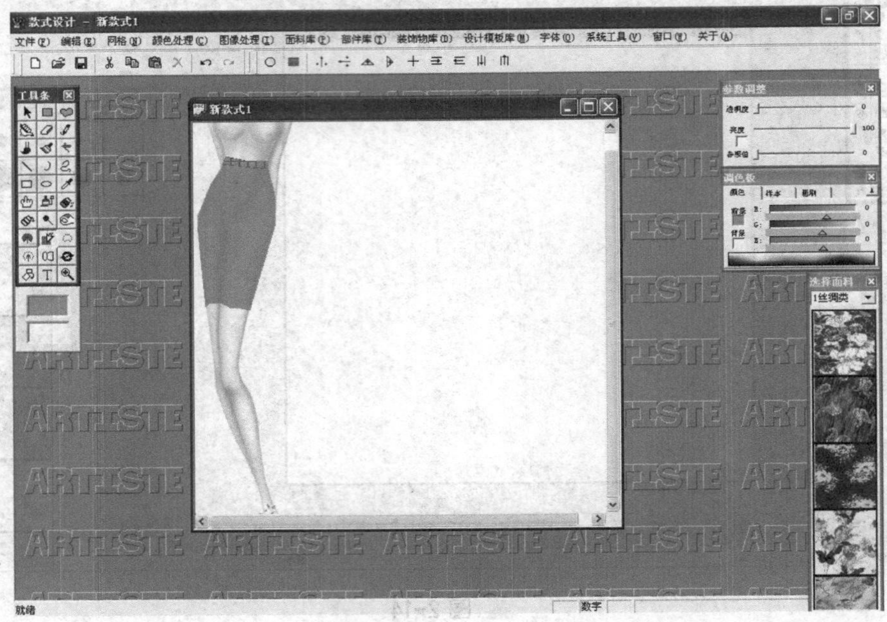

▲ 图 2-16

（5）做出的裙子是平面的，所以要用工具条上的铅笔工具、涂抹工具、减淡工具、加深工具等多种工具进行补充（修改），造成服装由于人体动作而产生的褶皱，完成作品。最后将所完成的作品保存起来（打开文件中的另存为即可），如图 2-17 所示。

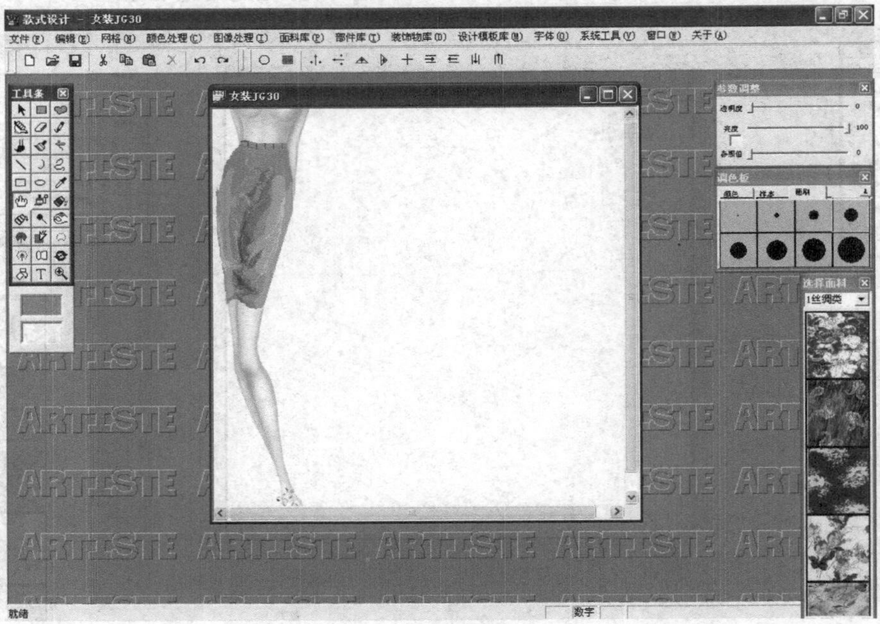

▲ 图 2-17

二、衬衣和裤子

（1）首先在菜单栏的设计模板库中，选出适当的模特。由于是画衬衣和裤子样，所以最好选择出一个动作幅度比较大的模特，以便对衣服的款式更加充分地展现，如图2-18所示。

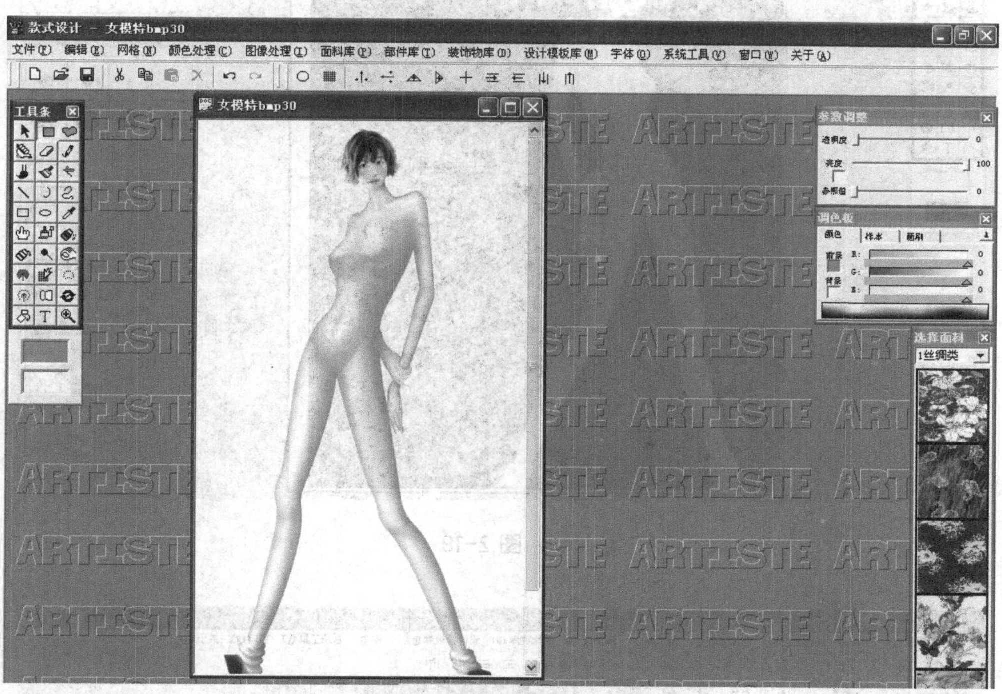

▲ 图 2-18

（2）由于衬衣为白色，为区分绘图区域与衬衣的颜色，所以在新建绘图区域的时候，将绘图区域的底色改为黑色。具体操作方法为在新建绘图区域前，将工具条上的第二个色块改为黑色。打开设计模板库，复制一个合适的模特进入绘图区域。衬衣应先从领子上画起，使用勾边工具，点击网格工具使领子处出现网格，选择适合的颜色，点击工具条上的网格填充工具，按下 Ctrl 键+鼠标单击衣片网格，双击就会在领子部位填充上所需要的白色，如图 2-19 所示。

（3）用同样的方法画出衬衫其他部分。根据这个模特的动作和服装的款式的因素，所以衬衣一共要分为 5 个部分来进行绘制。领子分为 2 个部分，而身上的衣片分成 2 部分来进行，只露出左边的袖子。都是用勾边工具进行勾边，用网格工具和填充网格工具来进行色彩上的填充。在绘制时，为区分领子和衣身，用在衣身上的颜色要比白色深些（适合的颜色需在调色板上进行查找）。在整体绘制完后，根据身体的弯曲程度来绘制扣子，扣子可使用椭圆来进行绘制。这样平面衬衣的制作就完成了，如图 2-20 所示。

注意：在绘制图片时，若看不清楚，可使用工具条上的放大镜工具来进行适当的放大。在绘制图片的时候，当出现小小的缝隙（连接不合适的、留有空白的区域），可以使用铅笔、毛笔等笔类工具进行小小的修改。

（4）用同样的方法来绘制裤子。裤子可作为一个整体来进行绘制，如图 2-21 所示。

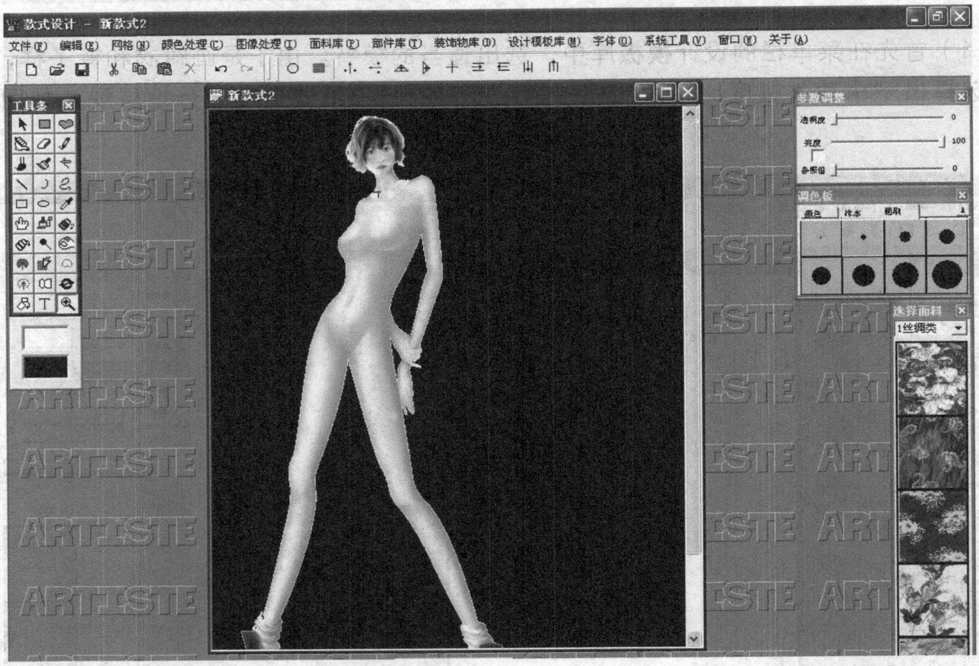

▲ 图 2-19

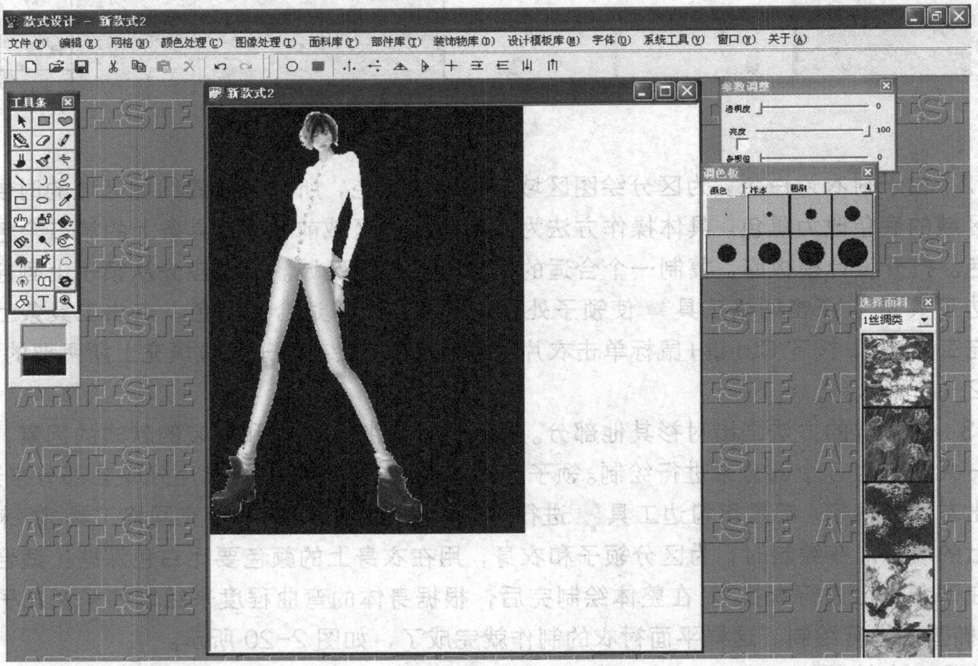

▲ 图 2-20

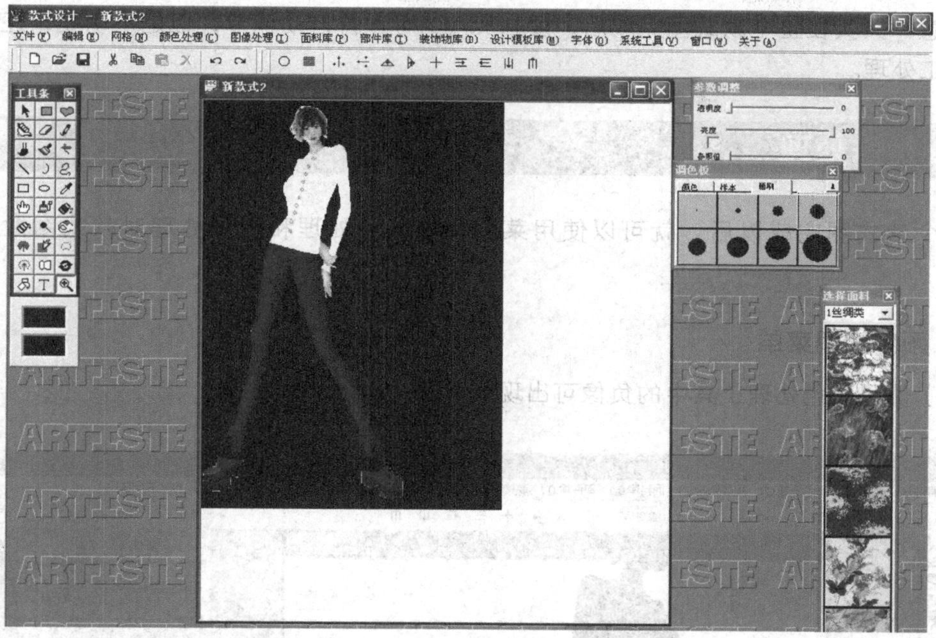

▲ 图 2-21

（5）裤子的整体结合了，但是还有一些小的部件需要修整，例如，口袋的位置，前门襟等部位。可使用直线工具、曲线工具等来进行绘制。

（6）做出的衣服款式是平面的，所以要用工具条上的铅笔工具、涂抹工具、减淡工具、加深工具等多种工具进行补充修改，造成服装由于人体动作而产生的褶皱，完成作品。最后将所完成的作品保存起来（打开文件中的另存为即可），如图 2-22 所示。

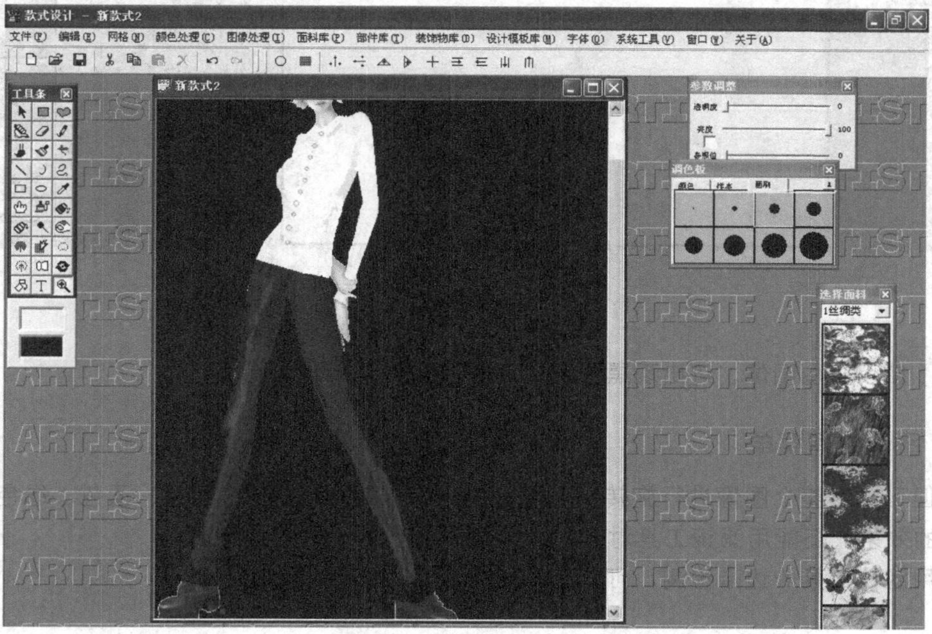

▲ 图 2-22

注意：其实在整个款式图完成后，爱科 CAD 可进行自动调节，但是不明显，还需要进行再加工处理。

三、特殊处理

整个款式图完成以后，就可以使用菜单栏的颜色处理和图像处理对款式图做特殊处理了。

1. 颜色处理菜单

（1）使用颜色处理工具中的负像可出现如图 2-23 所示的效果。

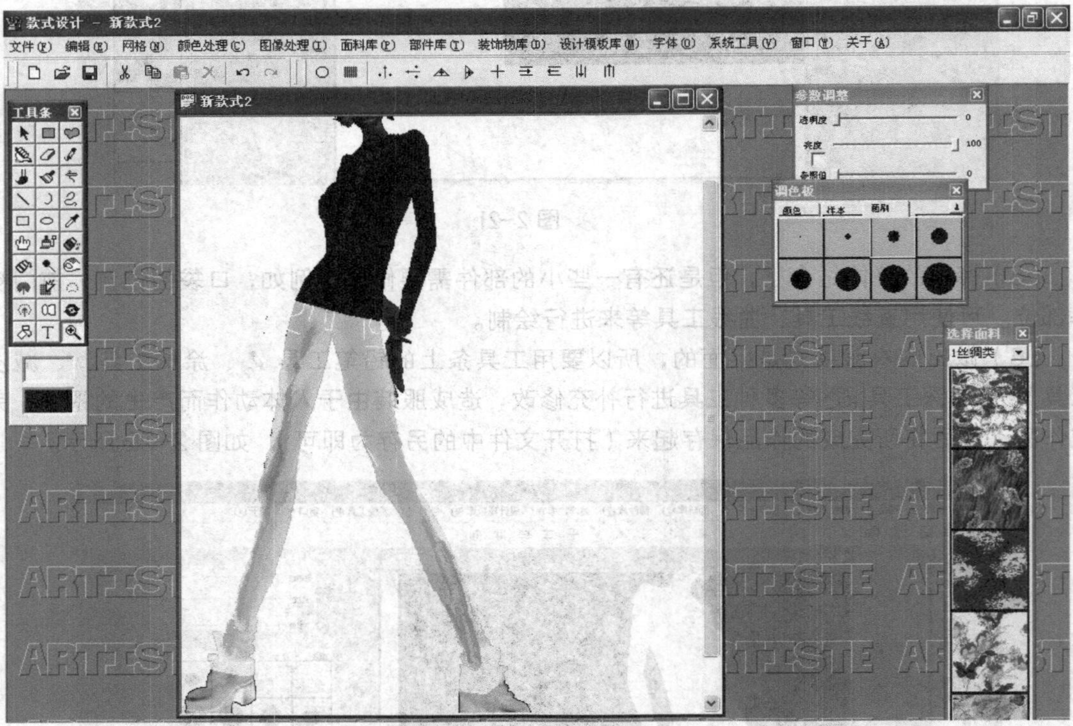

▲ 图 2-23

（2）使用灰白图像，可出现黑白灰的效果，如图 2-24 所示。

2. 图像处理菜单

不但可以对整个图像进行旋转，还可以用 RGB 工具，看到在红色、蓝色、绿色各通道中不同的效果，还能用滤镜工具对图片进行处理，产生不同样的效果。

使用滤镜工具的边沿检测，可以产生如图 2-25 所示的效果。

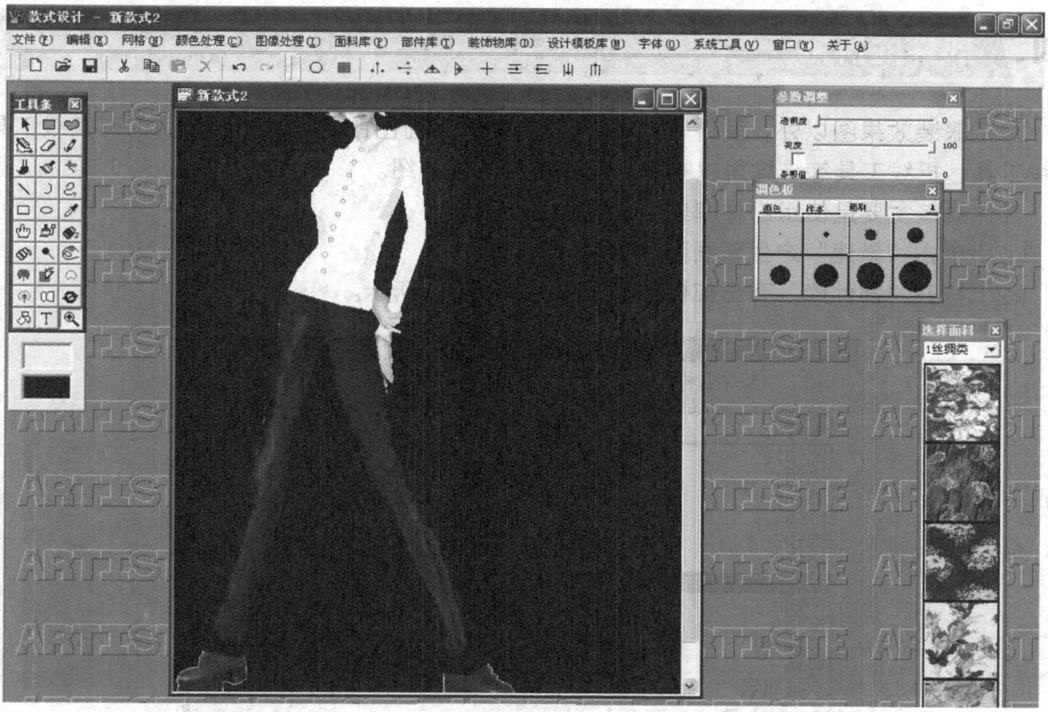
款式设计 - 新款式2
文件
编辑
网格
颜色处理
图像处理
面料库
部件库
装饰物库
设计模板库
字体
系统工具
窗口
关于
工具条
新款式2
参数调整
亮度
调色板
选择面料
1丝绸类

▲ 图 2-24

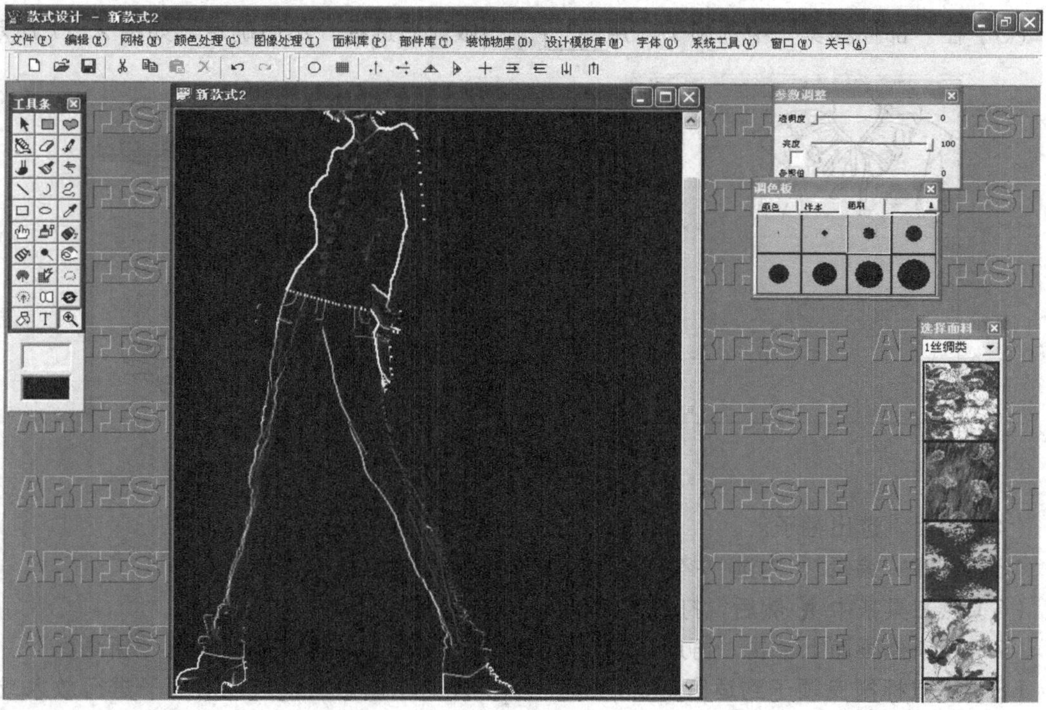
款式设计 - 新款式2
文件
编辑
网格
颜色处理
图像处理
面料库
部件库
装饰物库
设计模板库
字体
系统工具
窗口
关于
工具条
新款式2
参数调整
亮度
调色板
选择面料
1丝绸类

▲ 图 2-25

四、部件的拼接

除了服装效果图以外，爱科 CAD 还能进行款式平面图的制作。主要使用的有直线工具、曲线工具、折线工具等，这里以特殊的部件拼接来做介绍。

部件拼接主要是使用部件库里的部件来进行拼接。

（1）单击“新建”产生新画面。

（2）打开“部件库”弹出部件选项框，如图 2-26 所示。

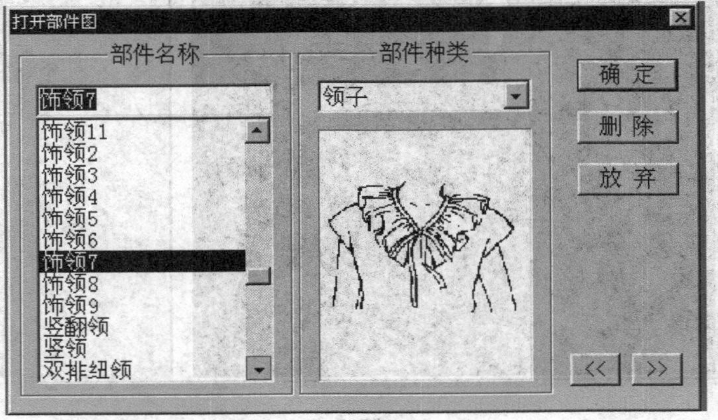

▲ 图 2-26

（3）在“部件种类”中选领子，用 << >> 做前后选择，然后确定，如图 2-27 所示。

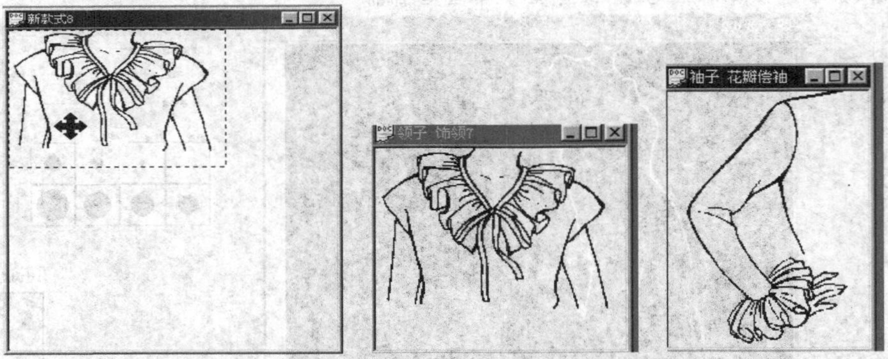

▲ 图 2-27

（4）同上，选出袖子。

（5）打开“编辑”，内选“拷贝或剪切”。

（6）点工具条中然后，打开“编辑”，内选“复制”。

（7）在新建画面上单击，再点“编辑”，内选“粘贴”，领子随即复制到了新画面上。

（8）用鼠标拖曳领子到适宜处，用工具框外的双向箭头，可以对领子进行放大或缩小，框内的箭头可以对袖子进行移动，然后在框内双击，固定其位置。

（9）同（4）（5），将袖子复制到新画面上，再用将袖子的区域选定，按键盘上左右箭头得到所对应的袖子，移动袖子，将其与领子相组合，然后固定，如图 2-28 所示。

（10）为使图完美，可用“”擦去多余部分，用“”等绘画工具来修改画面，完成领子和袖子的拼接，如图 2-29 所示。

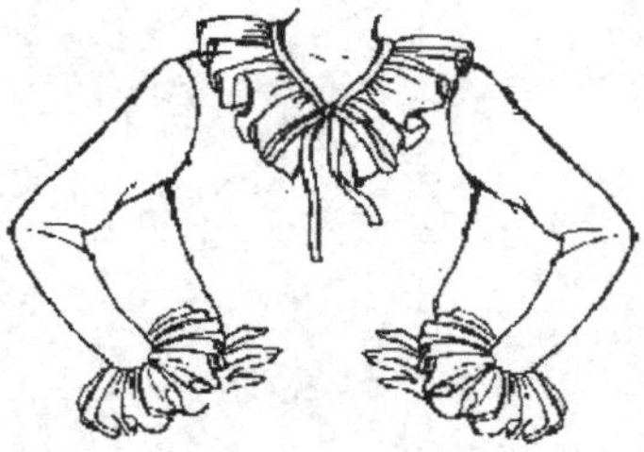

▲ 图 2-28

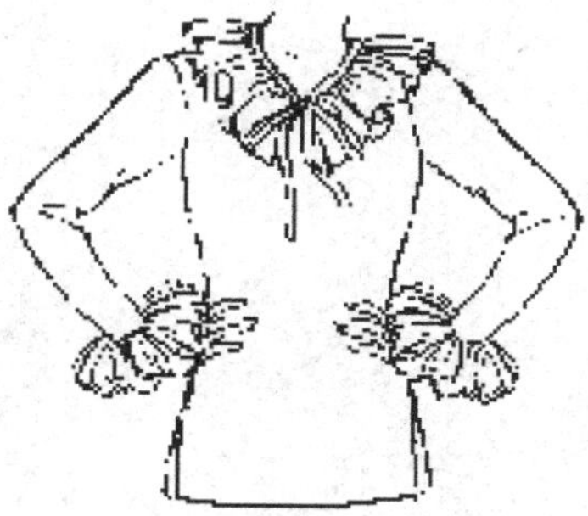

▲ 图 2-29

训练题

1. 绘制西服裙款式图。
2. 绘制男衬衫款式图。
3. 绘制女牛仔裤款式图。
4. 绘制女休闲风衣款式图。
5. 绘制旗袍款式图。

第三章　打板推档系统

学习目标

通过本章学习，了解打板、放码系统的构成，熟悉各个工具的作用并掌握其应用，能够利用系统提供的工具解决具体问题，并制作出服装板型来。

打板推档是服装行业的技术部门，内容包含服装的结构设计和服装工艺制板，要求服装结构设计人员要熟悉人体体表结构特征，包括人体总高与上下体间的长度比例、各部位的围度比例、各部位的纵横截面形态服装构成与正常人体构成，人的性别、年龄、体型差异，不同地域、场合的关系；服装尺寸规格和号型系列的设计及表达等。重点掌握人体体表曲面的三维结构转换用二维表现的处理手法，即点线面关系、省量与省位的设置、轮廓线与结构线的相对稳定性要求等基本内容。

打板推档系统是爱科服装 CAD 的主要板块之一，经过多年的发展，其技术已比较成熟。本章将重点阐述打板推档系统工具的使用。

第一节　主界面介绍

打板系统的主界面由菜单栏、工具条、状态栏、衣片选择栏和数据录入框组成，如图 3-1 所示。

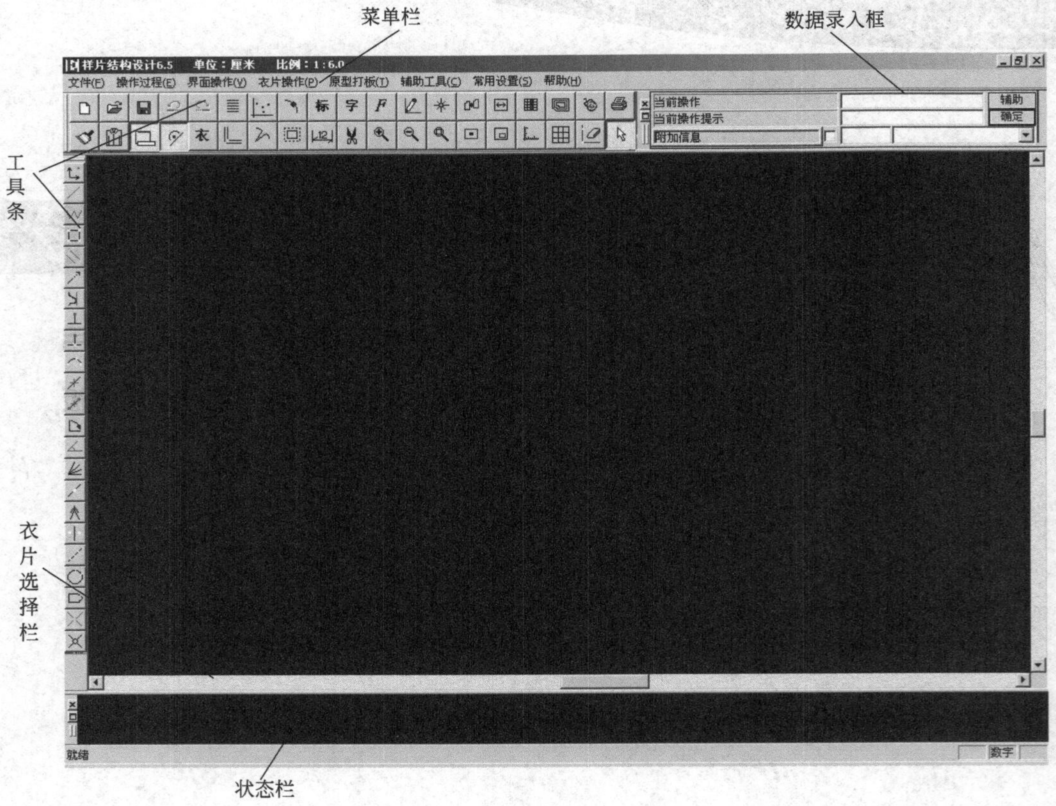

▲ 图 3-1

（1）菜单栏：描述本系统的基本菜单操作，具体操作方法详见“菜单介绍”。

（2）工具条：本系统的工具条包括八大类工具条。

（3）状态栏：描述系统的当前状态。

（4）衣片选择栏：出现在该衣片选择栏中的衣片均为当前打开的衣片，不同的颜色表示不同的状态。衣片选择栏中的衣片可以有三种不同状态：当前正在操作的衣片、当前不可操作但可显示的衣片以及当前不可操作也不显示的衣片。不同衣片状态所处选择框的颜色可以由用户自由设置，具体在下拉菜单的常用设置的调色板选项中设置颜色。当前界面中只有一个衣片可以被操作，但可以有多个衣片同时被打开和显示。对衣片选择栏的操作方法：用右键点击某一衣片框，弹出图 3-2 所示快捷菜单。

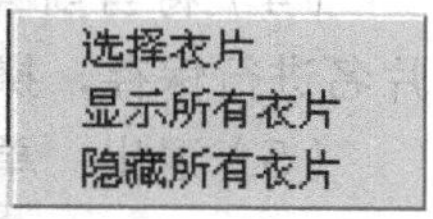

▲ 图 3-2

选择衣片：单击“选择衣片”或直接按快捷键 Ctrl+O，出现“选择款式”对话框，选择款式大类、版型、规格、款式名及衣片名后单击“确定”。

显示所有衣片：衣片选择栏中所有的衣片框都显示在界面上，但当前只有一个衣片框是可操作的。操作方法：单击快捷菜单中的“显示所有衣片”即可。

隐藏所有衣片：衣片选择栏中所有衣片都不显示在界面，并且没有一个衣片框是可操作的。操作方法：单击快捷菜单中的“隐藏所有衣片”即可。

（5）数据录入框：用来录入数据，选中该框中的复选框“☑”，则会弹出数字键盘，在数据录入时可以通过选择部位框录入，如图 3-3 所示。可以用键盘录入，也可以用数字键盘对话框录入，如图 3-4 所示。

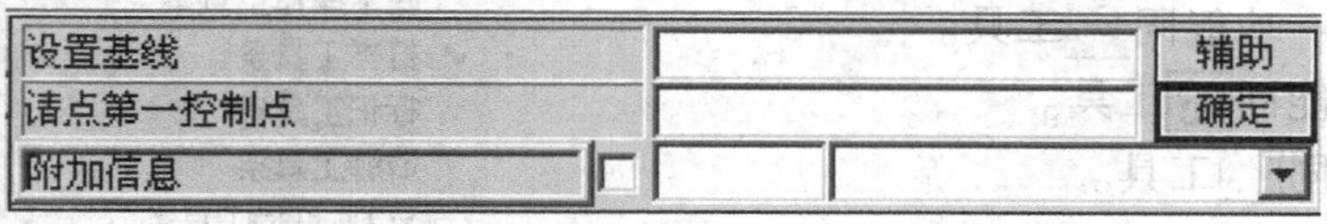

▲ 图 3-3

▲ 图 3-4

第二节　菜单栏介绍

菜单栏中包括“文件”、“操作”、“查看”、“衣片”、“设置”和“帮助”六个主菜单，每个菜单下又有若干个子菜单。事实上，本系统中的所有菜单操作基本上都可以用以下工具条加以实现，操作方法是用左键单击“选中”或用相应子菜单右侧的快捷键选中子菜单后，其他操作同其相对应的工具条的操作。下面就介绍一下这些菜单同工具条的对应关系。

一、文件菜单

单击“文件”，出现如图 3-5 所示五个子菜单。

（1）新建样片：功能同工具。

（2）打开已有样片：功能同工具。

（3）保存当前样片：功能同工具。

（4）将当前样片另存为：功能是将当前衣片以其他衣片名进行保存，操作方法同工具。

（5）退出：单击“退出”命令，退出本系统。

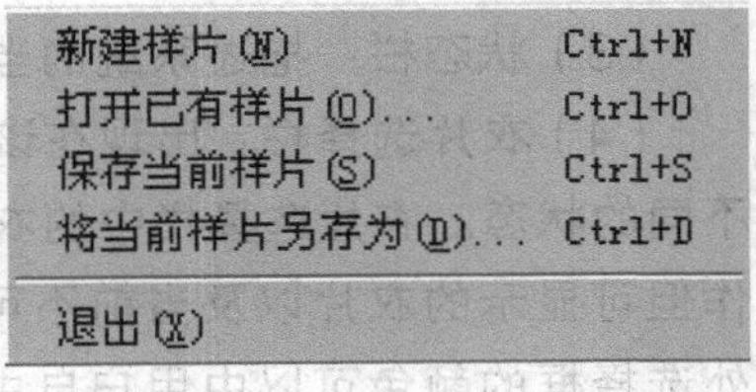

▲ 图 3-5

二、操作菜单

单击“操作”，出现图 3-6 所示三个子菜单。

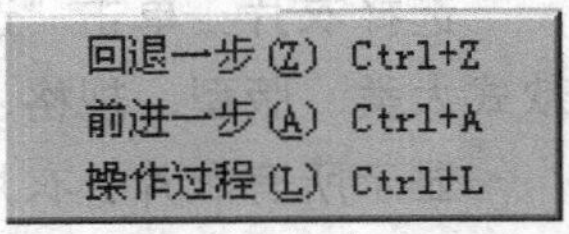

▲ 图 3-6

（1）回退一步：功能同工具。

（2）前进一步：功能同工具。

（3）操作过程：功能同工具。

三、查看菜单

单击“查看”，出现图 3-7 所示十二个子菜单。

（1）基本工具条：选中该子菜单后上述介绍的所有系统工具条按钮都出现在界面上，否则这些工具条隐藏。该子菜单前打“√”表示被选中，否则未被选中。操作方法：单击该子菜单即可。

（2）状态栏：选中该子菜单后在系统底部出现当前系统的状态，否则不显示。操作方法：单击该子菜单即可。

（3）辅助线、辅助点工具条：功能同工具。

（4）省道、展开工具条：功能同工具。

（5）基本操作工具条：功能同工具。

（6）打样工具条：功能同工具。

（7）标记工具条：功能同工具。

（8）放缝工具条：功能同工具。

（9）分割、拼接工具条：功能同工具。

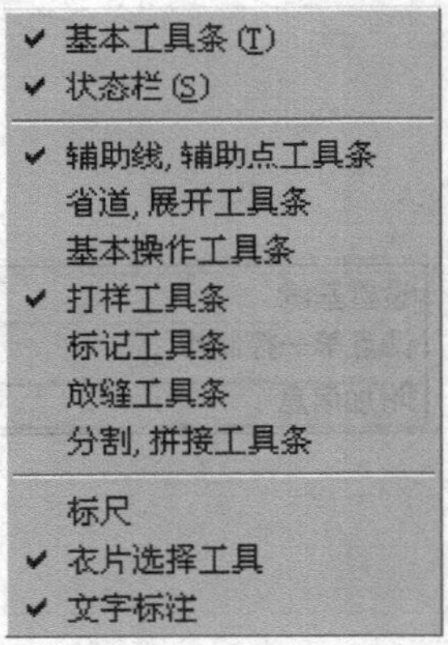

▲ 图 3-7

（10）标尺：选中该子菜单后系统显示标尺，否则不显示。

（11）衣片选择工具：选中该子菜单后系统显示衣片选择栏，否则不显示。

（12）文字标注：选中该子菜单后系统显示所有的文字标注，否则不显示。

四、衣片操作

单击菜单，出现图 3-8 所示五个子菜单。

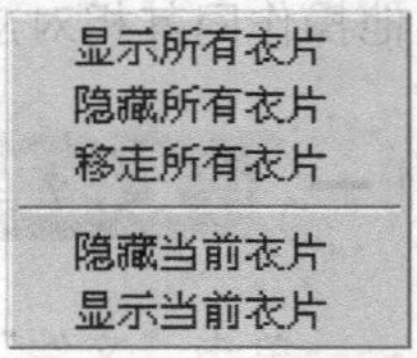

▲ 图 3-8

（1）显示所有衣片：功能同“衣片选择栏”快捷键中的“显示所有衣片”。

（2）隐藏所有衣片：功能同“衣片选择栏”快捷键中的“隐藏所有衣片”。

（3）移走所有衣片：功能同“衣片选择栏”快捷键中的“移走所有衣片”。

（4）隐藏当前衣片：功能同“衣片选择栏”快捷键中的“隐藏当前衣片”。

（5）显示当前衣片：功能同“衣片选择栏”快捷键中的“显示当前衣片”。

五、常用设置

单击菜单，出现图 3-9 所示四个子菜单。

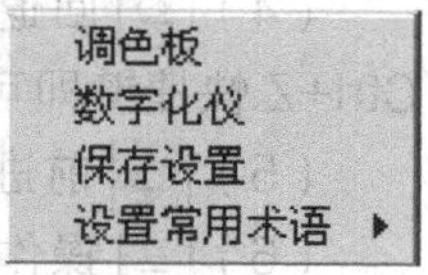

▲ 图 3-9

（1）调色板：用于调整操作界面的颜色和样片选择框的颜色。操作方法：单击“设置”菜单下的调色板，弹出对话框后选择颜色，按“确定”即可。

（2）数字化仪：用于设置数字化仪。操作方法：单击“设置”菜单下的“数字化仪”，出现“设置数字化仪”对话框，输入波特率、数据位、停止位、校验、通信口及数字化仪型号后按“确定”按钮；单击“取消”表示取消设置。

（3）保存设置：如果打钩，则每次存盘都会弹出对话框；如果不打钩，则同名存盘时不弹出对话框。

（4）设置常用术语：即设置在存盘功能中会用到的衣片名称。

六、帮助菜单

单击“帮助”，出现“关于”子菜单，单击该子菜单，出现本系统的版权信息。

第三节　打板工具的功能及使用方法

一、系统工具条

系统工具条又称为标准工具条，如图 3-10 所示，用来实现本系统中系统的基础支持功能，它是打板过程中所需的辅助性工具。

▲ 图 3-10

系统工具条中各按钮的具体功能描述如下。

（1）打样（Ctrl+N）：用于重新建立一个窗口以便打板，并且出现实质打样衣片的坐标线。操作方法：单击此按钮或直接按快捷键 Ctrl+N，系统出现一个用于打板的新窗口，并且在衣片选择栏中出现一个新窗口，窗口的状态为当前可操作状态。

（2）选择已存在的样片（Ctrl+O）：用于从已存在的款式中读取已有衣片。操作方法：

打开工具按钮或直接按快捷键 Ctrl+O，屏幕上出现“选择款式”对话框，选择款式大类、版型、规格、款式名及衣片名后单击确定。

（3）保存当前样片（Ctrl+S）：用于将当前衣片取一衣片名存盘。操作方法：打开工具按钮或直接按快捷键 Ctrl+S，屏幕上出现“保存衣片”对话框，输入存储的衣片名（也可在参照名称列表中选择）后按确定，若选中“允许更改其他信息”复选框，则可以更改款式大类、版型、规格、款式名信息，否则不能更改。

（4）回退：撤销当前步骤，返回当前步骤的前一步。操作方法：单击工具按钮或按 Ctrl+Z 快捷键即可。

（5）前进：重新执行被撤销的步骤。操作方法：单击工具按钮或按 Ctrl+A 快捷键。

（6）操作记录（Ctrl+L）：用于显示当前样片从开始操作到当前步骤的操作过程，并且提供一种任意修改其中某一操作步骤的参数的功能。操作方法：打开显示操作过程按钮或直接按快捷键 Ctrl+L，系统即会弹出显示操作步骤的对话框。该对话框中有“执行”、“修改”、“删除”、“隐藏”四个按钮和待修改参数的框。单击“隐藏”可以隐藏该操作记录对话框；单击“删除”可以修改最后当前一个步骤；选中某一条操作记录，再在待更改参数栏中输入修改后的参数后单击“修改”按钮，系统就会按修改后的参数执行所选操作，并且该步操作不影响以后步骤的操作。一般来说，选中某一条操作记录后，该记录的数值会自动出现在“待更改后的参数”框中，若没有出现，则单击“执行”按钮，获取参数。此外，在操作记录对话框中的“删除”和“修改”两个按钮之间有一个小方框，当打上钩时，在以后的操作过程中，操作记录对话框就不会自动隐藏；否则，操作记录会自动隐藏。

（7）显示辅助线和辅助点：用于显示辅助线和辅助点。操作方法：打开工具按钮显示所有的辅助线和辅助点；关闭该按钮，则所有的辅助线和辅助点不再显示。

（8）显示曲点：用于显示曲点。操作方法：打开工具后显示曲点；关闭后不显示曲点。

（9）标记：用于操作或查看图形标记。操作方法：打开工具按钮，屏幕上会出现图形标注；关闭该按钮，屏幕上所有的图形标注不显示。

（10）显示文字：用于查看文字标注。操作方法：打开工具按钮，屏幕上会出现文字标注；关闭该按钮，屏幕上所有的文字标注不显示。

（11）当前样片字体：用于设置当前样片中文字标注的字体。操作方法：单击工具按钮，选中所需的字体、字体样式、大小及效果后单击“确定”。

（12）画水平或垂直的线：用于画水平线。操作方法：打开按钮后，用任意直线画线，它都是直线；关闭该按钮，用任意直线画线，所画的线是任意线。

（13）自动捕捉点（B）：用于锁点。操作方法：打开工具或直接按快捷键 B 后在以后的操作过程中系统会自动锁住点；关闭该按钮后，系统不会自动锁点。

（14）复制样片：用于不同窗口下的衣片复制。操作方法：单击工具按钮，屏幕上弹出对话框，输入目标衣片名后点 OK 即可复制衣片。若选中“是否显示”复选框，则该所复制的衣片出现在“衣片选择栏”窗口中，并且显示在屏幕上；若不选中该复选框，则被复制的衣片不出现在“衣片选择栏”窗口。在以后用到很多工具（如镜像缝头、直角缝头等）时，经常可用“样片复制”工具将处理前的衣片进行复制，然后让处理前后的衣片都显示在界面上进行比较，以观察效果。

（15）操作标记库：从标记库中选择所需标记。打开工具按钮，系统出现标记库，选择所需标记后按“确定”按钮。

（16）规格表：用于编辑当前款式所对应的规格表。操作方法：单击工具按钮后出现当前衣片的规格数据，可以规格表中的数据进行修改并存盘。

（17）放码：调用放码程序，以便对衣片进行放码处理，具体放码过程详见“工业样板制作”一节介绍。

（18）数字化仪输入（F3）：用于连接数字化仪的输入。操作方法：打开工具或直接按快捷键 F3 后即可对数字化仪进行操作。数字化仪按键说明如图 3-11 所示。

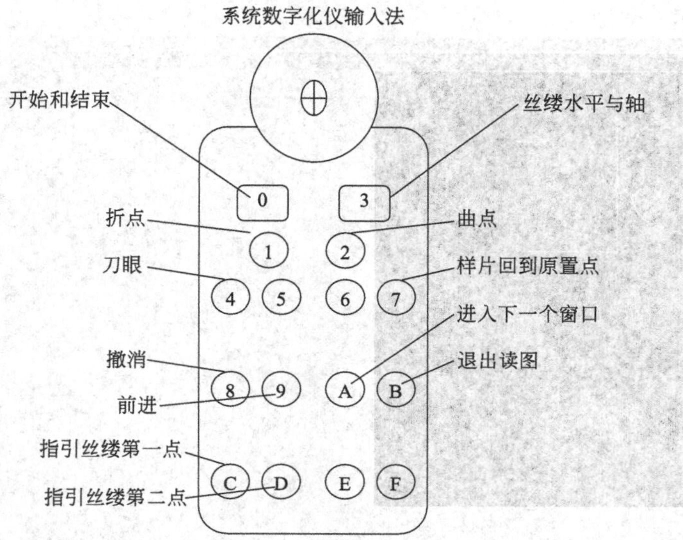

▲ 图 3-11

（19）打印：可以打印所选衣片。操作方法：单击该工具按钮，系统出现“打印，绘制衣片”对话框，如图 3-12 所示，有选择参数、版形、规格、打印比例等选项。从“衣

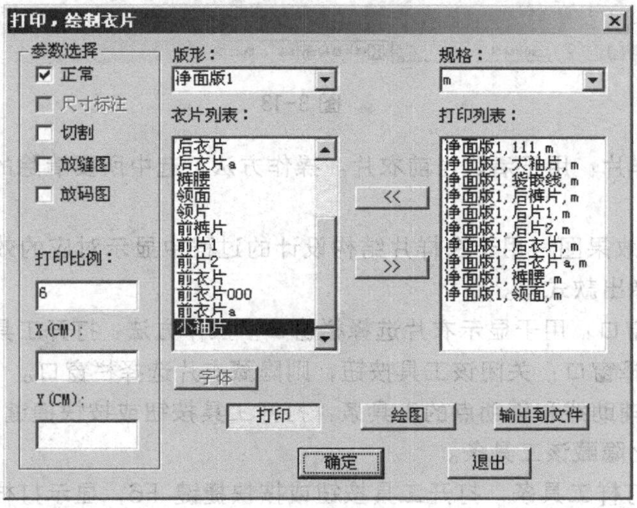

▲ 图 3-12

片列表”中选择衣片到“打印列表”后，若要用打印机打印，则单击“打印”按钮后再按“确定”按钮；如果要用绘图仪输出样片，则按“绘图”按钮后按“确定”；若要先生成文件再输出则在按“输出到文件”按钮后按“确定”；此时出现打印预览对话框，按左键选中某一衣片后该衣片变成红色，然后拖动其到合适的位置后，再单击鼠标左键表示确定、单击右键表示取消，拖动完成后单击“绘图”即可输出样片。注意：在如图 3-13 所示“打印预览”对话框中，按“确定”可返回到“打印、绘制衣片”对话框；选择某一样片后按“删除”可以删除样片；选择某一样片后，再输入旋转度数后按“旋转”，可以对指定样片按指定要求进行旋转。

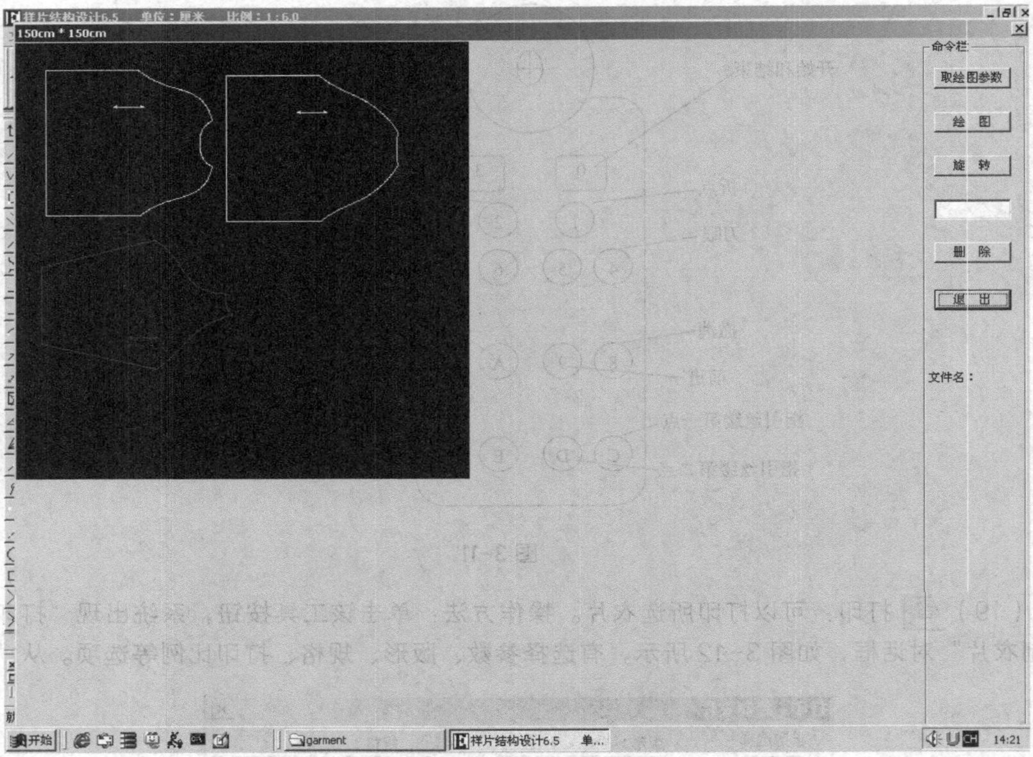

▲ 图 3-13

（20）清除样片：用于清除当前衣片。操作方法：选中所要清除的样片后，单击工具即可。

（21）显示效果图：用于在样片结构设计的过程中显示对应的效果图。操作方法：单击工具按钮即可弹出款式图。

（22）显示窗口：用于显示衣片选择栏窗口。操作方法：打开工具按钮或直接按快捷键 F5，出现衣片选择窗口；关闭该工具按钮，则隐藏衣片选择栏窗口。

（23）显示辅助线和辅助点的工具条：打开工具按钮或按快捷键 F5，显示辅助线、辅助点工具条；反之隐藏该工具条。

（24）显示打样工具条：打开工具按钮或按快捷键 F6，显示打样工具条；反之隐藏该工具条。

（25）显示基本操作工具条：打开工具或按快捷键 F7，显示基本操作工具条；反之隐藏该工具条。

（26）显示省道、展开工具条：打开工具按钮或按快捷键 F8，显示省道、展开工具条；反之隐藏该工具条。

（27）显示放缝工具条：打开工具按钮或按快捷键 F9，显示放缝工具条；反之隐藏该工具条。

（28）显示标记工具条：打开工具按钮或按快捷键 F10，显示标记工具条；反之隐藏该工具条。

（29）显示分割、拼接工具条：打开工具按钮或按快捷键 F11，显示切割、拼接工具条；反之隐藏该工具条。

（30）放大：用于在屏幕上放大当前衣片。操作方法：打开该工具按钮后，用鼠标左键单击放大中心点，当前样片即会以该中心点放大，并且所选中心点出现在屏幕中心。

（31）缩小：用于在屏幕上缩小当前衣片。操作方法：打开该工具按钮后用鼠标左键单击缩小中心点，当前样片即会以该中心点缩小，并且所选中心点出现在屏幕中心。

（32）拉框放大（L）：用于在屏幕上拉框放大或缩小当前衣片。操作方法：打开拉框放大工具或按快捷键 L 后，在屏幕上所要放缩的区域，按住左键不放从左上向右下拉动，把放缩区拉入框内，就会放大所拉的区域；反之按住左键不放从右下向左上拉动，把放缩区拉入框内，就会缩小所拉的区域。

（33）当前衣片回中心：用于当前衣片离开可视范围后拉回衣片。操作方法：单击该工具按钮，若屏幕上有衣片，则屏幕上的衣片出现在屏幕最左下角，若屏幕上没有衣片，则屏幕中的坐标中心点出现在屏幕最左下角。

（34）默认比例：用于使当前衣片回到系统所默认的比例（1：6）。操作方法：打开该工具按钮，系统即自动回到系统默认比例。

（35）标尺：用于显示标尺方便使用者对样片尺寸进行对照。操作方法：打开该工具按钮，屏幕中显示标尺，反之则不显示标尺。

（36）网格对照标尺：①用于创造一个可直接判断的条件，通过本工具可以判断整个样片和样片中任何一个部位的实际坐标距离和实际尺寸；②在样片放码过程中打开本工具，还可以直接判断放码显示样片的各放码部位的放码值；③对有经验的打板师来讲，通过本工具可以随手画样片，然后通过放码工具进行推档，大大缩短打板进程。操作方法：打开工具按钮，屏幕中显示网格，反之不显示网格。注意：建议本工具和上述“标尺”工具结合使用，效果更佳。

（37）删除辅助线、点工具：按下工具后，将当前页面中除初始的基线与原点外的所有辅助线、点全部清除。

（38）调整样片点：用于调整样片上点的位置。操作方法：打开工具按钮或按快捷键“空格键”，用鼠标左键按住所要调整的点不放，拖动该点到任意位置。

二、辅助线辅助点工具条

辅助线、辅助点工具条，如图 3-14 所示，用来实现本系统中基本的制作绘图功能，它是打板过程中实现辅助线、辅助点功能的工具条。

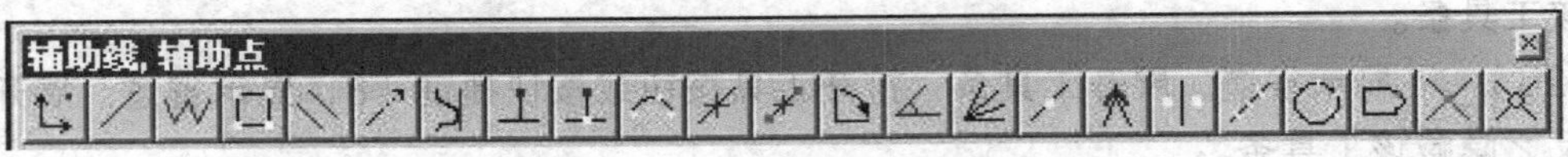

▲图 3-14

（1）相对点工具：以某一点为基础来任意定一点的位置。操作方法：单击工具按钮，用鼠标单击一基础点后，在右上方的数据框中输入想定的点与基础点之间的距离（即 X 轴与 Y 轴的数值），然后按确定键即可。

（2）任意直线：用于勾画任意两点间基础线。操作方法：单击工具按钮，用鼠标单击第一点以确定任意直线的起点，再用鼠标单击第二点，即会出现从起点到第二点的线段。也可以在确定起点前先输入线段长度值，系统会出现从起点开始的指定长度的线段，此时所点的第二点并非该线段的终点。注意：在不能自由画线时，应注意“”（限制画线）工具的状态，若该工具被打开，则只能画水平线和垂直线。在不能锁点时，应注意“”（锁点）工具的状态，若该工具被关闭，则不能锁点。

（3）多点连接（W）：用于对样片中的参照点和样片点进行多点任意、连续相连。操作方法：单击工具按钮或直接按快捷键 W，用鼠标左键连续点参照点或样片点，点完最后一点后再点右键结束，即可将这些点连接起来。

（4）辅助线方框（K）：用于产生指定点为中心，指定长度和宽度的辅助线方框。操作方法：单击工具按钮或直接按快捷键 K，选择某一中心点，然后在“数据录入框”中输入长度和宽度后，即会产生以指定点为中心、指定长度和宽度的辅助线方框。也可以选择点，直接输入长度和宽度，此时产生以坐标原点为中心、指定长度和宽度的辅助线方框。

（5）平行线（P）：能定距或过点做水平基线的平行线，且能定长。操作方法：①单击工具按钮或直接按快捷键 P，先单击选定参照线，然后用键盘输入数据即可完成距参照线指定距离的水平线；②或单击工具按钮或直接按快捷键 P，先单击选定参照线，然后再选定任意点即可完成过该点的平行线。注意：在选定参照线的过程中，在参照线的哪一侧点击以选中该参照线的，就在该参照线的哪一侧出现平行线。

（6）延长辅助线：用于作某线段作定距离的延长线。操作方法：单击工具按钮，先单击选定参照线，再单击该参照线段的需要延长的端点，用键盘输入需延长的数据即可完成。

（7）样片切线工具：在样片轮廓弧线上做一条辅助切线。操作方法：单击工具按钮，先单击样片轮廓弧线上要做切线的点，然后点一个表明切线方向的轮廓点即可。

（8）点做垂线（T）：用于过某点绘制任意线段的垂直基础线。操作方法：单击工具按钮或直接按快捷键 T，先单击选定参照线，然后再选定参照点即可完成。

（9）过点做定长垂线（C）：用于作参照线上参照点的指定长度的垂线。操作方法：单击工具按钮或直接按快捷键 C，用鼠标先选定某参照线，再选定参照线上的某点，用键盘输入距所求垂点的数据后确认即可。注意：在选定参照线的过程中，在参照线的哪一侧点击以选中该参照线的，就在选定参照点的那一侧出现距该参照点指定距离的垂线。

（10）三点画圆弧：用于使用三个参照点绘制参照圆弧线。操作方法：单击工具按钮，依次单击选定的三个参照点即可完成。

（11）删除辅助线：用于删除整条辅助线（直线、弧线均可）。操作方法：单击工具按钮，选定辅助线即可。

（12）删除线段：用于删除辅助线的某段（直线、弧线均可）。操作方法：单击工具按钮，先选定辅助线欲删除线段的起点，然后点要删除部分的辅助线段即可。

（13）半径，角度画圆弧：用于按输入的角度与半径绘制弧线，并且能设定起始位置。操作方法：单击工具按钮，先单击选定的第一参照点作为圆心点，再单击选定的第二点作为圆弧的起始点，然后在数据录入框的第一行输入圆弧的半径，第二行输入圆弧的角度，系统即出现以第一点为圆心的，第二点为起始点和起始方向的圆弧（若输入的角度值是正值，则出现的圆弧是从起始点开始顺时针方向的；若输入的角度值是负值，则出现的圆弧是从起始点开始逆时针方向的）。也可以在选定第一点为圆心点后直接输入半径和角度，则系统会出现以第一点为圆心点的，以圆心点右侧水平方向为起始方向的指定半径和角度的圆弧。

（14）角度绘线：用于按给定角度绘制新的线段。操作方法：单击工具按钮，先点参照线，再点线上的参照点作为顶点，然后在第一行输入角度数据，在第二行输入线段长度即可。也可以不输入线段长度，此时所出现的线为从顶点开始的原选择线长的射线。注意：在选定参照线的过程中，在参照线的哪一侧点击以选中该参照线的，就在该参照线的哪一侧出现指定距离和长度的线段，并出现长度点。

（15）角平分：用于产生角度内的等分线。操作方法：单击工具按钮，分别选定要等分的角的两条边，再输入等分的数值即可完成。

（16）线上定距点（D）：用于在参照线（包括水平线、垂直线、斜线）上设置给定距离的参照点。操作方法：单击工具按钮或直接按快捷键 D，用鼠标先选定参照线，然后再选定某点作为起始参照位置点，输入数据即可。

（17）圆规（Y）：用于以线段中心点为依据给数值，该中心点两端同时出现所给值的对称点。操作方法：单击工具按钮或直接按快捷键 Y，先用鼠标选定辅助线，再点击此参照线上的一参照点，然后用键盘输入参照点的对称距离即可。

（18）镜像辅助点：用于以线段为基准，该线任何方向外一点的对应方向处出现指定点的对称点。操作方法：单击工具按钮，先用鼠标选定一辅助线，再点击需要做对称点的点。

（19）线间等分（Q）：用于在两条参照线或参照点间，任意等分增设参照点。操作方法：打开工具按钮或直接按快捷键 Q，依次选定两参照点，然后输入需等分的数据即可。

（20）等分圆弧：用于在参照弧线上，任意等分增设参照点。操作方法：单击工具按钮，依次选定参照弧及参照弧上两个参照点，然后输入需要等分的数据即可。

（21）样片上设置辅助点：用于在样片点下设置辅助点。操作方法：单击工具按钮，用鼠标点击样片点，拖开样片点在原处即有一辅助点。注意：①在样片点上设置辅助点后，所设的辅助点被样片点所覆盖，用“调整样片点”工具拖开样片点后才可以看到所设的辅助点；②该功能也适用于非当前操作而显示的衣片。操作方法：打开工具后，点击显示衣片上的样片点即可。但此时所设的点出现在当前操作的界面上，并不出现在原显示衣片的界面上。在显示衣片窗口用“调整样片点”工具拖开样片点后再返回到原操作界面，则可以看到所设置的点。

（22）交点（X）：用于绘制两条参照线的交点。操作方法：单击工具按钮或直接按快捷键 X，依次选定两条相交参照线即可。注意：该工具也适用于非相交的两条参照线。即只要点击非平行的两条线，即会在所选两条线理论上应相交的地方产生一个交点。

（23）删除辅助点：用于删除辅助点。操作方法：单击工具按钮，单击选定的辅助点即可删除。

三、打样工具条

打样工具条，如图 3-15 所示，用来实现本系统中衣片处理功能中的衣片调整功能，它是在勾画完衣片轮廓后实现衣片调整功能的工具条。

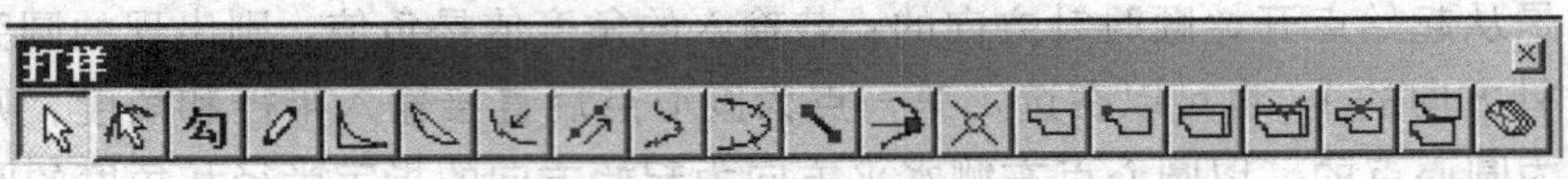

▲ 图 3-15

（1）调整片点样：用于调整样片上点的位置。操作方法：单击工具按钮或直接按快捷键——空格键，用鼠标左键按住所要调整的点不放，拖动该点到任意位置。注意：要注意当前的锁点状态，即 ✳（自动捕捉点）工具是否打开。若打开该工具，则不能在过小的范围内调整点，即若将一点拖动到范围很小的另一处时，又会返回到原处。若关闭该工具，则不管范围多小，都可以调整样片点。

（2）调整曲线线段：用于通过调整一段曲线上的一个点的位置，达到调整整段曲线的曲度的效果。操作方法：单击工具按钮，先选定曲线两端的第一折点，再选定另一折点，然后再选择整段曲线上的任何一个曲点，用鼠标左键按住该曲点不放，拖动该曲点到目标位置，此时整段曲线都会随该点的移动而调整弧形。

（3）勾取样片（G）：用于把已设置好的参照点用轮廓线连成完整的衣片样板。操作方法：单击工具按钮或直接按快捷键 G，用鼠标左键按顺序依次点击各有关参照点，最后按鼠标右键结束即可。在勾样片的过程中，可按住 Ctrl 键随时改变所勾样片上点的状态。

（4）随手勾样片（H）：用于使用鼠标直接在屏幕上画衣片（有衣片的情况下是画标记）。操作方法：单击工具按钮或直接按快捷键 H，用鼠标在屏幕上确定一位置按鼠标左键在屏幕上绘制，当最后的端点与开始点相连时按鼠标的右键即可（画标记时，单击鼠标左键在样片设计区内点画标记，右键结束）。在随手画样片的过程中，可按住 Ctrl 键随时改变所勾画的线段上的点的状态。

（5）圆角工具：用于衣摆门襟处的圆角处理。操作方法：单击工具按钮，用鼠标左键点击要调整的轮廓点，然后移动鼠标进行调整，确定后按鼠标左键即可。或者用鼠标左键点击要调整的轮廓点后，在数据录入框中输入两边的数据，最后按确定键也可。

（6）微量曲线工具：用于进行弧线调整。操作方法：单击工具按钮,用鼠标左键点击要调整的轮廓线的两端，然后移动鼠标进行调整，确定后再按鼠标左键即可。

（7）插入点（J）：用于在衣片轮廓上增加弧线控制点。操作方法：单击工具按钮或直接按快捷键 J，用鼠标靠近需加点的衣片轮廓线，竖直光标变形后按下鼠标左键即可。注意：按住 Ctrl 键可随时改变插入点的状态。

（8）相对修改点：用于修改点的相对位置。操作方法：①打开工具按钮，用鼠标选定衣片上要修改的轮廓点，再在数据录入框中输入相对于该点位移的 X 坐标和 Y 坐标数据即可。②打开工具按钮，然后直接选定衣片上要修改的轮廓点（可按住鼠标左键用拉框的方式选择多个点）。然后用键盘上的四个方向键进行调整，完毕后用鼠标点击确定键即可（注：用方向键调整时每按一下为 0.5mm）。

（9）定长加样片点：用于给定距离增加样片点。操作方法：单击工具按钮，先在衣片的轮廓线上选定某点为起始点，再输入数据（操作过程中要注意衣片走向：与轮廓线方向一致为正数，反之为负数）后确认即可。

（10）等分样片线：用于作轮廓线上两点间的任意等分点。操作方法：单击工具按钮，依次选定样片上需要等分的两点，再输入等分数即可。

（11）转换点型（Z）：用于进行衣片上折线控制点与弧线控制点之间的互换。操作方法：单击工具按钮或直接按快捷键 Z，若原先是控制点，则用鼠标点要交换的点后变为曲点；若原先为曲点，使用工具后变为控制点（注：可用拉框的方式改变点型）。

（12）辅助线与轮廓交点：用于求参照线与衣片轮廓线的交点。操作方法：单击工具按钮，再选定经过衣片轮廓的参照线，即会在该参照线与轮廓线之间产生交点。

（13）删除样片点：用于删除样片上的点。操作方法：单击工具按钮，用鼠标点击样片上的点即可。

（14）交换衣片走向：用于改变衣片轮廓方向。

（15）设置衣片起始点：用于修改或设置衣片轮廓线上的起始点位置。操作方法：单击工具按钮，用鼠标选定衣片上的折点即可，此时该点变成所设置的衣片起始点的颜色。

（16）设置衣服缩水率：用于设置该衣服的缩水率。操作方法：单击工具按钮，输入该样片横向和纵向的缩水百分值后按确定，屏幕上的衣片就会按所输的百分值放大或缩小。若输入正数，表示衣片会伸长，此时屏幕上的衣片放大；若输入负数，表示衣片会缩短，此时屏幕上的衣片缩短。

（17）设置所有样片的缩水率：用于设置所有显示的衣服的缩水率。操作方法：单击工具按钮，输入该样片横向和纵向的缩水百分值后按确定，屏幕上的衣片就会按所输的百分值放大或缩小。若输入正数，表示衣片会伸长，此时屏幕上的衣片放大；若输入负数，表示衣片会缩短，此时屏幕上的衣片缩短。

（18）设置点、线型属性：用于设置样片上的点和线型的属性，并且可以标志对花对格段，对刀眼进行统一设置。操作方法：打开工具按钮，出现设置点、线型对话框，选择点型、线型、对花对格及刀眼的属性后按“确定”即可。

（19）复制放码点：复制某一样片的放码公式到另一样片上。操作方法：单击工具按钮，先单击被复制的放码点，然后点击要复制的放码点，最后右键结束。

（20）联动调整：对多个样片进行调整。操作方法：①第一步用鼠标左键拉框选择多个样片后按右键确定（注：框选时应把要调整的线段框选住，可多次框选）；②先用鼠标左键选择不动的轮廓点（一般是选择须调整线段的两个端点），再用鼠标左键选择须调动的点（注：先按住 Ctrl 键选择调整方向相同的轮廓点，再按住 Shift 键选择相反方向的轮廓点），然后按鼠标右键结束；③用键盘上的四个方向键进行调整或在数据录入框中输入数据后按确定键。

四、基本操作工具条

基本操作工具条，如图 3-16 所示，用来对样片进行移动、旋转和测量等。

▲图 3-16

（1）设置新的原点：用于把坐标系移动到任意位置。操作方法：打开工具按钮，用鼠标左键单击以选定新坐标系原点即可。

（2）设置新的样片位置：用于在屏幕上将样片移动到任意位置。操作方法：单击工具按钮，然后用鼠标左键点击屏幕上任意点以选定样片，再按住左键不放拖动样片到任意位置。

（3）水平翻转：用于把当前衣片沿坐标 Y 轴作水平翻转。操作方法：单击工具按钮即可。

（4）垂直翻转：用于把当前衣片沿坐标 X 轴作垂直翻转。操作方法：单击工具按钮即可。

（5）衣片镜像：用于使衣片按轮廓线上的任意直线作为对称轴，进行衣片的对称翻转。操作方法：打开工具按钮，依次用鼠标选定直线对称轴的开始点和终止点后，衣片即会以该直线为对称轴作对称翻转。

（6）逆时针旋转 90°：用于把衣片沿逆时针方向旋转 90°。

（7）任意角度旋转：用于把衣片在屏幕上按任意角度旋转。操作方法：打开工具按钮，输入旋转的角度确认后衣片即会沿逆时针方向旋转指定的角度。

（8）按基准点旋转衣片：用于使衣片以指定的旋转中心点进行任意角度的旋转。操作方法：打开工具按钮，首先用左键选定衣片的任意点为旋转中心点，然后用键盘输入旋转角度，确认后衣片即会以指定点为中心点逆时针旋转指定角度。

（9）按基准线旋转衣片（A）：用于衣片的翻转、旋转、对接比较和当前窗口等校对测试后的回归原始制板位置和任何指定位置。操作方法：打开工具按钮或直接按快捷键 A 后，先选定基准线的第一点和第二点，再选衣片上对应基准线上的第一点和第二点，样片按选定的基准点归位于第一个选择点。

（10）按任一线旋转样片：用于指定任意两点旋转衣片，常用于衣片部位的对接比较。操作方法：打开工具按钮，用鼠标选定非当前衣片上的任意两点作为旋转对称轴，然后再选择需旋转当前衣片上的对应两点（点的顺序要对应对称轴上的点），此后所选的衣片第一点和对称轴的第一点重合，并且衣片以对称轴为中心作旋转。

（11）线、点测距：用于测量任意线段与线段外点之间的距离。操作方法：打开工具按钮，出现测距对话框，用鼠标先选择一辅助线，再选择点后，便会出现测距对话框，并且在“当前值”下出现所测的距离如图 3-17 所示。按“+”后再进行测距后在“当前值”下会出现第二次测量的数据，“加值”下出现两次测量相加的值，“总值”下出现每次测量的值的总计。“减值”的操作原理同“加值”。放码测距不可用。如想把测得的数据加入规格表，可按加规格表键。在弹出的对话框中填入部位名称，然后按确定键即可，如图 3-18 所示。

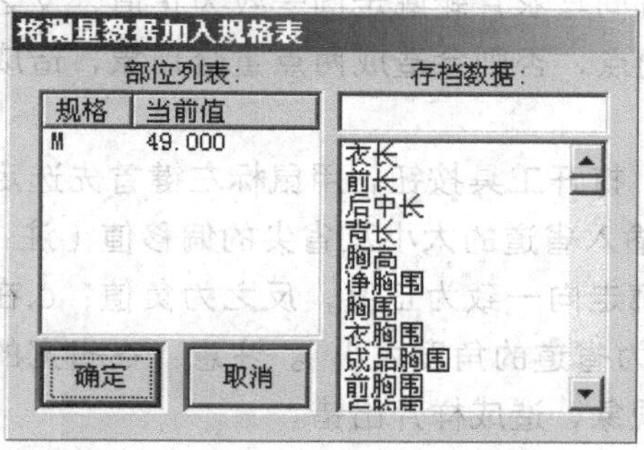

▲ 图 3-17

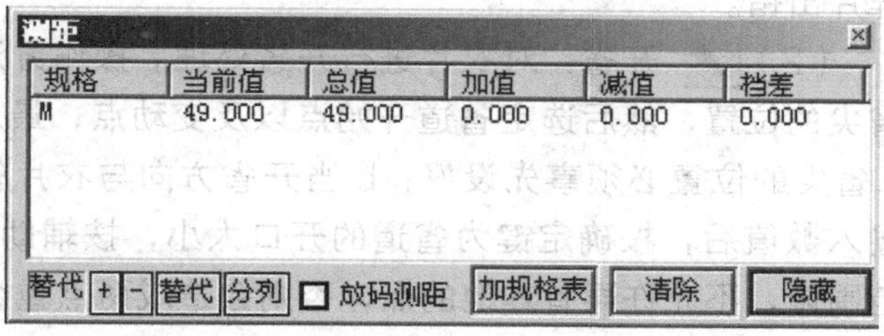

▲ 图 3-18

（12）线段测距：用于测量任意两点间的数据。操作方法：打开工具按钮，用鼠标依次选定两个点，即可得到数据。测距对话框中其他功能同线、点测距工具。

（13）曲线测距：用于测量衣片轮廓线的弧线长度。操作方法：打开工具按钮，用鼠标左键点选要测线段的两端（要与衣片方向一致）即可得到数据。测距对话框中其他功能同线、点测距工具。但可使用放码测距功能，先选中放码测距复选框，然后点选要测线段的两端（要与衣片方向一致）“规格”下出现所测衣片的规格号，“档差”下会出现不同规格之间的差值。“隐藏”按钮表示隐藏测距对话框，“清除”按钮表示把测距对话框中的所有值清为零（注：进行放码测距时必须先把衣片放码并存盘）。

（14）测量角度：用于测量两条相交直线之间的角度。操作方法：打开工具按钮，分别选定两条直线后，数据录入框内即会出现两条线间的锐角角度及钝角角度。

（15）旋转比较：用于比较衣片与衣片的线段或形状，常用于对样片间各结构组合间的比较和判断。操作方法：打开工具按钮，选定非当前窗口另一样片上的一点，再点当前片对应点不放，然后进行拖动旋转，最后再用鼠标左键单击表示结束。

（16）滚动比较：用于大曲度样片间的吻合对比。注意：用本工具操作时，要滚动的样片必须在非当前窗口。操作方法：打开工具按钮，选择当前衣片上的第一点和第二点，再选择非当前衣片上的相对于当前衣片上的第一点和第二点，再在数值录入框中输入滚动距离后，按住小键盘的向上小箭头不放即可对比。

五、省道、展开工具条

省道、展开工具条，如图 3-19 所示，用来实现本系统中样片处理功能中的省道处理和衣片展开处理功能，它是在勾画并调整完衣片轮廓后，对衣片进行省道处理和衣片展开处理的工具条。

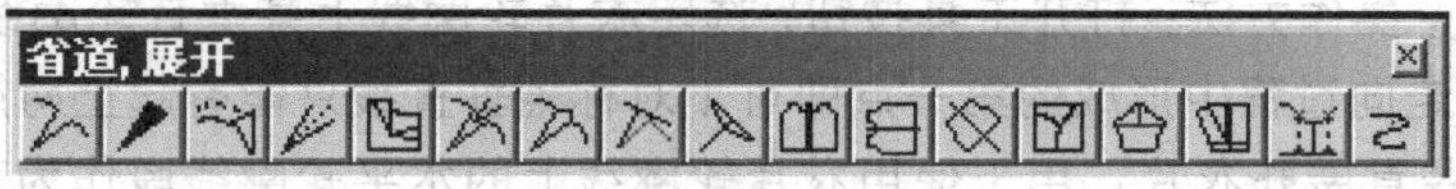

▲ 图 3-19

（1）标记省道（S）：用于对衣片上已留好省道位置的样片作标记处理。操作方法：打开工具按钮或直接按快捷键 S，用鼠标首先选定省尖的位置，然后选定省道开始点，输入省道的大小（a.省尖的位置必须事先设好；b.当开省方向与衣片轮廓走向一致为正值，反之为负值）。注意：在省宽的范围内，不允许再有其他的点，否则会造成两点重合现象，造成样片出错。

（2）开省：对衣片进行开省处理。操作方法：打开工具按钮，用鼠标左键首先选定省尖的位置，然后选定省道开始点以及变动点，最后输入省道的大小及省尖的偏移值（注：a.省尖的位置必须事先设好；b.当开省方向与衣片轮廓走向一致为正值，反之为负值；c.在输入数值后，按确定键为省道的开口大小，按辅助键为省道的角度大小）。注意：在省宽的范围内，不允许再有其他的点，否则会造成两点重合现象，造成样片出错。

（3）局部平移：在对衣片进行开省处理的同时使选中的区域随省道一起移动。操作方法：打开工具按钮，用鼠标左键首先选定省尖的位置，然后选定省道开始点以及变动点，最后输入省道的大小、省尖的偏移值和方向。

（4）折纸法开省：对衣片进行开省处理但效果与开省工具不同。打开工具按钮，用鼠标左键首先选定省尖的位置，然后选定省道开始点以及两边的旋转中心点，最后输入省道的大小按确定键即可（注：点两边的旋转中心点应按衣片的方向点。输入的数值应为省道大小的一半）。

（5）省道转移：用于将省道转移至新的位置。操作方法：打开工具按钮，用鼠标首先点旧省道的中心点，再点被转移省道（即旧省道）的开始点和结束点，然后选定转移后省道（即新省道）的开始点，输入新的省尖和旧省道中心点之间的偏移量以及省道转移量后完成省道转移。注意：在选定旧省道开始点和结束点时，究竟哪一点是开始点、哪一点是结束点，取决于新省道开始点的位置，而并非旧省道标记时定义的开始点和结束点。所谓旧省道的开始点是指离新省道开始点较远的一个点，旧省道的结束点是指离新省道开始点较近的一个点。注意：新省道的开始点必须是折点。

（6）省道开口：用于打开省道的两个端口。操作方法：打开工具按钮，用鼠标依次点两个端口点即可。

（7）省道闭合：用于封闭省宽开口。操作方法：打开工具按钮，用鼠标依次点省宽开口的两个端点即可。

（8）收省效果：用于模拟省道闭合的效果。操作方法：打开工具按钮，用鼠标依次点省尖点、省道的开始点、结束点，最后选择省余量折叠方向即可。注意：①注意根据衣片走向选择开始点、结束点和方向点；②方向点不能选择样片上的起始点。

（9）省道修顺：用于调整省道闭合后的线段的圆顺程度。操作方法：打开工具按钮先点旋转中心点（一般为省尖点），再点省道的开始点和结束点（即省道的两个端口），然后按变动结束点后就可用左键调整，调整完毕后按右键结束。

（10）水平展开衣片：用于使用衣片轮廓线上某垂直轮廓线段作为对称轴，做衣片的左右对称展开。操作方法：打开工具按钮，选定衣片轮廓线上某垂直轮廓线段（即对称轴）的沿衣片轮廓线走向过程中形成的第一点即可（对称轴垂直线只能有起止两点）。

（11）竖直展开衣片：用于使用衣片轮廓线上的水平轮廓线段作为对称轴，做衣片的上下对称展开。操作方法：打开工具按钮，选定水平轮廓线段（即对称轴）的沿衣片轮廓线走向过程中形成的第一点即可（对称轴水平线直线只能有起止两点）。

（12）按任一线展开衣片：用于使用衣片轮廓线上的任意直线作为对称轴，进行衣片的对称展开。操作方法：打开工具按钮，依次用鼠标选定直线对称轴的开始点和终止点即可（对称轴直线只能有起止两点）。注意：对称轴线上如果含样片起始点，则必须先选定样片起始点。

（13）旋转展开衣片：用于衣片按弧线轨迹展开。操作方法：打开工具按钮，用鼠标依次选定旋转中心点、旋转开始点和变动结束点、输入旋转的度数即可（角度为正值旋转展开的方向与衣片轮廓走向一致，负值反之）。

（14）袖山展开衣片：用于袖山的高度展开。操作方法：打开工具按钮，先选定袖山弧任一端点为第一袖山深点，然后选定另一侧袖山端点为第二袖山深点，再选定袖山顶点，最后输入袖山展开的高度值即可。

（15）旋转切开衣片：用于切开衣片同时旋转衣片。操作方法：先打开工具按钮，在需切开的部位画上标记线（注：标记线的两端必须锁住轮廓点），然后打开工具按钮，依次点切开部位的点，用鼠标右键结束后，输入切开旋转量后确认即可。

（16）复制镜像线：以一衣片线为中心线展开一所选的区域。操作方法：先打开工具按钮，点选中心线的两端，然后按须展开区域的两端点即可（注：一般该工具用在衣片门襟的翻折）。

（17）单褶展开：对衣片进行褶裥处理。操作方法：打开工具按钮后先点要开褶裥位置的两点（一般两点相对），然后输入两边褶裥的大小，最后按确定键即可。

六、放缝工具条

放缝工具条，如图 3-20 所示，用来实现本系统中的衣片的放缝处理功能。

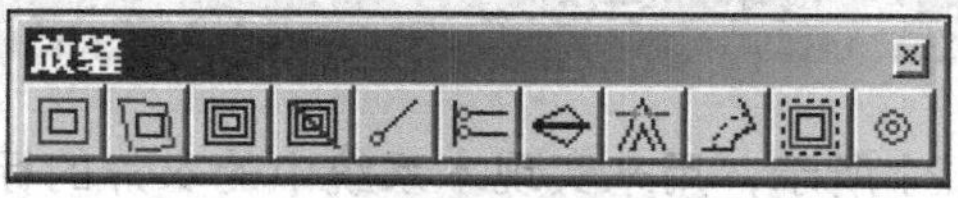

▲ 图 3-20

（1）放缝（F）：用于对净样进行放缝的处理。操作方法：打开工具按钮或直接按快捷键 F，用鼠标按衣片的走向在净样的轮廓点上依次选择第一点非曲点和第二点非曲点，作为缝头的起始点和终止点，再输入缝头量即可，按同样方法可放其他边的缝头。注意：放缝点的选择顺序必须与衣片的走向一致。

（2）不等量放缝：用于对样片上的特殊部位进行不等量放缝。操作方法：打开工具按钮，按衣片走向，选择第一放缝折点，再选择第二放缝折点，再在数据录入框中的上、下框中分别输入第一放缝值和第二放缝值后按确认。注意：放缝点的选择顺序必须与衣片的走向一致。

（3）设置净面版：用于在原位置上复制一个净样衣片。从而使用户在加放做缝的操作中，净样线仍出现在桌面上。如直接点击放缝，则系统会自动默认一个复制净样的过程。本工具主要用于不规则、不等量样片手动放缝前的一次净样复制。操作方法：打开工具按钮即可。用“调整样片点”工具按钮拖动样片点后，会发现此时界面上实际上存在两个样片。

（4）删除净面版：用于删除所设置的净样衣片，使得用户在加放做缝的操作中，净样线不再出现在桌面上。

（5）镜像缝头：用于对放好的毛板的底边进行剪角，使之能和衣片相符（一般适用于样片的底摆），目的是折边后的对称。操作方法：打开工具按钮，先点净样上的对折点，再该点在毛样上的对应放缝点，最后在毛面板上点方向即可（点毛面板的方向点时，应点离毛样上放缝点最近的点），此时就会出现一个镜像的折角缝头（注：在使用该工具时，应先把净样存盘，再放缝份）。

（6）直角缝头：用于对放好的毛版进行剪角，使之成为直角，适用于除底边外的各个样片角。操作方法：同镜像缝头工具。

（7）模拟折叠效果：局部看衣片模拟折叠效果。操作前必须先设好折叠部位轮廓上的折叠对称线的两端点。操作方法：打开工具按钮，用鼠标点击折叠对称线的两端点即可。

（8）剪角：用于对样板进行剪角的处理。操作前必须先设好要剪角部位轮廓上的两端点。操作方法：打开工具按钮，用鼠标左键点击剪角部位轮廓上的两端点即可。

（9）贴边：对衣片进行贴边的处理。操作方法：打开工具按钮先点需做贴边的线段的两端点，然后输入贴边的宽度（一般为负值）。

（10）设置多个样板的缝份：对多个衣片进行放缝处理。操作方法：打开工具按钮后拉框选中要放缝的衣片，然后输入数值按确定键即可。

（11）定长加自由点：在衣片上添加一个不影响弧线曲度，且在放码时永远与基点保持距离不变的点。操作方法：打开工具按钮后选择一个轮廓点或内点作为基点，然后输入数值按确定键即可（注：a.当与衣片方向一致时输入正值，反之输入负值；b.该功能应与刀眼工具配合使用；c.该工具应在衣片的毛面板上使用）。

七、标记工具条

标记工具条，如图 3-21 所示，用来实现本系统中的衣片的标记功能（包括图形标注和文字标注）。

图 3-21

（1）文字标注：用于新增文字标注。操作方法：单击工具按钮，在需要新增文字方位处用鼠标点击，此时会弹出“加注文字”的对话框，用户可自行输入添加文字，也可在“常用短语”下拉框中直接选择衣片名或裤片名，即可完成。

（2）操作文字：用于移动文字标注和更改文字标注。“移动文字标注”操作方法：打开工具按钮，用鼠标左键点击所要移动的文字标注，此时所点文字会被框选，然后再用鼠标左键拖动文字到合适的位置。“更改文字标注”操作方法：打开工具按钮，然后双击所要更改的文字，再在弹出的“加注文字”对话框中输入文字，或选择常用短语以更改文字。

（3）删除选定的文字：用于删除文字标注。操作方法：先单击该工具，用鼠标左键点击所要删除的文字，此时会在所选文字会被选定，再单击工具按钮，即可删除此文字标注。

（4）刀眼：用于在样片上设置刀眼标记。操作方法：单击工具按钮，点要设置刀眼的位置即可。此后要改变该刀眼的尺寸，可在上述“设置点、线属性”工具中设置。

（5）对格对花点：用于在样片上设置对格对花点。操作方法：单击工具按钮，点击需设置对格对花点的轮廓点即可。

（6）标记尺寸：用于标注衣片样板尺寸。操作方法：单击工具按钮，用鼠标左键单击选定标记尺寸的开始端点和结束端点，然后用左键拖住鼠标往上拉或往下拉，即出现所选两点的水平距离标注，用右键拖住鼠标往左拉或往右拉，即出现所选两点的垂直距离标注。

（7）拉框拾取标记：用于拾取标记，按住 Ctrl 即可加入标记库。操作方法：单击该工具用鼠标拖动拉框框住标记线的其中任意一点即可选定标记线，并将该标记线设置为标记。如果在拉框时同时按住 Ctrl 键，则可在选定标记线的同时将该标记线加入标记库。

（8）操作标记：用于移动图形标记和改变图形标记的大小。“移动图形标记”操作方法：单击工具，用鼠标左键点击标记，再按住左键不放后拖动标记到合适的位置。“改变图形标记”操作方法：单击工具，用左键点击标记以选中标记，再在数据录入框中分别输入该图形标记外框的长和宽即可。选择“辅助”后，可以逆时针旋转所选标记。

（9）删除标记：用于删除图形标记。操作方法：单击该工具，先用左键选中所要删除的标记，再单击工具即可将所选标记删除。

（10）复制标记：用于复制标记。操作方法：先单击（操作标记）工具，用左键选中所要复制的标记。再单击复制标记工具即可在原位置复制所选标记。此时若拖开被复制的标记，在原处还会出现一个被复制的标记。

（11）复制多个标记：用于复制多个标记。操作方法：先单击工具，用鼠标左键点击被复制的标记上的一点，然后分别点击要复制标记处的点，最后点右键结束即可。

（12）解除标记：用于将标记改为标记线形式（即内点、内线形式）。

（13）调整丝缕线方向：用于调整样片丝缕线的方向。操作方法：单击工具，点击样片的第一点，再点击样片第二点作为方向点，即可将样片丝缕方向改成同给定的方向。

（14）丝缕水平：用于将丝缕线调整成水平方向。操作方法：单击工具，即可将样片改成水平方向。

（15）设置网格：在样片上设置网状的标记线条。操作方法：单击工具按钮，在弹出的选择框中选择花型与间距，如图 3-22 所示，然后在样片上点选两个方向点即可。

（16）取消网格：取消样片上已设置的网状标记线条。

八、分割、拼接工具条

分割、拼接工具条，如图 3-23 所示，用来实现本系统中的衣片分割和拼接的处理功能。

（1）破缝：用于把衣片按结构线分成两个衣片。操作方法：打开工具按钮，点标记线上的任意点。破缝后，在衣片选择栏中会出现两个新窗口，分别显示破缝后衣片的一部分。注意：破缝只能在标记线上进行，而且破缝标记线的两端必须锁在衣片轮廓线上。

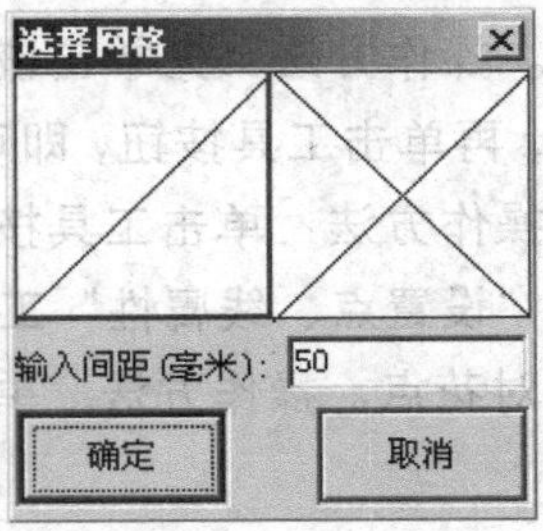

▲ 图 3-22

▲ 图 3-23

（2）剪切衣片：用于对衣片局部进行复制切割（如从样片上复制口袋形）。操作方法：打开工具按钮，用鼠标依次点需复制切割部位的各个点即可，此时衣片选择栏中会出现一个新窗口，显示被切割下来的衣片。

（3）拉框拾取样片：用于框取局部衣片。操作方法：打开工具按钮，左键框取您所要的衣片即可，此时衣片选择栏中会出现一个新窗口，显示拉框拾取的衣片。注意：所要框取的部位两端一定要有衣片上的点。

（4）拼接衣片：使两个衣片拼接在一起成为一个衣片。操作方法：打开工具按钮，先点击当前衣片拼接处的第一点，接着点对应衣片上的对应点。然后点当前衣片拼接处的第二点，接着点对应衣片上的对应点即可。

第四节 推档系统

推档有一定技术要求，是服装工业制板中任务繁重且容易出差错的工作，而利用计算机来实现推档则有很大的优势，不但速度快，而且准确度高。

一、放码方法简介

母板是基础样板，一般指一系列样板中的中间样板，在放码中承担依据的作用。工业样板制作，它是在结构设计的母板基础上，按系列规格（即号型系列）的要求进行相应的扩大或缩小，形成系列样板——工业样板。这种制作方法和过程被称为放码。

系统主要提供两种推板方法：自动放码和手工放码（即交互式放码）。

不管以何种方式放码，都必须先单击工具按钮，系统自动调用放码程序，出现如图 3-24 所示的“放码”对话框，选中“小键盘”复选框后，在输入数值前，系统自动弹出小键盘，以便通过鼠标输入数据。“英寸转换厘米”是指可以在这两个单位间自由选择。选择“方式一”表示交互式放码，选择“方式二”表示自动放码。

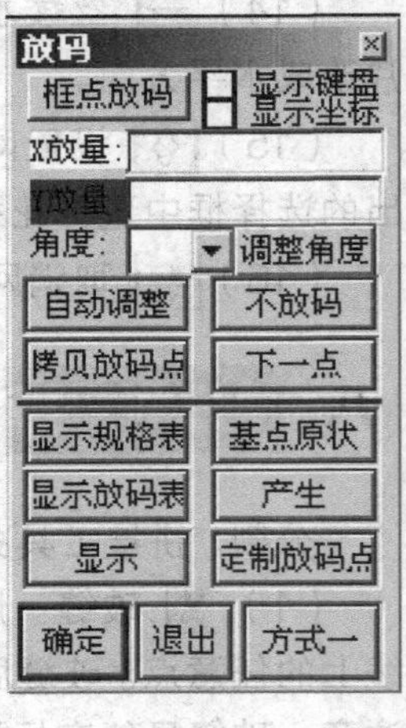

▲ 图 3-24

二、放码工具介绍及应用

（1）自动放码：用鼠标单击“方式二”按钮，系统会自动以母板为基础，对规格表中的各规格数据自动放码。

放码操作步骤如下。

① 读取需放码的样片：打开“选择已存在的样片”，操作同前工具的操作。

② 选择放码方式：单击工具按钮，弹出放码设置操作窗，在对话窗口内进行如下设置：单击“方式一”按钮，进入“方式二”状态。

③ 显示放码：单击“显示放码”按钮，使“显示放码”按钮转变为“恢复输入”状态，屏幕显示各档样板。单击“恢复输入”后，界面上又只显示基档样板。

④ 产生存盘：单击“产生”按钮，放码后的各个规格的衣片都存入样片库中。此时，若单击打开工具，所编辑款式的各个规格的衣片列表中都可以看到所存的样片。

注意：自动放码之前，规格表里的规格数据一定要输全。此外，要进行自动放码，则必须保证操作的历史记录框的每个步骤必须是完全正确的，或没有实质性错误；否则可能造成自动放码的出错。

（2）交互式放码：用鼠标单击“方式一”按钮，系统进入交互式放码。

放码操作步骤如下。

① 读取样片：可以用读图板读入或选择样片。操作同前工具操作。

② 放码设置：单击工具按钮，在弹出的对话窗口内进行如下设置，单击“方式二”状态，进入交互式放码状态，以手工放码方法为指导，设置放码基准线。

③ 确定放码方向和各点档差：点衣片放码点，然后分别在“X 放量框”和“Y 放量框”中输入该点在 X 方向和 Y 方向的放缩量（注意：以坐标原点为核心，X 值为正值表示在原点右侧，为负值表示在原点左侧；Y 值为正值表示在原点上侧，为负值表示在原点下侧）。若在“角度”框内输入一角度，则坐标轴沿指定角度旋转，此时输入放缩量时是以旋转后的坐标轴为依据，即放码点在旋转后的坐标轴上 X 方向和 Y 方向的放缩量。输入完某一点的值后，单击“下一点”按钮，再按以上方法输入点的放码值，逐点依次进行，直至最后一点完成后单击“确定”。

注意：交互式放码采用的是逐点放码的形式，在放码的过程中如果按“自动调整”，则用户不必输入该点在 X 轴和 Y 轴的放缩量，系统会直接根据该点的前后点的放缩值自动赋予该点一个合适的放缩值。只有控制点才需输入放缩值，曲点的放缩值系统会自动赋予。如果某一点不需要放码，则点“不放码”按钮。

④ 显示放码：单击“显示放码”，屏幕上显示各档样板，并且“显示放码”按钮变成“恢复输入”。单击“恢复输入”后，界面上又只显示基档样板。

⑤ 产生存盘：单击“产生”按钮，放码后的各个规格的衣片都存入样片库中。

思考题

1. 爱科服装 CAD 的绘图辅助线及辅助点有哪些？举例说明应用。
2. 当衣片的缝份不是一样大小时，该如何设置衣片的缝份？
3. 使用服装 CAD 绘图时，捕捉方式的设置非常关键，如何进行合理的设置？
4. 爱科服装 CAD 的放码方式有哪些？该怎样选择？
5. 如何制作省道及进行省道旋转？
6. 如何制作褶裥？

第四章　排料系统

学习目标

了解排料规则，掌握基本工具的性能，掌握排料中对条对格的方法，能熟练地进行交互式排料。

第一节　排料系统菜单介绍及应用

一、排料系统菜单介绍

1. 排料系统操作流程（如图 4-1 所示）

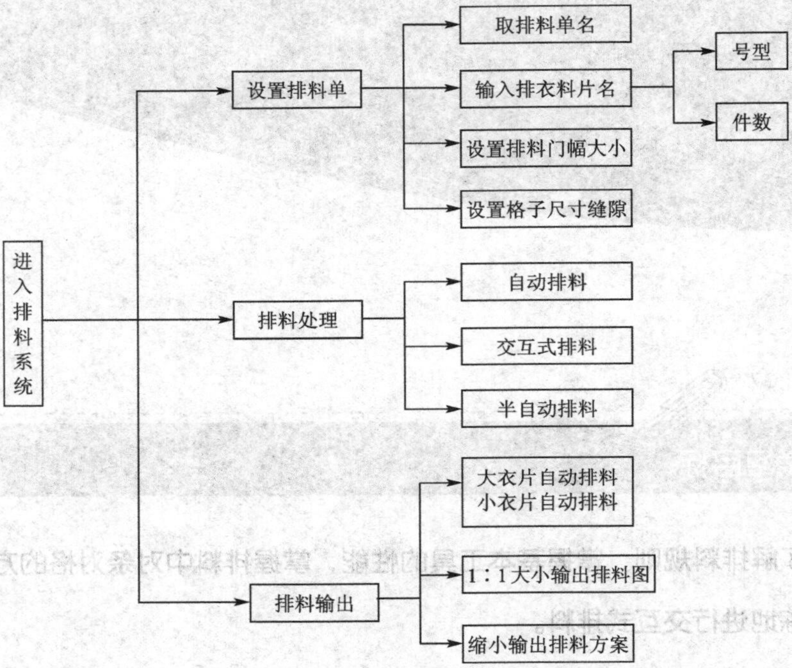

▲ 图 4-1

2. 主界面介绍

进入爱科排料系统，屏幕上即出现该系统的主界面。排料系统是由排料信息显示栏、排料操作菜单栏、排料操作工具栏、待排样板显示区、排料操作区及排料预览小窗口六部分组成，如图 4-2 所示。

（1）排料信息显示栏：信息栏是排料操作时信息数据的显示栏。可显示面料的长度、幅宽、利用率、未排数、已排数等，信息随排料操作自动产生。

（2）排料操作菜单栏：该栏是由一系列排料操作的下拉式菜单构成，为整个排料操作提供菜单命令。

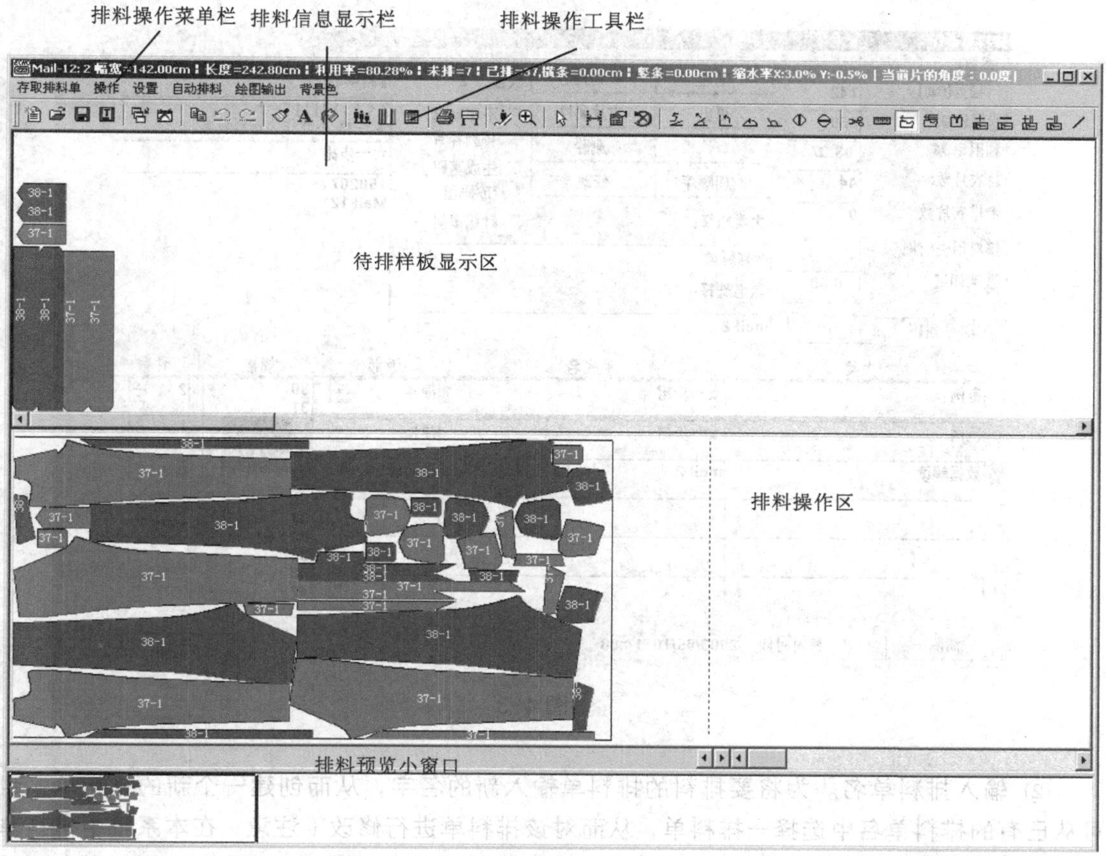

▲ 图 4-2

（3）排料操作工具栏：该栏是由一系列排料操作的图标工具按钮构成，为整个排料操作提供快捷按钮。

（4）待排样板显示区：该区内显示将要进行排列的各个样板。操作时只要单击和拖动样板即可进行样板的调动。

（5）排料操作区：该区是进行样板排列的操作区域，也是排料图输出图形的生成。

（6）排料预览小窗口：该区显示在样板操作区排列的样板的缩略图，拖动该缩略图的小窗口可以方便地对任意长度的已排样板进行预览。

3. 存取排料单菜单

单击“存取排料单”菜单，弹出“排料单管理”、“存取排料单”、“存临时文件”、“读排料单”、“显示排料图”、“版本信息”和“退出系统”七个子菜单。

（1）排料单管理（同“ ”）：用于排料单的设置和管理。单击“排料单管理”子菜单，屏幕上弹出如图 4-3 所示的对话框，对话框的内容可进行如下设置。

① 在门幅宽输入框的空格内输入面料的门幅宽度；长度、利用率、总衣片数、未排衣片数及排料用去时间后的空格为灰色空格，表示不能输入，在排料结束后系统自动填入；在

唛架间缝输入框的空格内输入排料时衣片与衣片的间缝距离的大小。

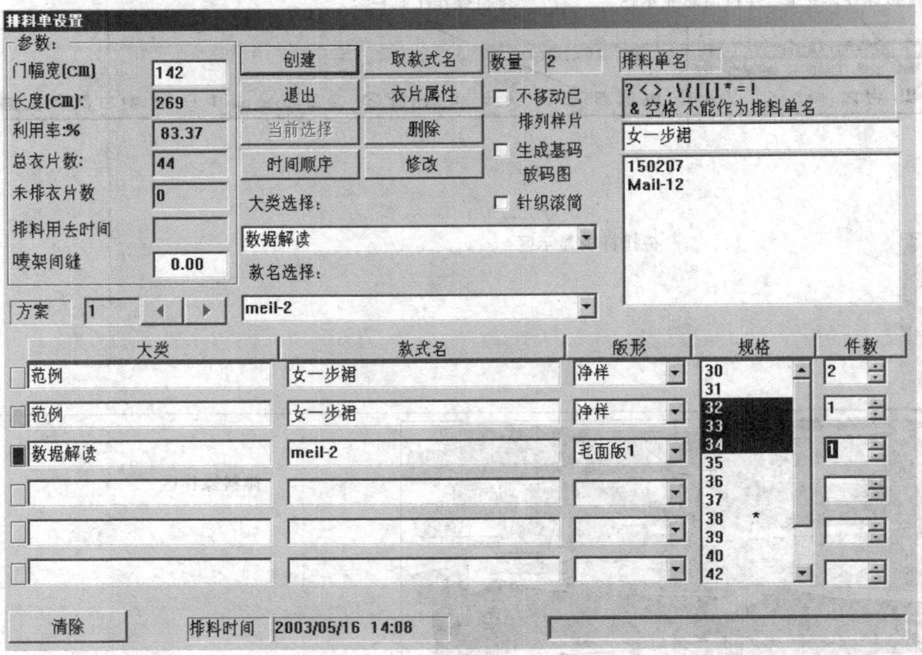

▲ 图 4-3

② 输入排料单名。为将要排料的排料单输入新的名字，从而创建一个新的排料单；也可从已有的排料单名中选择一排料单，从而对该排料单进行修改（注意：在本系统中排料单名与款式大类有着隶属关系，即同一排料单名在不同款式大类下是两张完全不同的排料单，只是同名而已。因此选择排料单时往往先选款式大类，再选排料单名）。

③ 大类选择。设置所要排料的衣片的版形、规格及件数：在“大类选择”和“款名选择”下拉框中选择“款式大类”和“款式名称”后，系统即自动将该“款式大类”和“款式名”填入所选项（在最左端用蓝色表示该记录被选中，如图 4-4 所示），然后再选择版形、规格、件数。

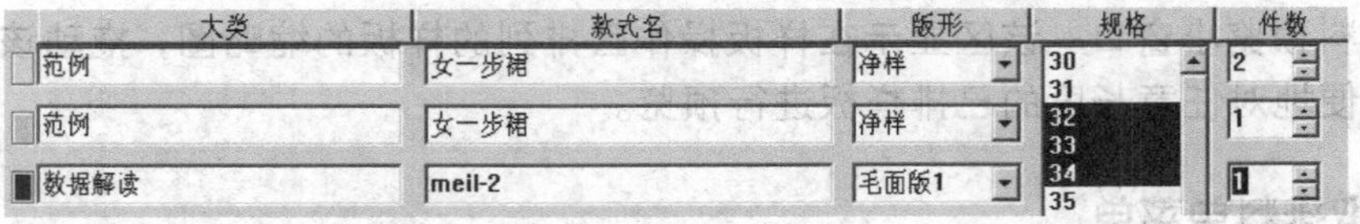

▲ 图 4-4

注意：本系统可以对同一款式的不同规格的衣片进行排料，也可以对不同款式的衣片进行排料。如要设置一排料单，要求款式为“女一步裙”、版形为“净样”的 XS、S、M 规格各排 2 件，S、M 规格排 1 件，同时款式为“meil-2”、版形为“净样”的 32、33、34 规格排 1 件。设置步骤如图 4-5～图 4-7 所示。

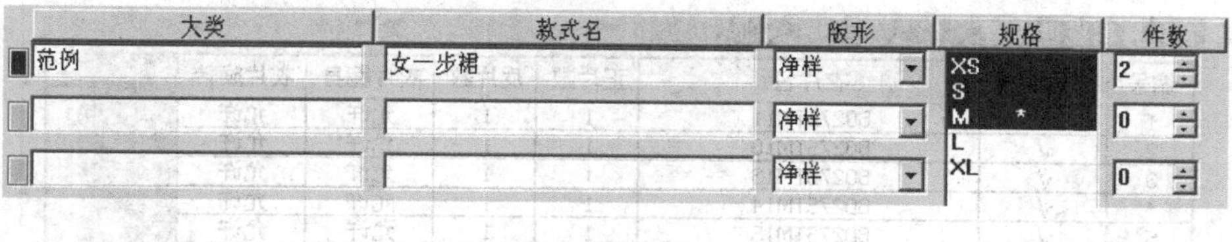
大类
款式名
版形
规格
件数
范例
女一步裙
净样
XS
S
M *
L
XL
2
0
净样
0
净样

▲ 图 4-5

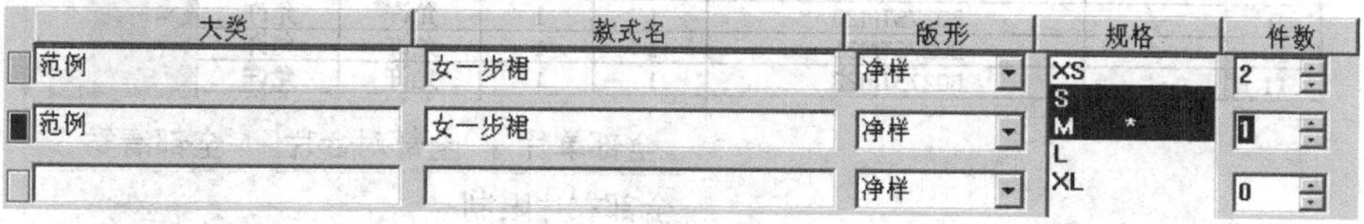
大类
款式名
版形
规格
件数
范例
女一步裙
净样
XS
S
M *
L
XL
2
范例
女一步裙
净样
1
净样
0

▲ 图 4-6

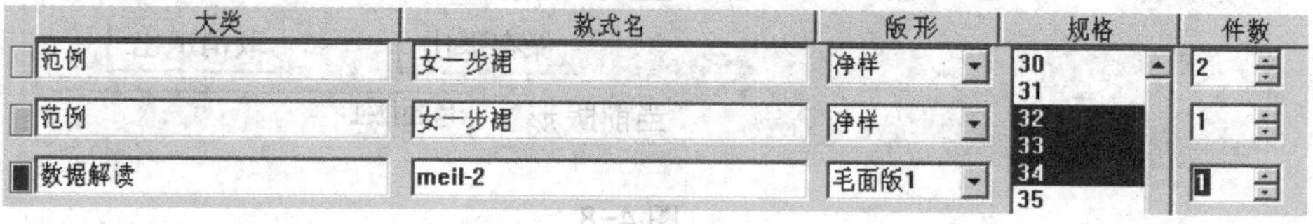
大类
款式名
版形
规格
件数
范例
女一步裙
净样
30
31
32
33
34
35
2
范例
女一步裙
净样
1
数据解读
meil-2
毛面版1
1

▲ 图 4-7

④ 清除：清除所有的设置项。

⑤ 数量 4：显示排料单的数量。

⑥ 不移动已排列样片：选中该复选框，再按“修改”按钮，表示原先排好的衣片不改变的情况下，将可以修改所选择的大类、款式、衣片等进行重新排料。若不选此复选框表示所有的衣片，不管以前有没有排过的都要重新排料。

⑦ 生成基码放码图：选中该复选框，再按“修改”按钮，则每个被排料衣片放码后的几种规格被同时显示。

⑧ 针织滚筒：选中该复选框，再按“修改”按钮，则唛架按两边对折的滚筒式样进行排料，即面料为双层两边对折。

⑨ 方案 1：用鼠标填入所要排料的方案。对排料方案的个数系统会自动增加，即若最大选择方案数是 5，则表示该排料单已存储 4 套排料方案，第 5 套排料方案未排。

⑩ 衣片属性：可以设置选定款式的样板的排料属性。单击该按钮，屏幕上弹出如图 4-8 所示的对话框。在此对话框中显示所选款式衣片的属性。选择要排列衣片“正片数”、“反片数”的数量和“衣片翻身”、“衣片旋转”的属性后即可。衣片名前面打钩的表示该衣片已放过码。

a. 编号：系统自动为衣片设置的号码。

b. 放码完成：打钩的表示衣片已经放过码，不打钩的表示衣片没放码。

c. 全部单片：指所选款式的衣片正片数为一片。

d. 全部对合片：指所选款式衣片正片数和反片数各为一片。

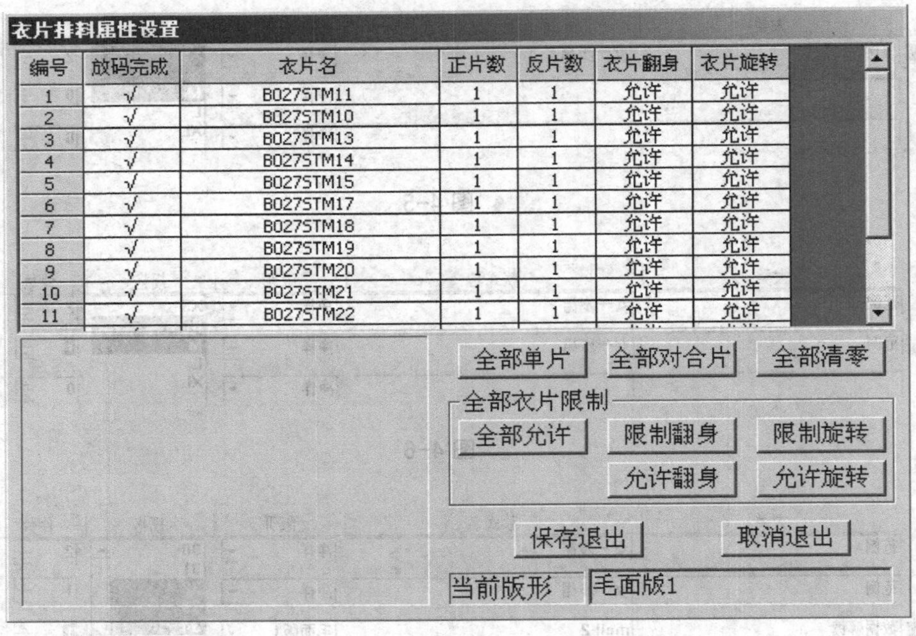

▲ 图 4-8

e. 全部允许：所选款式的衣片都可以进行翻转和旋转。

f. 衣片翻身：所选款式的衣片上下、左右进行翻转。

g. 衣片旋转：指所选款式的衣片进行任意的角度旋转。

取款式名：单击此按钮，系统会自动将排料单命名为当前所选款式的款式名。即系统自动将“款式名”中的“女一步裙”填入到“排料单名”中。

创建：将所有的属性都设置完毕后按此按钮，系统会出现“排料文件已存在，是否覆盖该文件”的对话框，单击“是”后系统创建了一个新的排料文件，并且新创建的排料文件覆盖原排料文件出现在主界面上，单击“否”则不创建所设置的排料文件。

当前选择：在“排料单名”下的选择框中选中某一排料单名后按此按钮，即选择了该排料文件，并在主界面上出现该排料文件。此时按“退出”后，即可对该排料文件进行操作。

删除：在“排料单名”下的选择框中选中某一排料单名后按此按钮，即删除了该排料文件。

修改：用于在不改变已排好样板的基础上，对已设定了属性或完成结构设计的衣片进行重新设置。

注意：一般有两种情况需修改已有排料单。a. 排料单内的衣片有所改动；b. 排料单内的衣片属性有所改动。

时间顺序：单击此按钮，可以使“排料单名”下的排列单名称按时间顺序或字母顺序进行排列。

退出：单击此按钮后，退出“排料单管理”，返回到系统主界面。

（2）存取排料单（同“”）：用于把当前完成的排料处理数据以指定的排料单名和排料方案保存到电脑中。

操作方法：单击“存取排料单”子菜单，出现“存储排料单”对话框，在“排料单列表”中选择一排料单名，再选择一排料方案后，按“存储”按钮。“备注”栏中可输入文字对该排料方案进行说明。

注意：“排料方案”下拉列表中出现的排料方案，如图 4-9 所示，其个数会随着该排料单已存储的排料方案的个数自动增加。即若已存储了 2 种排料方案，则系统会自动在“排料系统”中增加一种排料方案（排料方案 3），以供存储使用，如图 4-10 所示。

（3）存临时文件（同 ）：用于将当前排料文件存为系统临时文件，即运行本系统时默认出现的排料文件。单击“存临时文件”子菜单，系统会自动将当前排料文件存放到 echo/marker0/markter.temp 中。在今后运行本系统时，出现的默认排料文件即为所存的临时文件。

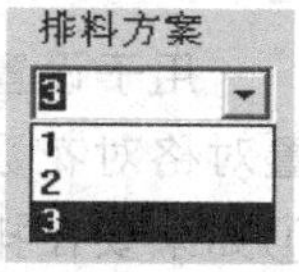

▲ 图 4-9

（4）读排料单（同 ）：用于从已存在的排料单中读排料单。

操作方法：单击“读排料单”子菜单，出现“列表排料方案”对话框，如图 4-11 所示。选择“款式大类名”后再在“排料单列表”中选择排料单名，再双击选择所要读的排料方案后，该排料图即出现在主界面上。

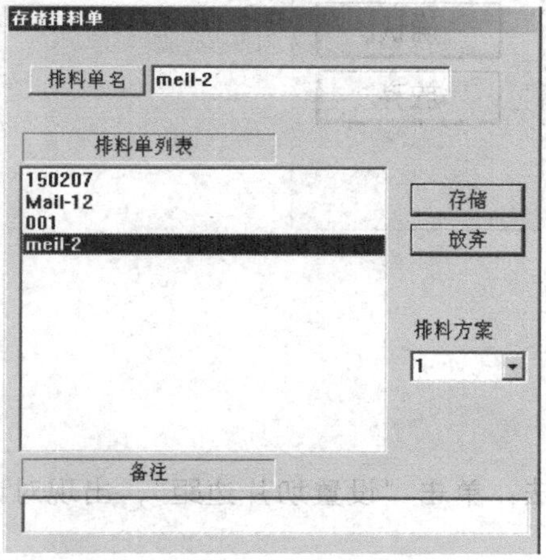

▲ 图 4-10

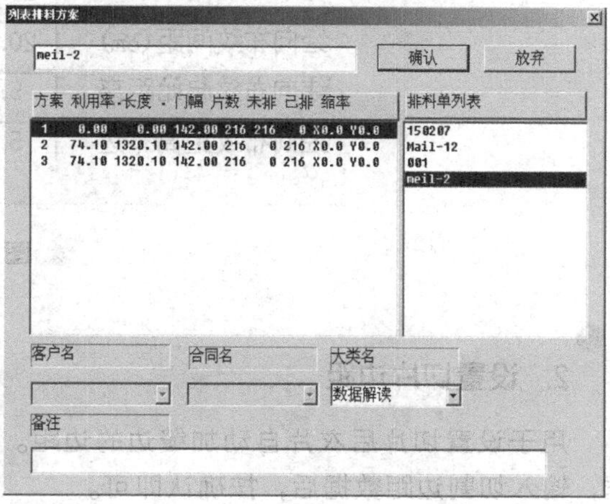

▲ 图 4-11

（5）显示排料图：用于调出已有的排料图以供参考。

操作方法：单击“显示排料图”子菜单，出现“列表排料方案”对话框。选择“款式大类名”后再选择排料单名，然后双击选择所要读的排料方案后，界面上出现排料参考图。要关闭该小窗口，单击“设置”菜单下的“显示其他排料图”或单击工具栏中的 按钮。

（6）版本信息：显示本排料系统的相关版权信息。

操作方法：单击“版权信息”子菜单，按“返回”回到主界面。

（7）退出系统：退出本排料系统。

操作方法：单击“退出系统”子菜单即可。

二、操作菜单

单击“操作菜单”后，弹出十九个子菜单，对所有子菜单具体描述如下。

1. 设置对格数据

用于设置排料时所需的对格数据。操作方法：单击“设置对格数据”子菜单，出现“设置对格对花数据”对话框，如图 4-12 所示。输入对应的尺寸数据后，按“确定”。注意：①如果要在排料系统中对条对格，则必须在“样片结构设计”系统的工具中先设定好衣片的对条对格点；②只有当本对话框内填入“纬向布纹间距”或“经向布纹间距”时，“设置”菜单下的“横向对格”和“竖向对格”功能才能起作用。

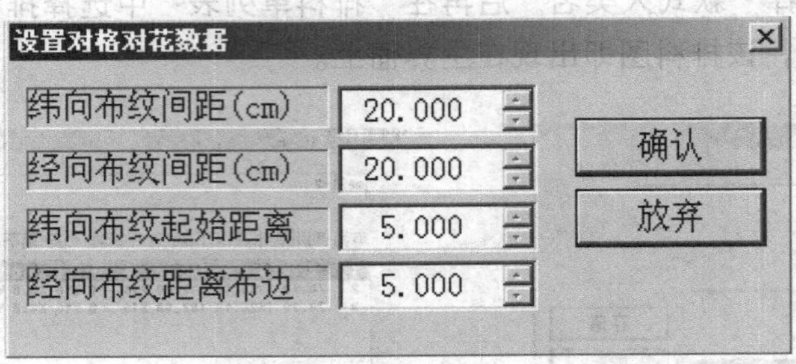

▲ 图 4-12

2. 设置切片边距

用于设置切片后衣片自动加缝边的边距。操作方法：单击“设置切片边距”，出现对话框，输入切割边距数据后，按确认即可。

3. 衣片复原（同）

将已排好的衣片恢复到待排料状态。操作方法：单击“衣片复原”子菜单，弹出“是否确认恢复”对话框。按“是”，衣片恢复到待排料状态；按“否”，衣片不复原。

4. 重显衣片（同）

刷新屏幕重新显示衣片。注意：当前屏幕上出现一些不必要的字符时可以使用此功能。操作方法：单击“重显衣片”子菜单即可。

5. 恢复切片原状

将被切割的衣片复原。操作方法：单击“恢复切片原状”，系统自动会将最后被切割的衣片复原，连续单击则连续恢复被分割的衣片。注意：当前没有衣片被切割时，该按钮为灰色（表示不可用）；当前存在被切开的衣片时，该按钮又会自动变成黑色（表示可用）状态。

6. 局部放大（同 ）

放大局部排料单。操作方法：单击“局部放大”子菜单，再单击所要放大的排料单部位，或拉框选取要放大的排料单部位。要恢复原状，则再次单击“局部放大”子菜单或 即可。

7. 设置旋转度数

用来设定 （旋转任意角度）功能中每次旋转的度数。操作方法：单击“设置旋转度数”，再输入旋转角度值即可。

8. 按大小整理衣片（同“ ”）

在待排料区内按衣片的大小自动整理衣片。

9. 按规格整理衣片（同“ ”）

在待排料区内按衣片的规格自动整理衣片。

10. 修改门幅

在排料过程中修改面料门幅。操作方法：单击“修改门幅”，再输入所需的门幅宽即可。门幅修改后，排料操作区中门幅线的位置相应的被改动。

11. 设置缝隙

设置衣片和衣片之间的缝隙量。操作方法：单击“设置缝隙”，再输入缝隙量值即可。

12. 恢复窗口

将当前界面上的“待排料显示窗口”和“排料操作区窗口”调整为各一半状态。操作方法：单击“恢复窗口”按钮即可。本系统的“待排料显示窗口”、“排料操作区窗口”及“排料预览小窗口”的大小都是可以调整的。调整方法：将鼠标移至窗口间的分界线，当光标变成“↕”状态时，拖动鼠标以调整窗口。

13. 设置排料控制值

用来防止手工调整衣片时随意跳动的现象。操作方法：单击“设置排料控制值”（如图4-13所示）后按“确认”。而后在手工调整衣片时，当该衣片被拖动到与另一衣片重叠后按左键确认衣片位置时，若两个衣片的重叠量大于所设的控制值则衣片不能被放置，若小于该控制值时，被调整衣片会自动跳跃到一个空白位置放置。注意：当重叠量大于所设的控制值时，按右键可以强制衣片放置在所选位置，而不管其与其他衣片的重叠量为多少。

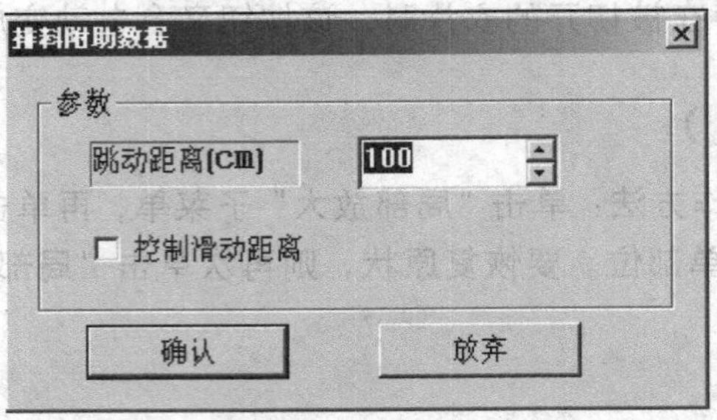

▲ 图 4-13

14. 旋转恢复（同 ）

将已旋转的样片恢复原状。操作方法：单击“旋转恢复”，再单击要恢复旋转的样片。

15. 设置倒顺毛

对不同规格的衣片可以按倒顺毛的方式进行排料。操作方法：单击“设置倒顺毛”出现如图 4-14 所示的对话框。

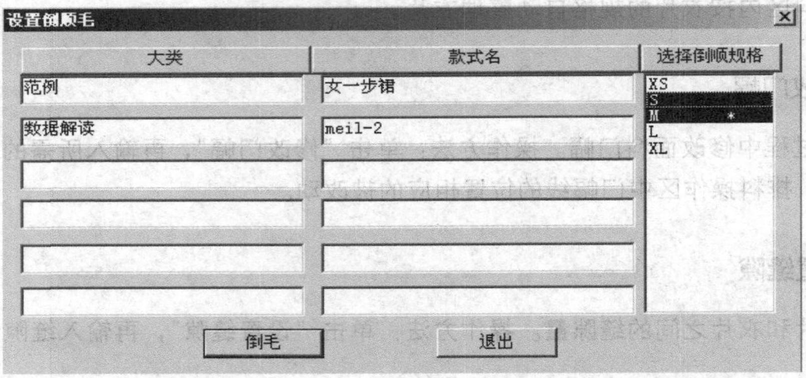

▲ 图 4-14

在“选择倒顺规格”中选择倒排的规格，单击“倒毛”即可。

16. 显示重叠量

用来显示两片衣片的重叠量。操作方法：若当前界面上存在相互重叠的两个衣片时，单击“显示重叠量”后系统弹出衣片重叠量信息的显示窗口，如图 4-15 所示。

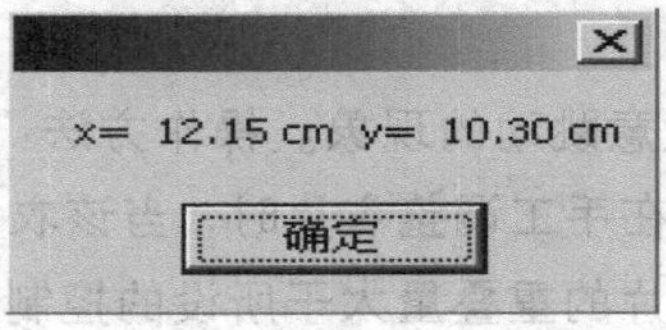

▲ 图 4-15

17. 调整分离线（同 H）

排料时在已排衣片上分离调整或插入衣片。操作方法：单击“调整分离线”，鼠标放在排料区内出现一条分离线，在欲分离点处单击，出现一对话框，在对话框中输入衣片欲分离的距离，单击确定。

18. 检测超出门幅样片

用来检测当前界面上有无超出门幅的样片。操作方法：单击“检测超出门幅的样片”出现对话框，如图 4-16 所示。在对话框中显示出超出门幅样片的衣片名称和超出量。

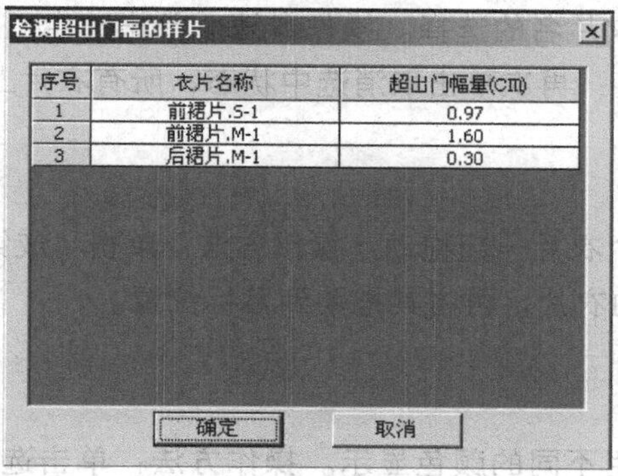

序号	衣片名称	超出门幅量(cm)
1	前裙片.S-1	0.97
2	前裙片.M-1	1.60
3	后裙片.M-1	0.30

▲ 图 4-16

19. 检测重叠的样片

检测当前界面上有无重叠的衣片。操作方法：单击“检测重叠的样片”出现如图 4-17 所示的对话框，在对话框中显示重叠衣片的名称和重叠衣片 X 轴 Y 轴的重叠量。

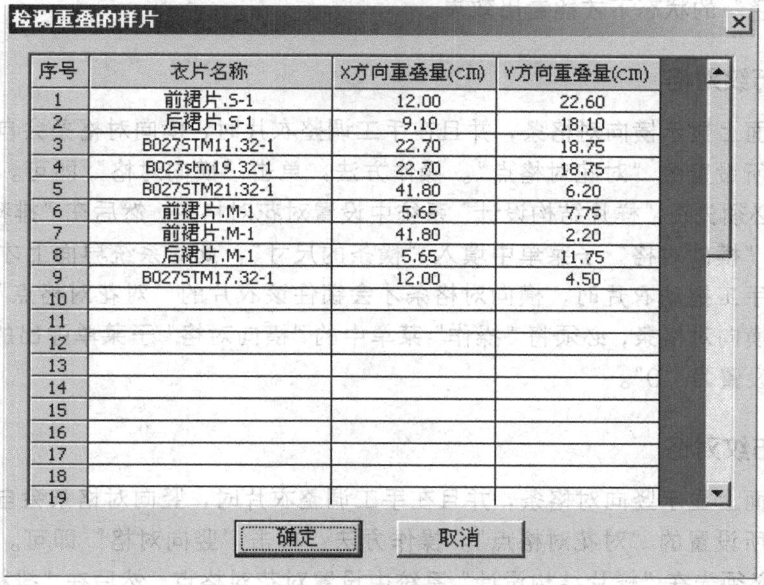

序号	衣片名称	X方向重叠量(cm)	Y方向重叠量(cm)
1	前裙片.S-1	12.00	22.60
2	后裙片.S-1	9.10	18.10
3	B027STM11.32-1	22.70	18.75
4	B027stm19.32-1	22.70	18.75
5	B027STM21.32-1	41.80	6.20
6	前裙片.M-1	5.65	7.75
7	前裙片.M-1	41.80	2.20
8	后裙片.M-1	5.65	11.75
9	B027STM17.32-1	12.00	4.50
10			
11			
12			
13			
14			
15			
16			
17			
18			
19			

▲ 图 4-17

三、设置菜单

单击“设置”菜单后，弹出十九个子菜单。

1. 尺寸标注

排料操作区内的尺寸标注显示的开关。

2. 显示衣片名（同“A”）

衣片上显示款式名或衣片名的选择。操作方法：单击选中“显示衣片名”，所有衣片上都显示该衣片的名称和规格；再次单击取消选中状态，所有衣片上只显示款式名。

3. 成组拖动

将排料区内选取的几个衣片一起拖动。操作方法：单击“成组拖动”子菜单，再在排料操作区内依次单击要拖动的衣片，再将其拖动到目标位置。

4. 填色（同“◈”）

在不同规格的衣片上用不同的颜色显示。操作方法：单击选中“填色”，屏幕上出现的衣片均被填上颜色。再次单击取消选中“填色”，屏幕上又出现未填上颜色的衣片。

5. 显示净样

衣片是否显示净样的开关。操作方法：单击选中“显示净样”，屏幕上显示衣片的同时显示净样线。再次单击取消选中，则屏幕上的衣片不显示净样线。注意：本工具的使用只有在不选择“填色”的状态下才能看出效果。

6. 经向布纹对格

用于在界面上显示横向对格条，并且在手工调整衣片时，横向对格条会自动锁住“样片结构设计”中所设置的“对花对格点”。操作方法：单击“横向对格”即可。注意：①在做本操作之前，必须先在“样片结构设计”系统中设置对花对格点，然后在“排料系统”的“操作”菜单中的“横向对格”子菜单中填入“横条的尺寸”，此时系统界面上才会显示横向对格条，然后在手工拖动衣片时，横向对格条才会锁住该衣片的“对花对格点”；②若要取消界面上显示的横向对格条，必须将“操作”菜单中的“横向对格”子菜单弹出的对话框的“横条的尺寸”栏设置为“0”。

7. 纬向布纹对格

用于在界面上显示竖向对格条，并且在手工调整衣片时，竖向对格条会自动锁住“样片结构设计”中所设置的“对花对格点”。操作方法：单击“竖向对格”即可。注意：①在做本操作之前，必须先在“样片结构设计”系统中设置对花对格点，然后在“排料系统”的“操作”菜单中的“竖向对格”子菜单中填入“竖条的尺寸”，此时系统界面上才会显示竖向对格条，然后在手工拖动衣片时，竖向对格条才会锁住该衣片的“对花对格点”；②若要取消界面上显示的竖向对格条，必须将“操作”菜单中的“竖向对格”子菜单弹出的对话框的“竖条的尺寸”栏设置为“0”。

8. 显示其他排料图（同 ）

是否显示其他排料图以供参考的开关。操作方法：单击“显示其他排料图”，屏幕上出现当前排料图的排料参考图；再次单击，该参考图被关闭。

9. 小样排列输出（同“ ”）

是否显示衣片的小样排列图的开关。操作方法：单击“小样排列输出”，在待排料区内出现衣片的小样排列窗口，如图 4-18 所示。在窗口中显示衣片各规格的数量（若有正反片，则正反片分开表示），再次单击，取消小样排列输出。

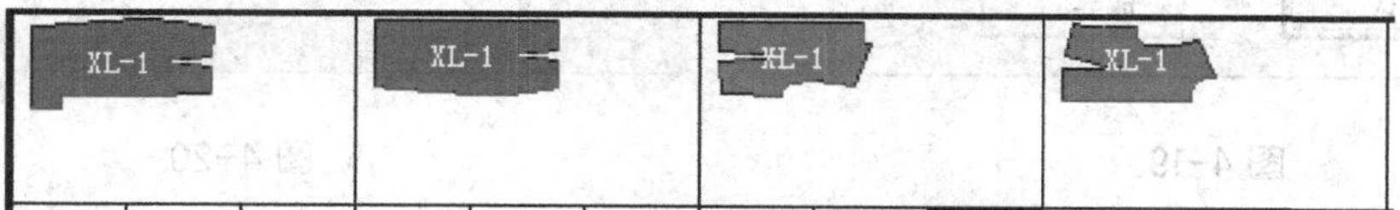

XS	2	2	XS	2	2	XS	2		XS	2	2
S	2	2	S	2	2	S	2		S	2	2
M	2	2	M	2	2	M	2		M	2	2
L	2	2	L	2	2	L	2		L	2	2
XL	2	2	XL	2	2	XL	2		XL	2	2

▲ 图 4-18

10. 显示衣片度量信息

详细显示衣片的度量信息，包括该衣片离左、上、下底边线的距离；该衣片的水平大小和垂直大小；该衣片的旋转度信息。操作方法：单击“显示衣片度量信息”后按“ ”（两点测距）工具，然后再点要显示信息的衣片。此时屏幕上会出现显示衣片信息的显示框。再次单击取消本功能后用“ ”工具显示被测两点间的水平、垂直及两点间距离。

11. 部分衣片不复原

将排料操作区内的部分衣片复原。操作方法：单击选中“部分衣片不复原”，再单击选中“成组拖动”，然后再在排料操作区内依次点不要复原的衣片后单击“操作”菜单下的“衣片复原”，在确认对话框中选“是”后除被点的不需复原的衣片外，其他衣片都恢复到待排料区中。然后必须在排料区内将刚选中的衣片成组拖动一下后，再次单击“设置”菜单下的“部分衣片不复原”和“成组拖动”，以取消它们的选中状态。

12. 设置缩水率

对衣片进行缩水。操作方法：单击“设置缩水率”，出现一对话框，如图 4-19 所示，在对话框中输入衣片经向和纬向的百分比缩水率，衣片则按缩水率进行放大。

13. 设置色差线

在唛架上的面料中确定色差线的位置，排料时可以避开色差线。操作方法：单击“色差线”，在如图 4-20 所示对话框中输入色差线（经向）的位置，单击刷新工具，在唛架上出现色差线。若要取消色差线，再单击“设置色差线”，在对话框中把数值改为 0，再单击“刷新工具”。

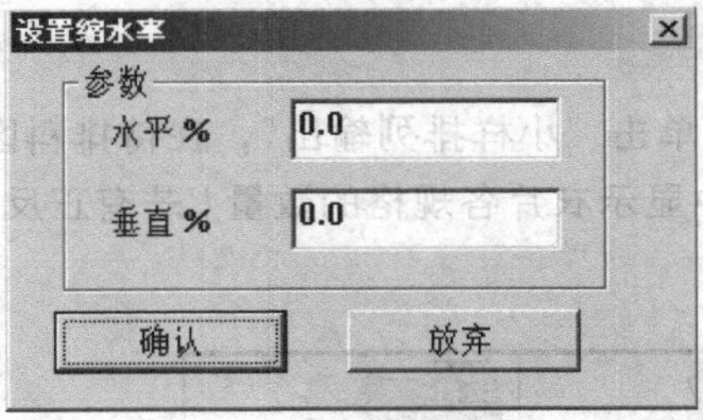

▲ 图 4-19

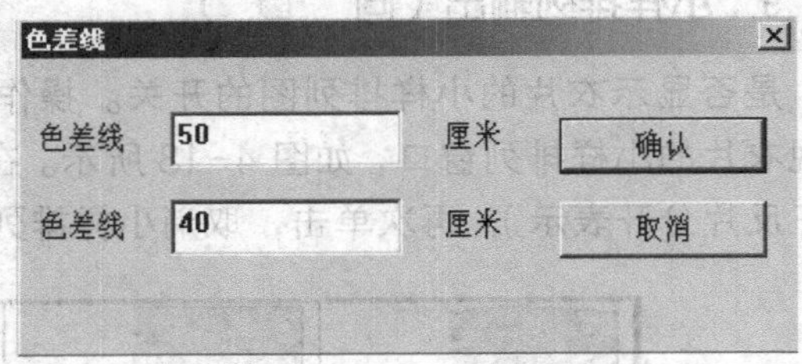

▲ 图 4-20

14. 设置疵点

面料上有疵点时，预先设置疵点的位置，以便在排料时避开疵点。操作方法：单击“疵点设置”，在如图 4-21 所示对话框中输入疵点的位置，确认后单击刷新工具。若要取消疵点，再单击“设置疵点”，在对话框中把数值改为 0，再单击刷新工具。

15. 设置文字位置

设置衣片上文字的位置。操作方法：单击“设置文字位置”，在如图 4-22 所示对话框中选择文字的位置。

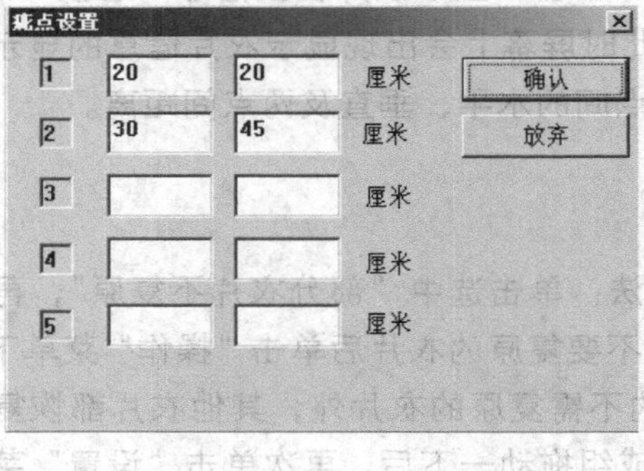

▲ 图 4-21

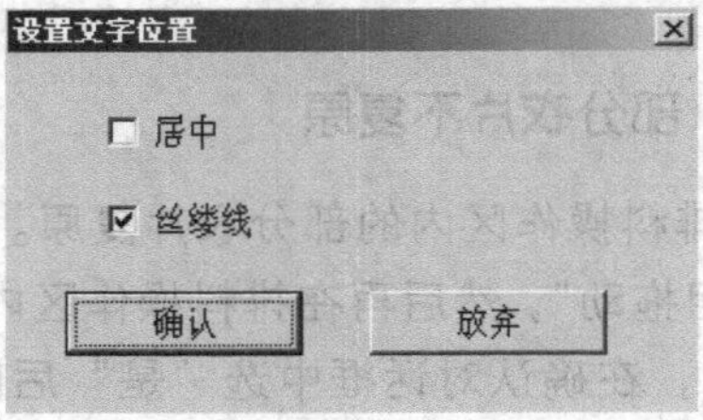

▲ 图 4-22

16. 超出门幅

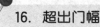

面料两边预先各留出 1cm 的布边，排料时衣片可借预留的布边进行排料。操作方法：

单击“超出门幅”，在排料操作区内显示一黄色边框，边框外留有 1cm 的布边。排料时可用方向键移动衣片到框外布边上，以达到节省面料的目的。

17. 限制衣片旋转（同 ）

用于限制衣片的角度旋转。操作方法：单击“限制衣片旋转”，排料时所有衣片都不能进行角度旋转。若要取消，再单击“限制衣片旋转”或“ ”。

18. 自动存盘选项

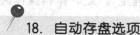

设置是否自动存盘和自动存盘的时间。操作方法：单击“自动存盘选项”，在如图 4-23 所示对话框中选择和输入存盘的时间。

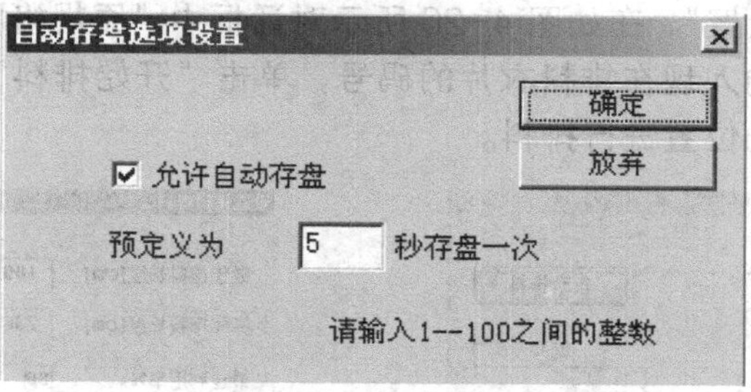

▲ 图 4-23

19. 自动存盘

系统按照自动存盘选项中的设置自动保存数据。

第二节　排 料 方 法

单击“自动排料”菜单后，弹出“自动排料”、“自动重排”、“设置排料资料”和“半自动排料设置”四个子菜单。

一、自动排料

1. 自动排料（同“ ”）

将待排料区中的衣片自动排列到排料操作区中。

单击“自动排料”后出现如图 4-24 所示对话框。若选中“重排”，则系统将原待排料区和排料操作区内的所有衣片都进行重新排料。若不选中“重排”，则原排料操作区内的衣片不动，将待排料区内的衣片排列到排料操作区中。若选中“倒顺毛”，则排料时按倒顺毛的方式排料，若不选则排料时不允许倒顺毛。若选中“允许自动旋转 180°”，则衣片在排料时会自动翻转。

2. 自动重排

重新排列排料操作区已排的样片。操作方法：单击选中“自动重排”。

3. 设置排料资料

显示所排排料单的信息。操作方法：单击“排料资料”，出现“设置排料资料”（如图4-25）所示的对话框，输入最佳排料长度和最佳利用率的值后按“确定”。此时排料操作区内会出现一条虚线，表示达到最佳利用率时的排料位置。

4. 半自动排料设置

利用原有的排料图对现在的衣片进行排料。单击“显示排料图”选择要参照的排料图，然后单击“半自动排料设置”，在如图4-26所示对话框中“原规格”中输入参照排料图的码号，在“目标规格”中输入现在排料衣片的码号，单击“开始排料”。“目标规格”中衣片会对应“原规格”中衣片的位置进行排料。

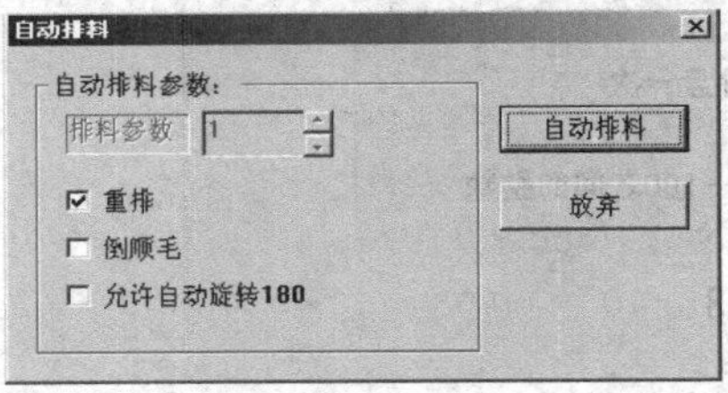

▲ 图 4-24

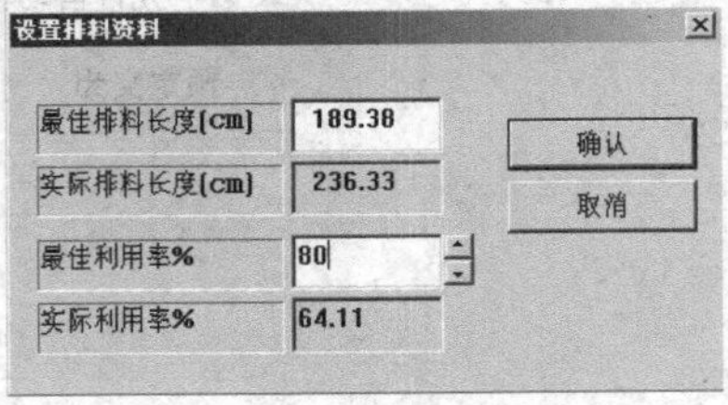

▲ 图 4-25

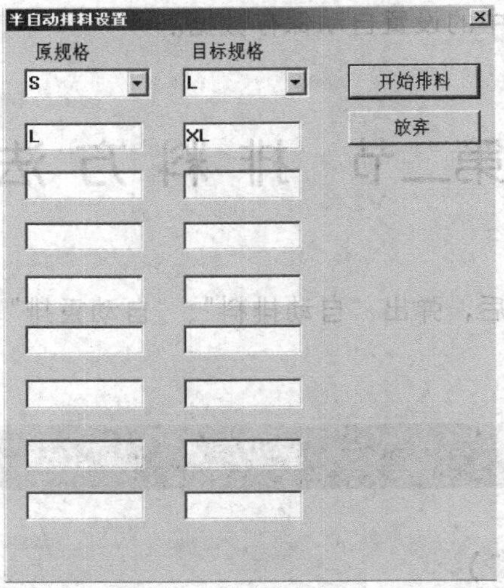

▲ 图 4-26

二、交互式排料

本系统除了能够进行自动排料之外，还可以对自动排料所生成的排料单进行修改，或完全进行人工排料。这里就涉及到有关本系统在人机交互式排料过程中的一些技巧问题。本系统提供了许多强大快捷键操作功能，使用户能够更方便地进行人机交互排料，这也是本套升级后的排料系统区别于老版本排料系统的一大特色。

操作方法：人机交互式排料之前，必须保证系统处于“（移动样片）”按钮被选中的状态，若该按钮没有被选中则必须先单击该按钮，然后进行排料操作。

思考题

1. 简述爱科服装 CAD 的排料流程。
2. 如何设置衣片的缝隙？
3. 怎样进行对条对格的设置？
4. 怎样进行有选择性的排料？
5. 什么情况下需要对某些衣片做微调，怎样做？
6. 怎样输出任意比例的迷你排料图？

第五章　工艺设计系统

学习目标

了解工艺文件编制基础知识及工艺设计系统的性能和作用，能够利用系统提供的功能编写工艺文件。

工艺设计是服装设计的生产实施，是成衣加工之技术方法和要求的设计。它的合理性、科学性直接影响到生产效率和成衣质量，是服装工业化、规范化的技术基础及保证。它把各个工序的工艺要求，用表格或专业标记或示意图或实际贴样等形式直观地表现和进行说明，最大程度的减少文字用量，以达到简洁明了、直观易懂。

第一节　工艺设计系统介绍

一、工艺设计系统简介

爱科服装生产工艺单设计系统主要针对服装工业化生产中工艺单制作这一环节，提供设计工艺用图表所需的工具和各种图表样库，为各生产工序工艺说明和要求的撰写提供实用的工艺表格以及设计制作表格的功能等。

1. 工艺图的绘制

系统提供各种专业图标及工具，如各种线迹，有单车线迹、双车线迹、三车线迹、锁式线迹、结构线等；有各类罗纹、拉链、纽扣；能绘制各种粗细的直线、折线、曲线、弧线等。用于服装生产用的款式图、工艺结构图、缝制说明图等的绘制。

2. 制定生产工艺说明书

系统提供多种工艺表格模本，可根据不同的生产要求，选择其合适的工艺表进行填充，包括各种裁剪说明书、缝制工艺单、熨烫及包装要求等。

3. 绘制生产工艺表格

可以调用 Word 绘制任意类型的表格，并可把设计完成的表格存入电脑（建立表格库），可以随时取用和修改。

4. 数据库

系统还提供多种数据库，如袋型库（可存放多种造型的口袋）、线条库（用于选择粗细不等的线条与线迹组合操作）、色彩库（可选择各种色彩填色）。

本系统数据可与其他子系统相连，并可与其他的外部数据相连。

二、工艺设计系统主界面介绍

爱科服装工艺设计系统是由文档菜单栏、文档快捷工具栏、图表式线型栏、图表式绘图工具栏、状态显示栏、颜色栏、针织线型栏和绘图操作区组成，如图 5-1 所示。

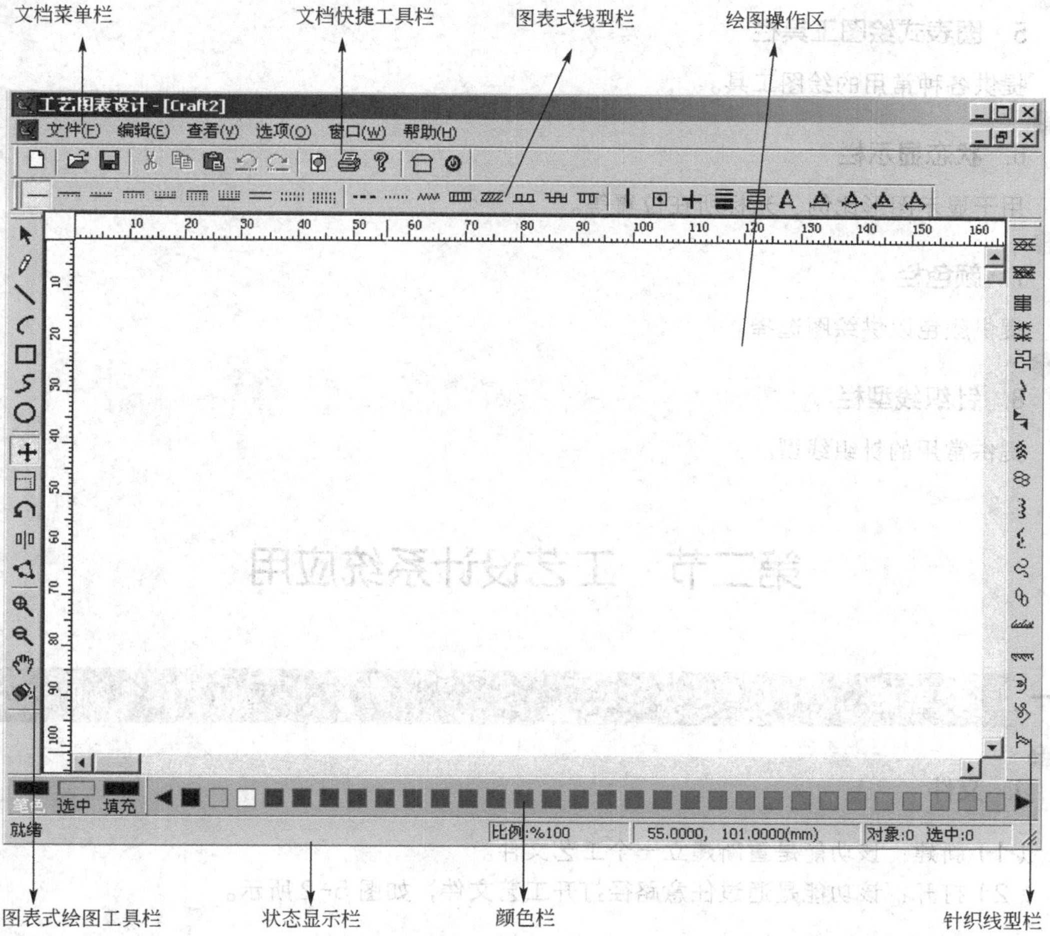

▲ 图 5-1

1. 文档菜单栏

提供下拉式菜单，爱科服装 CAD 工艺设计系统的所有功能都可以从这里实现。

2. 文档快捷工具栏

也称为“标准工具栏”，主要用于对文档进行编辑、磁盘操作以及输出，如新建、打开、保存、复制、粘贴和打印等。

3. 图表式线型栏

提供各种常见线型。

4. 绘图操作区

也称为“绘图工作区”，在该区域绘制所需图形。

5. 图表式绘图工具栏

提供各种常用的绘图工具。

6. 状态显示栏

用于显示图形比例、光标所在位置等。

7. 颜色栏

提供颜色以供绘图选择。

8. 针织线型栏

提供常用的针织线型。

第二节　工艺设计系统应用

一、菜单栏

1. 文件

（1）新建：该功能是重新建立一个工艺文件。

（2）打开：该功能是通过任意路径打开工艺文件，如图 5-2 所示。

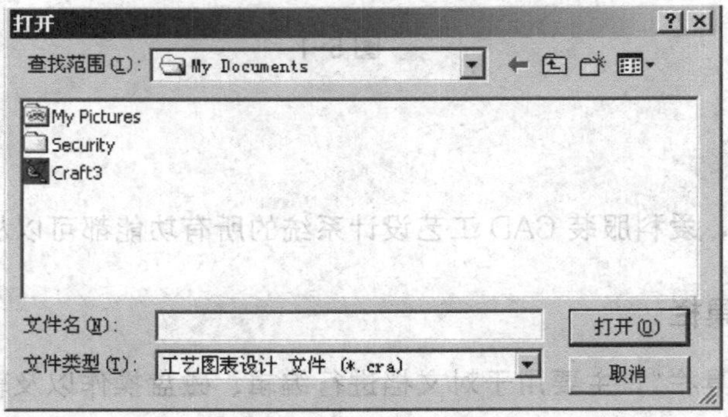

▲ 图 5-2

（3）关闭：该功能是关闭当前的工艺文件。

（4）保存：该功能是保存当前的工艺文件。

（5）另存为：该功能是将当前工艺文件改名或改变路径另外保存。

（6）保存到图像文件：该功能是把当前文件以图像格式（如 JPG、BMP 等）进行保存。

（7）工艺文件管理：该功能是通过款式来选择读入或存储工艺文件。操作方法：单击“工艺文件管理”，在对话框（如图 5-3 所示）中选择工艺文件，单击“读入文件”，此文件会显示在操作区内。“存储文件”则把文件存储在指定的款式类别下。“删除文件”则将选择的文件删除。

（8）读取样片文件：该功能是通过款式来选择样片文件，并将文件在当前操作区内显示。操作方法：单击“读取样片文件”，在对话框（如图 5-4 所示）中选择样片文件，设置比例，单击“读入文件”。

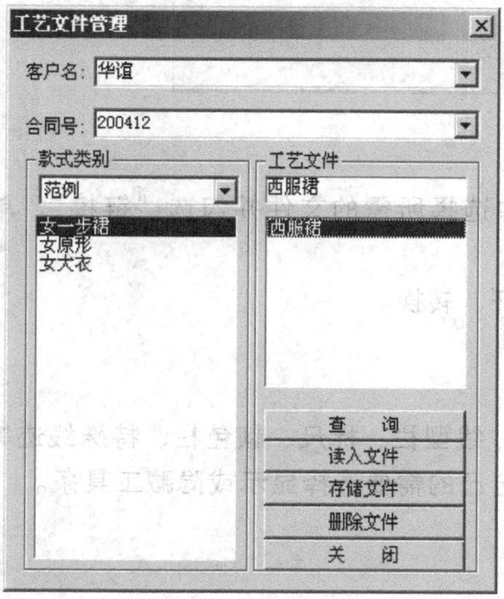

▲ 图 5-3

▲ 图 5-4

（9）打印：该功能是输出工艺文件。打开该功能，选择好打印机、份数后，按“确定”即可。

（10）打印预览：该功能是对打印的文件进行预览。

（11）打印设置：该功能是对打印的文件进行设置。

（12）退出：单击则退出本系统。

2. 编辑

（1）撤销：该功能是消除前次操作。

（2）重复：该功能是重复前次操作。

（3）剪切：该功能是切割选定区域到剪贴板。

（4）复制：该功能是复制选定区域到剪贴板。

（5）粘贴：该功能是把剪贴板中的文件粘贴到当前的位置。

（6）插入新对象：该功能是制作工艺表格，如图 5-5 所示。

① 勾选“新建”，在“对象类型”中选择，若选择“Microsoft　Word 文档”这一项，按“确定”键后系统会调用 Word 文档，然后可在 Word 中绘制表格，绘制完后关闭 Word，表格会自动粘贴到文件中。

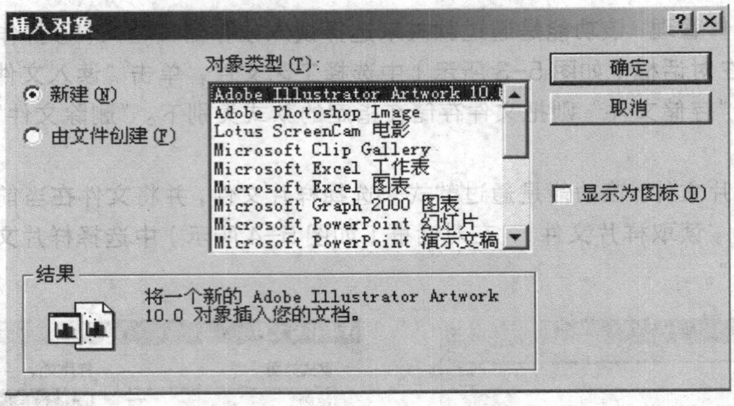

▲ 图 5-5

② 勾选“由文件创建”，可以从现有的文件中选择所需的文件并勾选“链接”，单击“确定”。

对象：该功能是对插入的新对象进行编辑、打开、转换。

3. 查看

查看菜单下包含着工具栏、状态栏、绘图工具、线型栏、标尺、颜色栏、特殊线迹等七个选项。这七个选项分别对应着七个工具条，可按自己的需要选择显示或隐藏工具条。

4. 选项

（1）移动对称轴：该功能是移动对称中心线。操作方法：单击“移动对称轴”，对称中心线会随鼠标移动，移动到合适位置后再单击。

（2）对称拷贝：该功能是把对称画的工艺图中的不能操作的部分变成可操作的（必须使用对称中心线画的工艺图）。操作方法：用选定对称画的工艺图后，单击“对称拷贝”即可。

（3）部件库：该功能是打开部件库并对其进行管理，如图 5-6 所示。

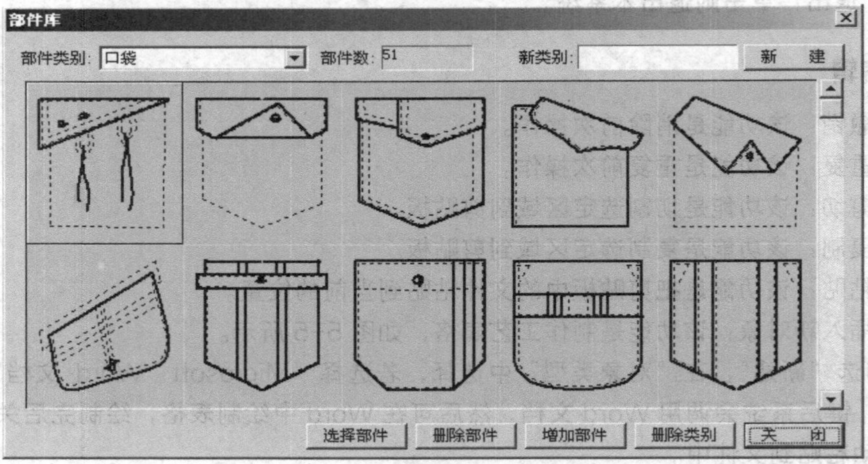

▲ 图 5-6

操作方法如下。

① 新建一个部件库：可在新类别中输入部件库名后按一下“新建”键即可。

② 增加部件：先画好部件并选定，然后打开部件库，选好部件类别后按“增加部件”键即可。

③ 选择部件：选好部件后，按“选择部件”键即可。

④ 删除部件：选好部件后，按“删除部件”键即可。

⑤ 删除类别：选好部件类别后，按“删除类别”键即可。

(4) 改变字体：该功能是对选中的文字的字体和大小及颜色进行设置。

(5) 全部选中：该功能是将绘图区内所有的图形选中。

(6) 改变线型：该功能是改变被选中物体的线型。操作方法：用选择工具选择要改变的线，再在线型栏中选择改变后的线型，单击“改变线型”。

5. 窗口

窗口下的选项用于对窗口进行排列。

二、工具条功能

1. 工具栏

(1) 同“新建”。

(2) 同“打开”。

(3) 同“保存”。

(4) 同“剪切”。

(5) 同“复制”。

(6) 同“粘贴”。

(7) 同“撤销”。

(8) 同“重复”。

(9) 同“打印”。

(10) 关于：显示版本信息，即显示产品的版权、系列号以及其他一些信息。

(11) 同“部件库”。

2. 线型栏

有各种线型，包括结构线、单车缝线迹、双车缝线迹、三车缝线迹、链式线迹、直罗纹线迹、斜罗纹线迹、装饰线迹、绷缝线迹、链式线迹等。

(1) 对称画：按下本功能键后，会在操作区内出现一条对称线，当在线的一边作图时，在线的另一边会同时显示出对称图形，如图 5-7 所示。

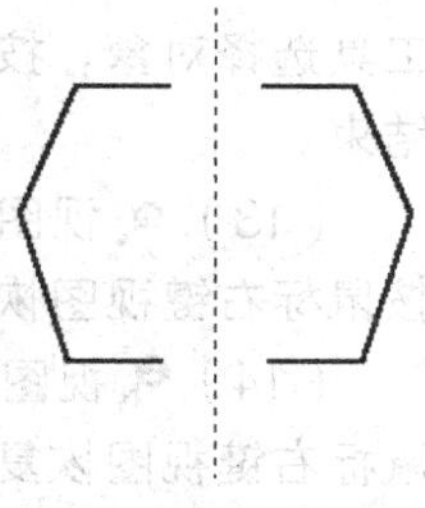

▲ 图 5-7

(2) 锁点：按下功能键后，绘制时线条会自动锁点，即与相近的线端点自动连接在一起。

（3）垂直水平画线：按下功能键后，绘制的线条会保持垂直或水平方向绘制。

（4）设置线的宽度：按下功能键后，可选择线的宽度，也可修改线的宽度。

（5）设置线迹的间隔度：按下功能键后，可选择线迹的宽度，也可修改线迹的宽度。

（6）标注文字：按下功能键后，出现一个“A”符号，把符号在想标注文字处点击一下，会出现一个对话框，然后在对话框内输入文字。

（7）标记文字符号：这是四种标记文字符号的工具，用法类似“标注文字”。

3. 绘图工具

（1）选择工具：按下功能键后，可选择所需的对象。

（2）绘图：按下功能键后，可自由绘画。操作方法：选定绘画线迹的类型、颜色和粗细后，按住鼠标左键不放，即可进行绘画。

（3）画线工具：按下功能键后，可绘制直线或折线。操作方法：选定绘画线迹的类型、颜色和粗细后，用鼠标左键确定线的位置，开始绘制，右键单击结束。

（4）圆弧工具：按下功能键后，可绘制圆弧。操作方法：选定绘画线迹的类型、颜色和粗细后，用鼠标左键点击两下，确定弧线上两点的间距，再将该线拉至一定弯度后用鼠标左键结束。

（5）矩形工具：按下功能键后，可绘制矩形。操作方法：选定绘画线迹的类型、颜色和粗细后，用鼠标左键确定起点，并拖曳至所需大小后，用鼠标左键结束。

（6）连续曲线工具：按下功能键后，可绘制连续曲线。操作方法：选定绘画线迹的类型、颜色和粗细后，用鼠标左键确定曲线位置，右键结束。

（7）圆形工具：按下功能键后，可绘制圆形。操作方法：选定绘画线迹的类型、颜色和粗细后，用鼠标左键确定圆的中心点， 拖曳至所需大小后，用鼠标左键结束。

（8）移动对象：按下功能键后，可任意移动选定对象。操作方法：点击选定的对象后，即可任意移动，确定位置后，用鼠标左键结束。

（9）拉伸对象：按下功能键后，可任意拉伸选定对象的大小。操作方法：把光标放到选定的对象边框的八个点上，即可拉伸对象的大小，确定大小后，用鼠标左键结束。

（10）旋转对象：按下功能键后，可任意旋转选定的对象。操作方法：点击选定的对象后，即可任意旋转，确定位置后，用鼠标左键结束。

（11）镜像对象：按下功能键后，可作选定的对象的对称图形。操作方法：点击选定的对象后，即可通过光标的移动作选定对象的对称图形，确定位置后，用鼠标左键结束。

（12）调整对象：按下功能键后，可任意调整选定对象的外形。操作方法：用选择工具选择对象，按下功能键后，用鼠标左键来调整选定对象的外形，确定位置后，鼠标右键结束。

（13）视图放大：按下功能键后，视图可放大。 每按功能键一下，视图放大 10%，按鼠标右键视图恢复原比例。

（14）视图缩小：按下功能键后，视图可缩小。每按功能键一下，视图缩小 10%，按鼠标右键视图恢复原比例。

（15）视图移动：按下功能键后，视图可移动。操作方法：按下功能键后，会出现一个图标，用鼠标左键单击，当图标上下或左右移动时，视图会向相反方向移动。确定位置后，用鼠标左键结束。

（16）填充工具：按下功能键后，可对选中的封闭区域进行色彩填充。操作方法：单击“填充工具”，再单击被选中的封闭区域。

4. 颜色栏

用于选择、修改、填充线型和图形的颜色。

（1）笔色：设置画笔的颜色。

（2）选中：设置选中物体的颜色。

（3）填充：设置封闭区域填充的颜色。

5. 针织线型栏

各种针织线型，如图 5-8 所示。

▲ 图 5-8

思考题

1. 简述爱科服装 CAD 工艺设计系统能实现的功能。
2. 针织线型工具栏提供了哪些线型？
3. 如何进行部件库的管理？

第六章　实例

- 第一节　西服裙
- 第二节　男西裤
- 第三节　女衬衫

学习目标

通过本章的学习，进一步熟悉各种系统工具的使用，能够进行简单服装款式的打板、推档和排料操作。

第一节 西 服 裙

本章利用实例讲解各工具的具体适用情形，但仍有些工具未被涉及，有望读者自行探究。西服裙是女装中典型的款式之一，是服装专业人员必须掌握的最基本的内容。

一、款式管理

点击主界面上款式图标，创建款式大类，如图 6-1 所示。

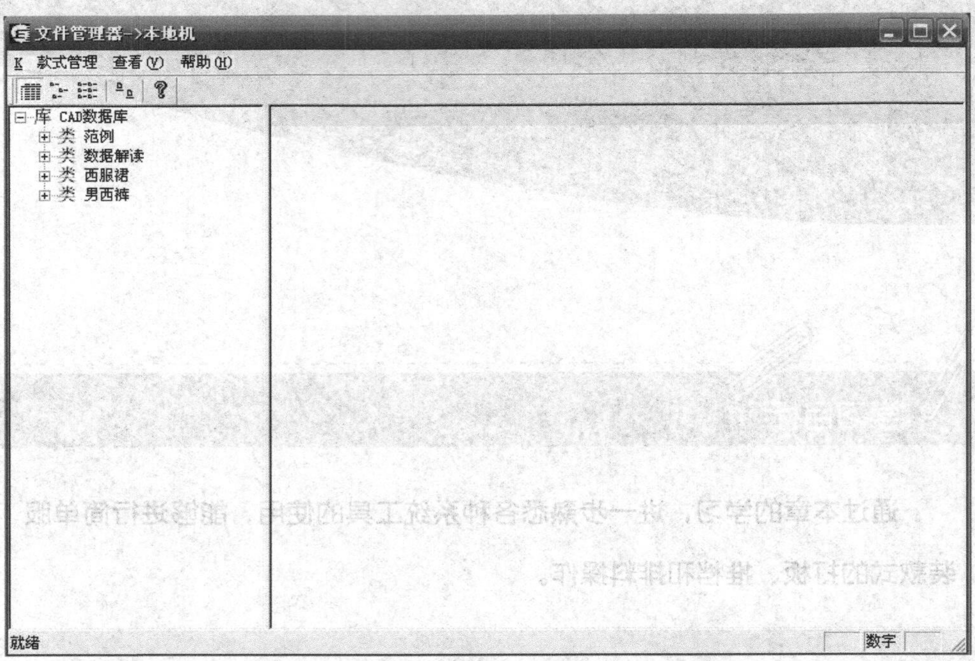

▲ 图 6-1

单击库弹出新建窗口并单击添加大类，如图 6-2 所示。

弹出添加大类对话框，如图 6-3 所示。

填写大类名称西服裙，点击确定即可。

进行款式管理不但要添加大类，还要添加款式。添加款式的方法如图 6-4 所示，需回到款式管理主界面，在新添加的大类里添加款式，右击新加大类名称，点击添加款式（图 6-4）。在此也可选择删除已有大类，或导入外部数据，对所有大类进行重新排序。

点击添加款式后会弹出产生新款式对话框，如图 6-5 所示，在对话框中填写新款式名称、规格、模板等内容后点击“确定”即可。

回到款式管理主界面，设置所需规格，点击款式管理，在下拉菜单中选择设置规格，如图 6-6 所示，在弹出对话框中设置所需规格。

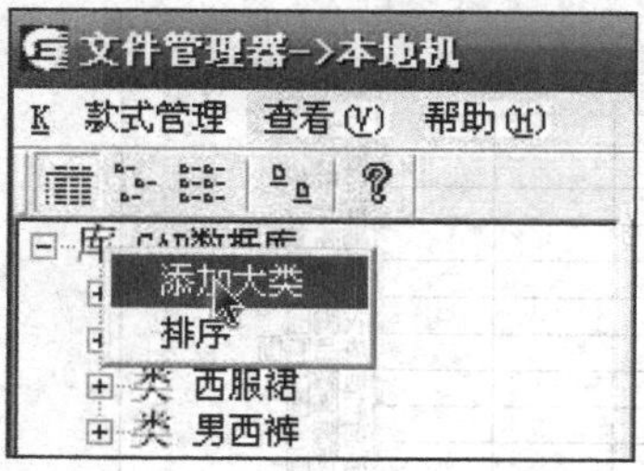

▲ 图 6-2

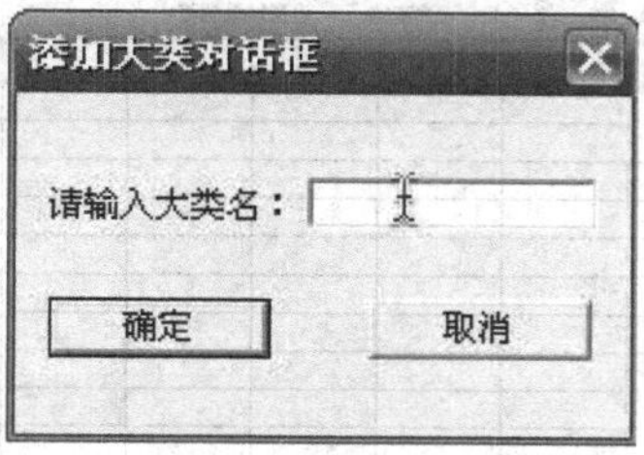

▲ 图 6-3

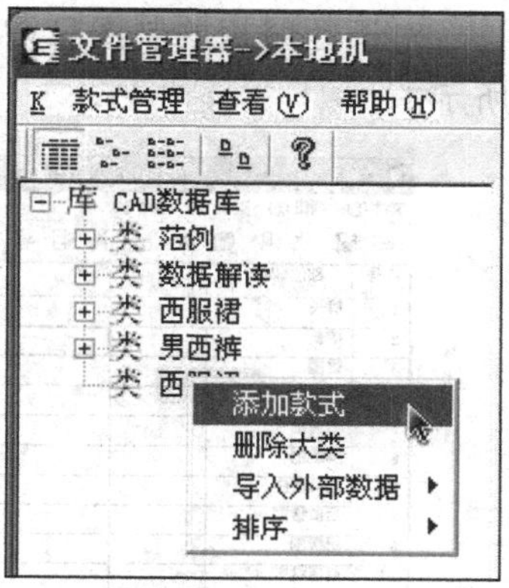

▲ 图 6-4

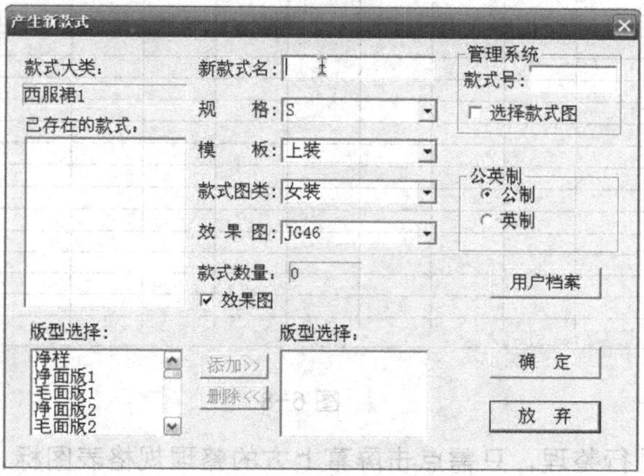

▲ 图 6-5

为了推板和计算方便，往往需要提前设置规格表，一般一个版形所需的局部规格只是其控制部位的尺寸。规格表需要保存，保存后可以随时调用。其具体步骤如下：在款式管理的下拉菜单中选择设置规格表，如图 6-7 所示，在弹出对话框中填写所需规格，这里不用将所有规格的细部规格全部填写，而只要将中间规格的控制部位的尺寸填写准确，然后设置档差即可。

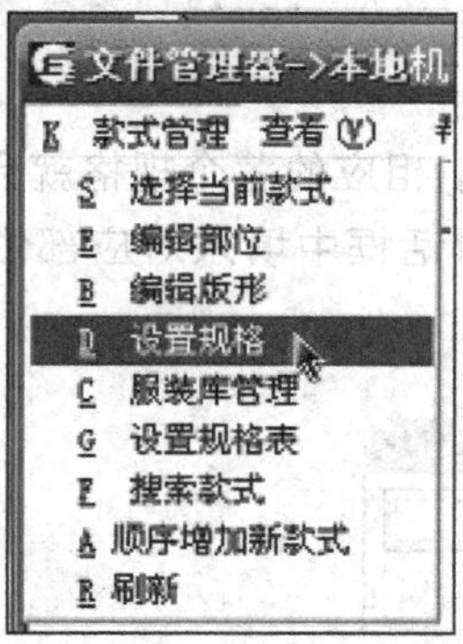

▲ 图 6-6

▲ 图 6-7

对于西服裙的制图只需要在弹出对话框中填写裙腰围、臀围、裙长、臀高，如图 6-8 所示。

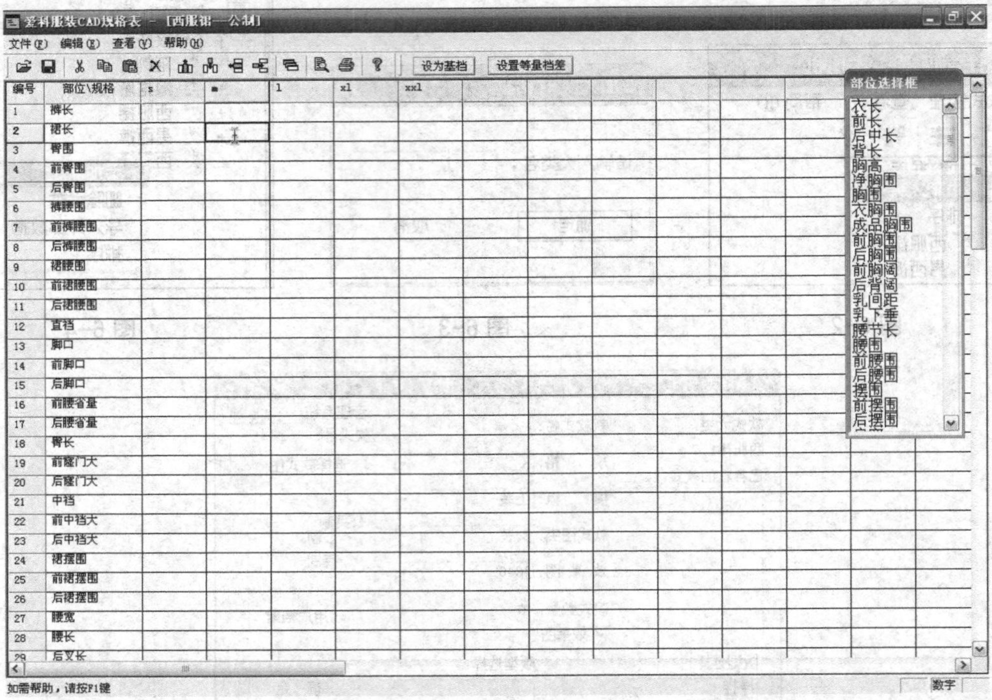

▲ 图 6-8

将填好的规格表进行整理，只需点击屏幕上方的整理规格表图标，如图 6-9 所示。

爱科服装CAD规格表 - [西服裙--公制]
文件(F) 编辑(E) 查看(V) 帮助(H)
设为基档
设置等量档差
编号
部位\规格
s
m
1
xl
xxl
1 裙长 60
2 臀围 96
3 裙腰围 70
4 臀长 18

▲ 图 6-9

将 m 号设为基档，在 i 号上将对应部位的档差填入，相应的各个规格就会自动产生相应部位的尺寸。点击屏幕上方的设置等量档差，在弹出对话框中填入对应部位的档差，如图 6-10 所示，然后点击“确定”即可。

▲ 图 6-10

爱科系统在进行打板使用时只能针对当前款式进行操作，所以在进入打板系统之前必须设定当前款式，如不单独设定，系统会自动将上一次操作时的当前款式设定为本次操作的当前款式。设定当前款式的方法为：在款式管理界面上点击款式管理菜单，在下拉菜单中点击“选择当前款式”，如图 6-11 所示。在弹出的对话框中选择西服裙，如图 6-12 所示，最后点击“确认”即可。

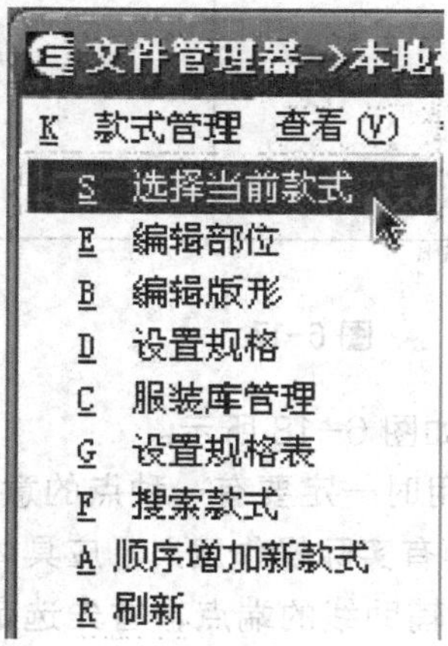

▲ 图 6-11

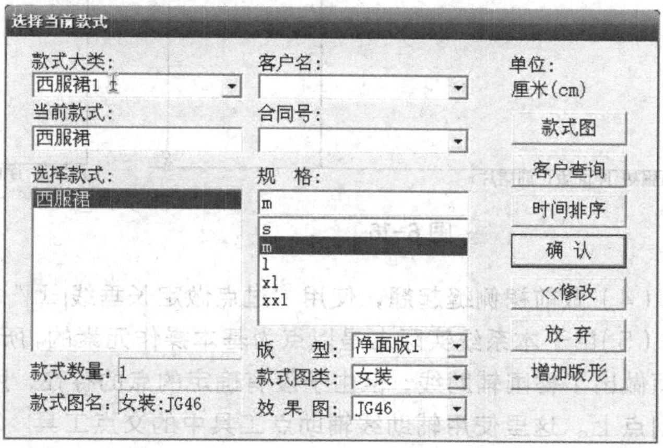

▲ 图 6-12

二、打板放码

（1）打板放码是在前期款式管理设定之后的基础上进行的，现利用工具演示如下。打开打板系统选择新建。确认系统就绪后，使用辅助线辅助点工具中的矩形框工具做一个长方形框，在数据录入框中输入长为裙长-腰宽，宽为臀围/4，如图 6-13 所示（以后凡涉及到数据录入都如此次输入，就不再赘述），即可得到如图 6-14 所示的矩形框。

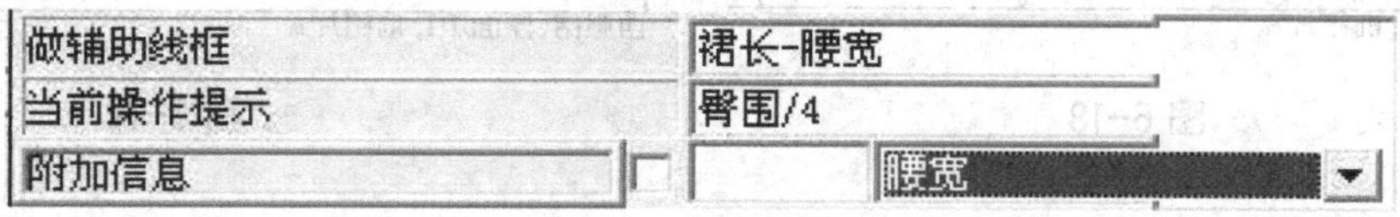

▲ 图 6-13

（2）利用平行线工具得到臀围线，在数据录入框中输入间距为臀高。得到如图 6-15 所示的臀围线。

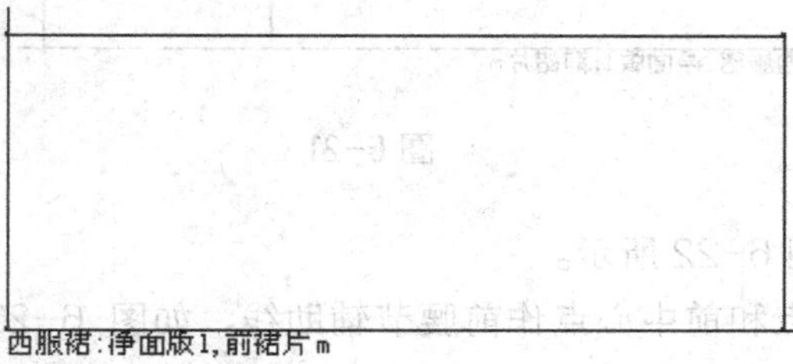

▲ 图 6-14

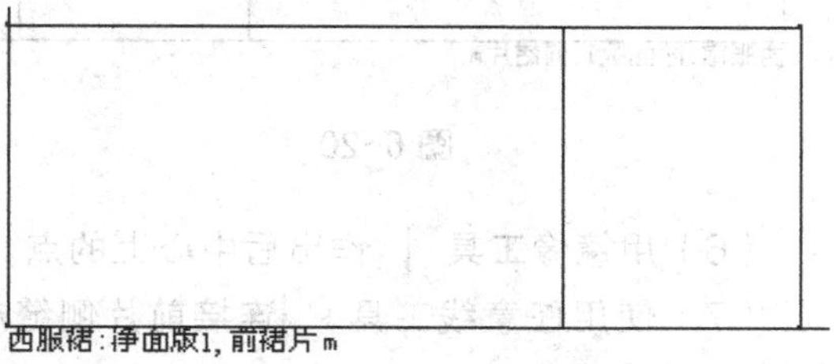

▲ 图 6-15

（3）利用相对点工具定前腰围大，输入裙腰围/4+4，得到如图 6-16 所示的辅助点，这里所加 4 为本例所定的裙腰省，具体操作时可根据需要自行设定。具体步骤：首先选定参考点，如图 6-16 所示红点位所选的参考点。输入相对距离为裙腰围/4+4 后得到前腰围大辅助点，如图 6-17 所示。

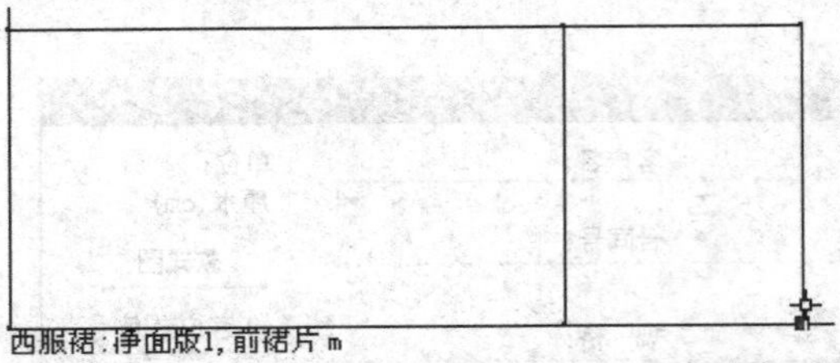

▲ 图 6-16

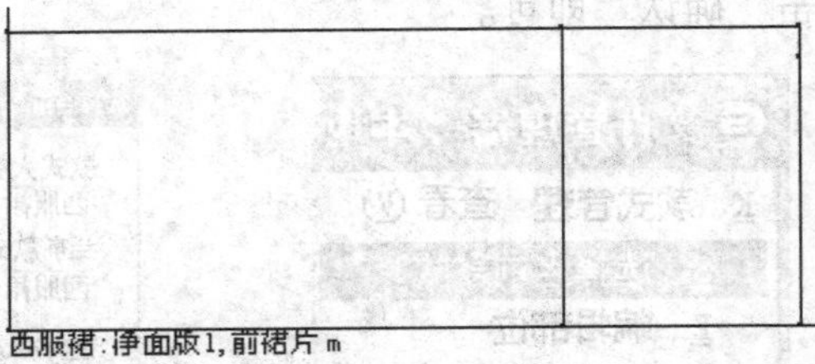

▲ 图 6-17

（4）做前裙侧缝起翘，使用“过点做定长垂线”命令，如图 6-18 所示。

（5）由于本系统实际上是以点为基本操作元素的，所以在使用时一定要有一种点的意识。前面做出了臀围辅助线，但由于没有确定的点的存在，所以不具有实际操作意义。应具体落实到点上。这里使用辅助线辅助点工具中的交点工具作臀围辅助线的端点，首先选定确定交点的第一条辅助线，如图 6-19 所示，然后再选择第二条相交的辅助线，此时两条辅助线所确定的辅助点就会显示出来，如图 6-20 所示。同理做出臀围线的第二个端点，如图 6-21 所示。需要注意的是这里确定一个交点，只需要两条相交辅助线。

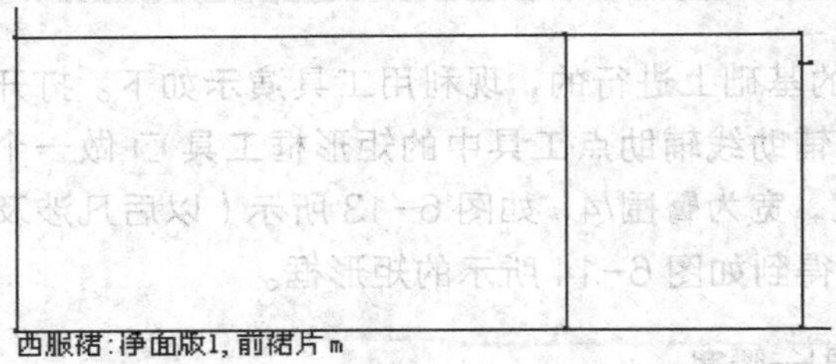

▲ 图 6-18

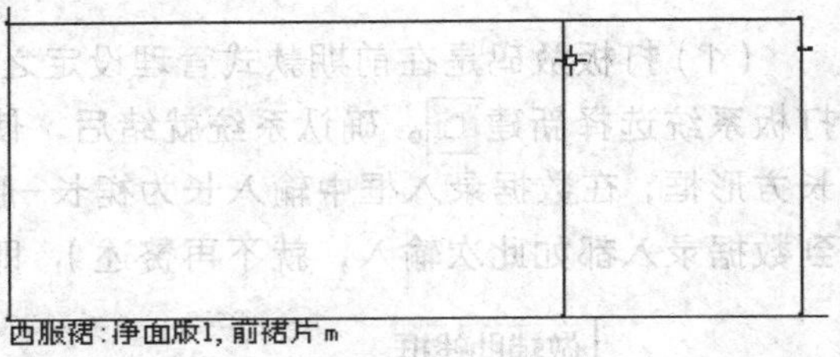

▲ 图 6-19

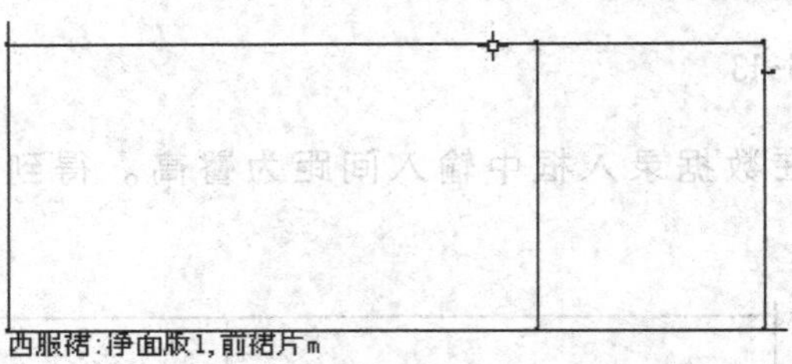

▲ 图 6-20

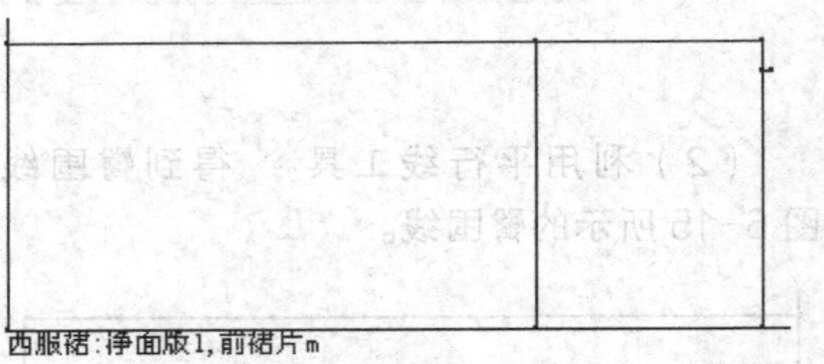

▲ 图 6-21

（6）用镜像工具作出后中心上的点，如图 6-22 所示。

（7）使用任意线工具连接前片侧缝起翘点和前中心点作前腰节辅助线，如图 6-23 所示。

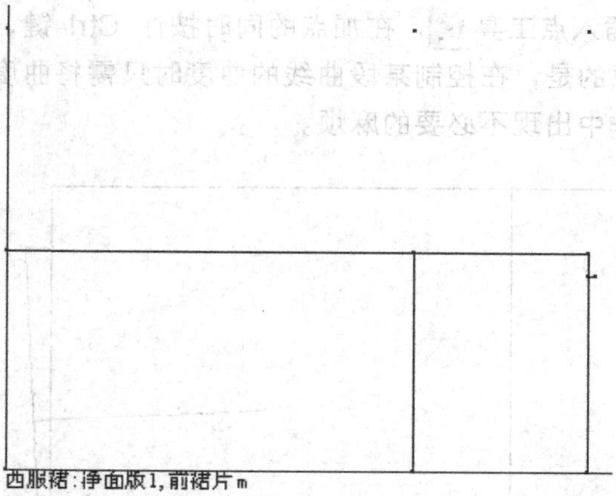

▲ 图 6-22

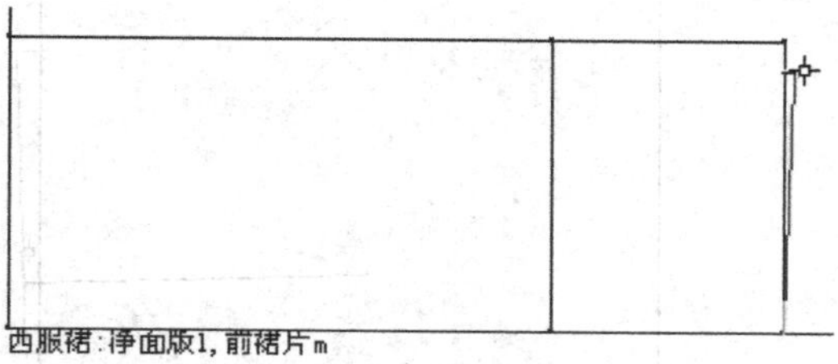

▲ 图 6-23

（8）使用线间等分工具三等分前腰节辅助线，点击线段两端点后在数据录入框中输入 3，如图 6-24 所示。

（9）使用过点定长垂线工具作前腰节省道的省中心线，注意在指示辅助点时要略偏向省中心线所指向的一侧。完成图如图 6-25 所示。

▲ 图 6-24

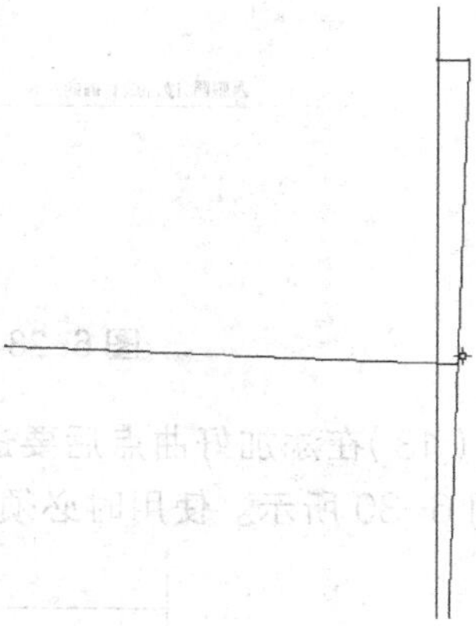

▲ 图 6-25

（10）利用圆规工具作省大标记以便在勾取衣片后作为参照点。具体步骤如图 6-26 和图 6-27 所示，本例中单个省道收取 2cm，操作时在数据录入框中输入半径 1cm 即可。同理可做出第二个省道和省大标记。

再一次利用线上定距点工具在裙底摆处内近 2cm 即可勾取衣片。

（11）在衣工具条中选用勾工具，勾取衣片，直接点击可得到折点，按住 Ctrl 键可得到曲点。左键选取，右键闭合。如图 6-28 所示。

（12）上面的操作为简单勾取，要让整个板型圆顺美观还要在样片上添加曲点，以便于控制样片的曲度。添加曲点选用衣工具条中的插入点工具，在加点的同时按住 Ctrl 键，就能得到新的曲点，如图 6-29 所示。需要注意的是，在控制某段曲线的曲度时只需将曲度控制住，曲点添加越少越好，以免在以后的操作中出现不必要的麻烦。

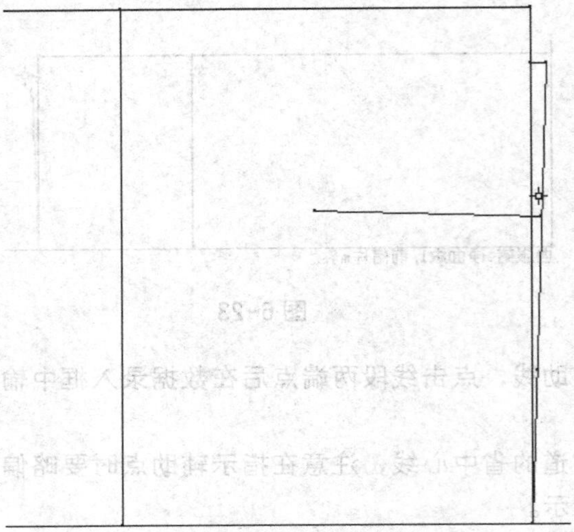

▲ 图 6-26

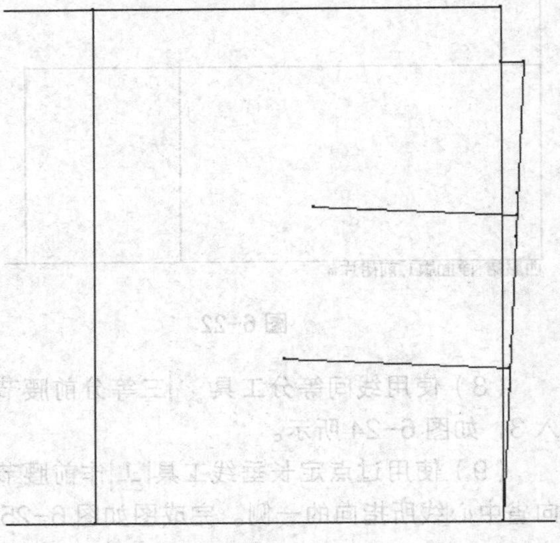

▲ 图 6-27

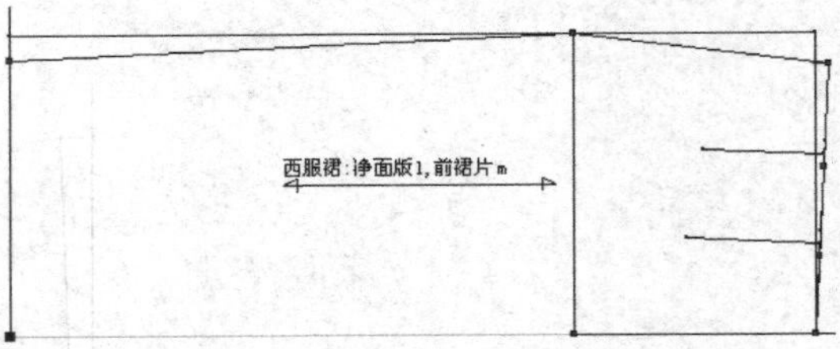

▲ 图 6-28

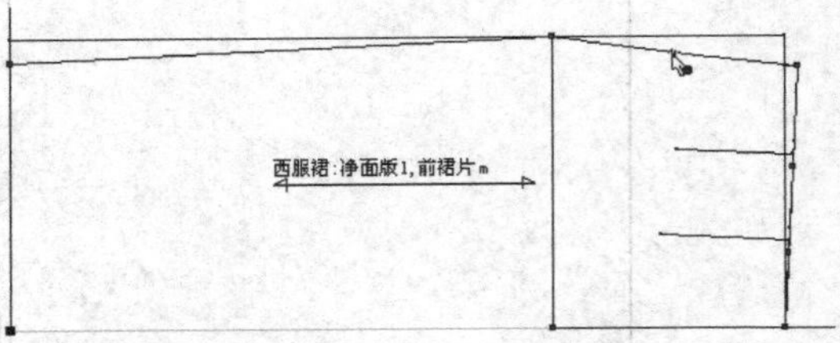

▲ 图 6-29

（13）在添加好曲点后要进一步对衣片曲度进行调整，这里直接选用调整样片点工具，如图 6-30 所示。使用时必须注意点锁定工具要处于关闭状态。

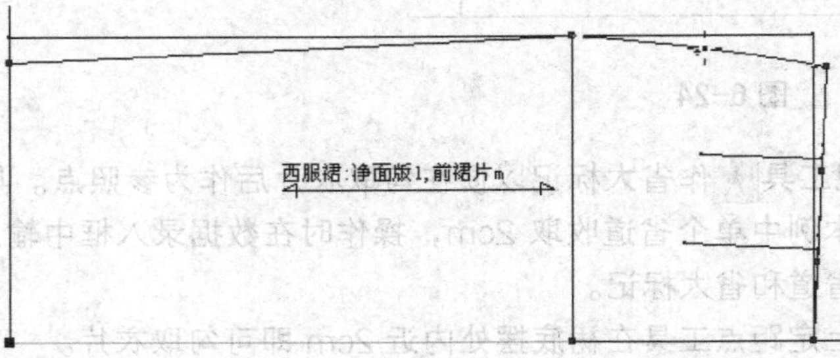

▲ 图 6-30

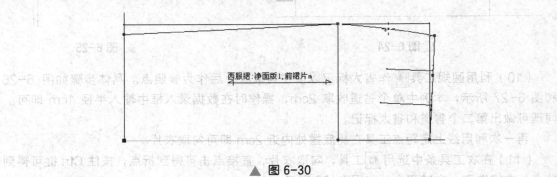

（14）整体轮廓确定之后，利用省道、展开工具条中的标记省道工具将预留的省道标

记出来，如图 6-31、图 6-32 所示。

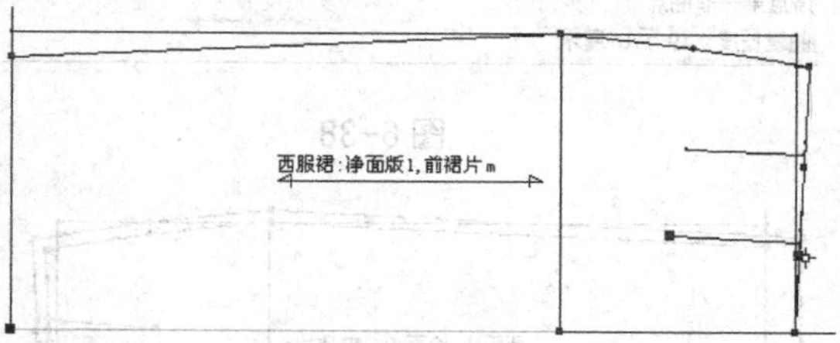

▲ 图 6-31

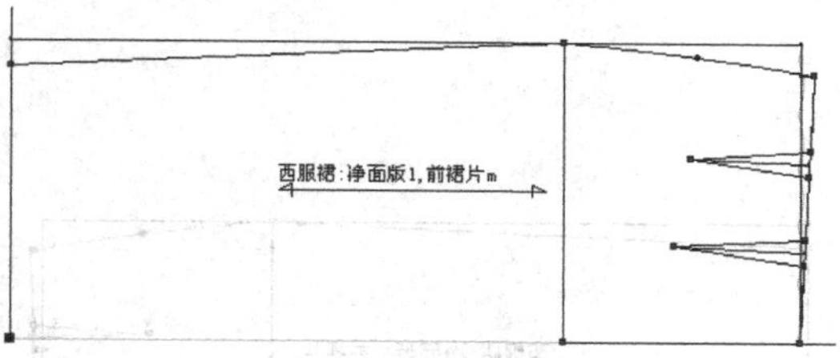

▲ 图 6-32

（15）利用省道闭合工具闭合省道开口，如图 6-33、图 6-34 所示。

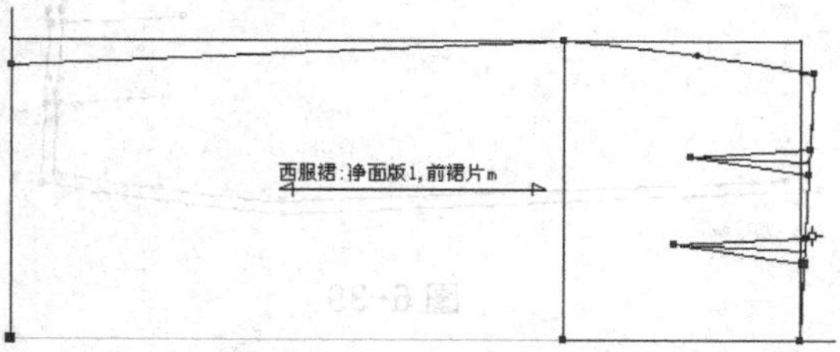

▲ 图 6-33

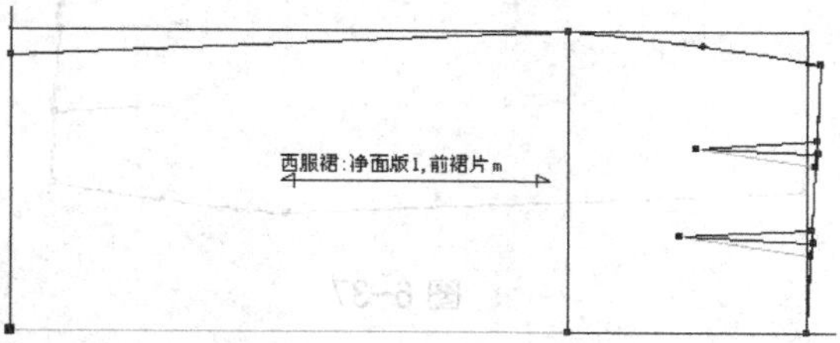

▲ 图 6-34

（16）在对样片作对称处理时必须保证对称线为一条直线，这里为了确保前中心线是一条直线，将前中心线与臀围线的样片交点删除。利用删除样片点工具删除前中心线与臀围线交点，如图 6-35、图 6-36 所示。

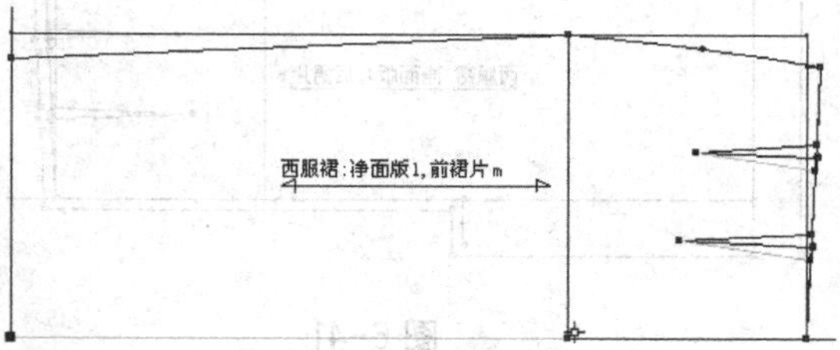

▲ 图 6-35

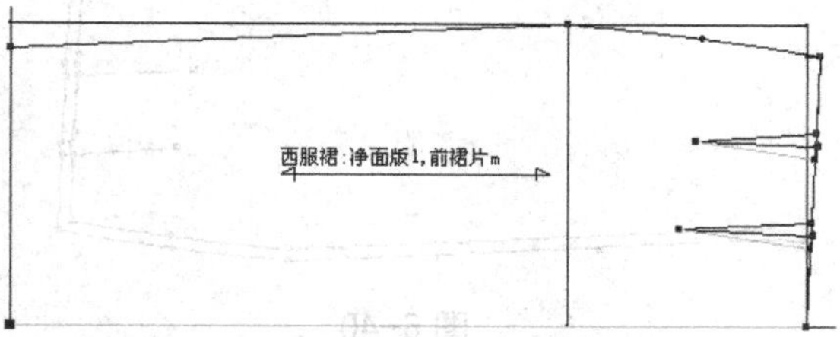

▲ 图 6-36

（17）利用省道、展开工具条中的按任意线展开工具对裙片进行对称展开，使前片变成完整的一片，如图 6-37 所示。

（18）利用放缝工具条里的工具，对净样进行放缝的处理，点击，出现如图 6-38 所示的对话框，然后再输入缝份的量，即得到图 6-39 所示的毛样。

（19）利用放缝工具条里的，对放好的毛板的底边进行剪角，如图 6-40 所示。

（20）后片作法同前片，完成图如图 6-41 所示。

（21）最后用给所需部位打上刀眼，如图 6-42 所示。

（22）点击“文件”下的保存命令，出现如图 6-43 所示的对话框，保存衣片即可。

（23）单击放码工具会弹出如图 6-44 所示的对话框，对衣片进行放码，系统提供两种放码方式，可手动放码，也可自动放码。

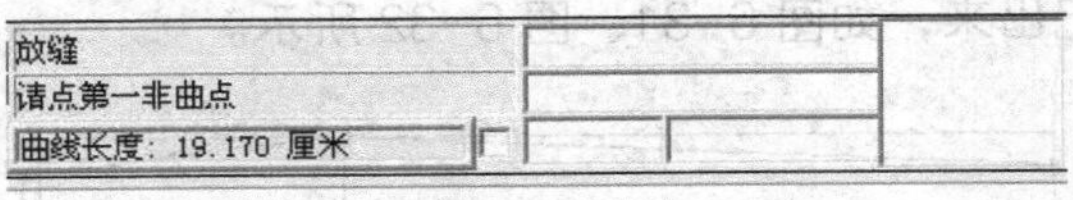

▲ 图 6-38

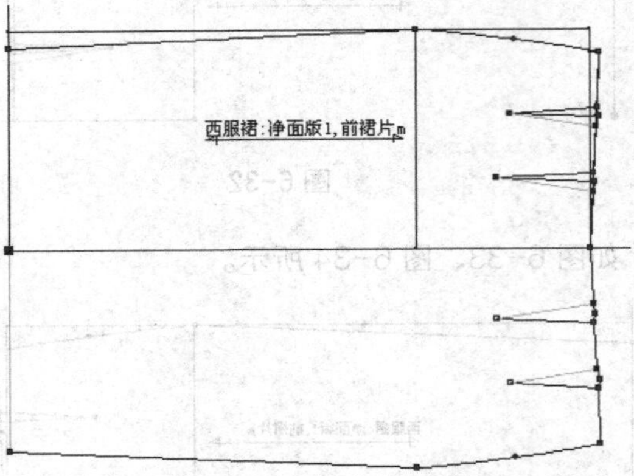

▲ 图 6-37

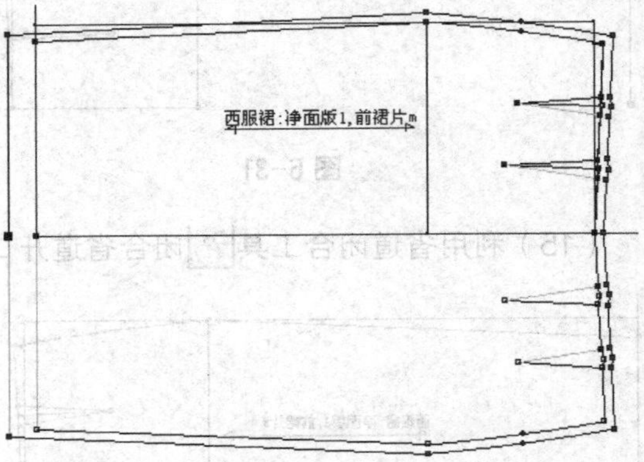

▲ 图 6-39

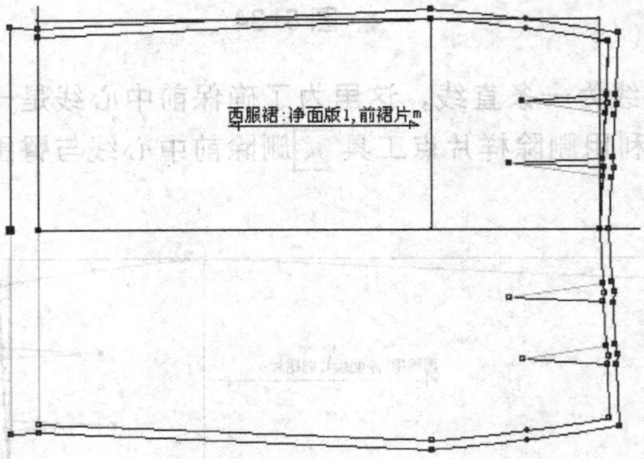

▲ 图 6-40

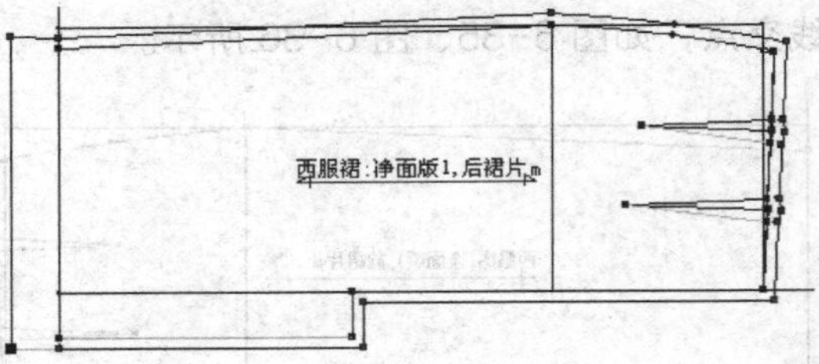

▲ 图 6-41

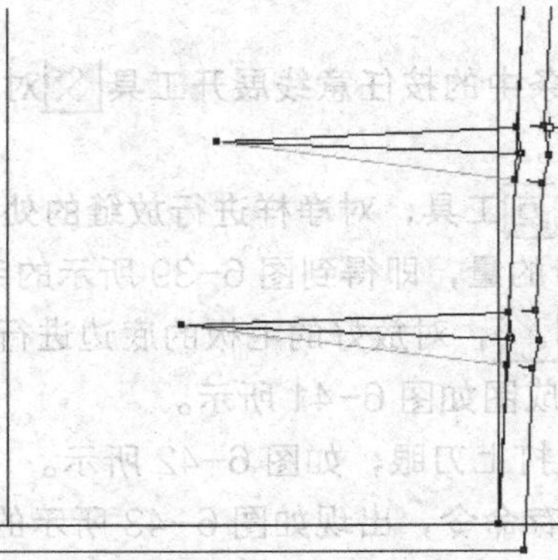

▲ 图 6-42

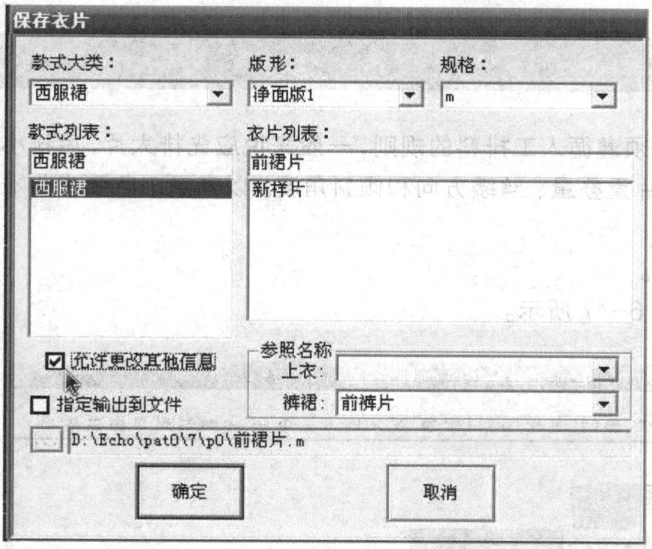

▲ 图 6-43

▲ 图 6-44

这里已经提前输入了规格档差，只需点击方式二对话框中的产生按钮，就可产生如图 6-45 所示的放码效果图。

为了说明放码方式，下面对后片进行交互式（手动）放码。点击“方式二”按钮会自动切换到“方式一”，如图 6-46 所示，可对衣片进行交互式放码。衣片中会自动出现坐标原点及横纵坐标，在“X”对话框中输入横向档差，在“Y”对话框中输入纵向档差，按“Enter”键输入后点击“下一点”坐标会自动跳转到下一个放码点，继续输入，直至完成，这里就不再一一说明。

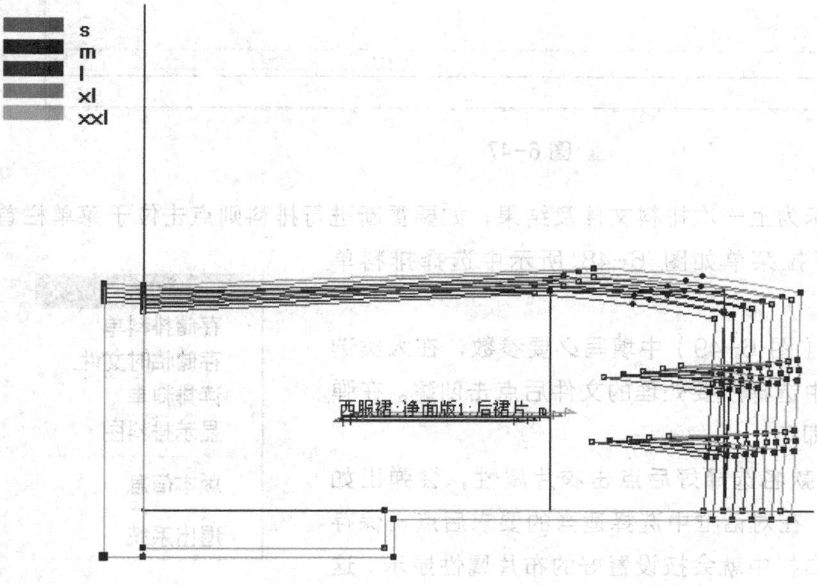

▲ 图 6-45

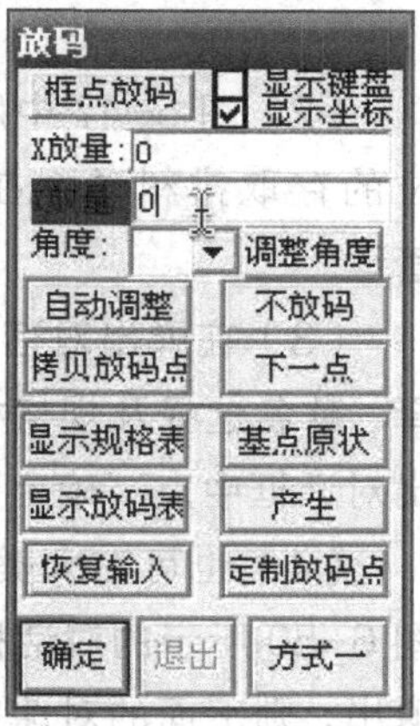

▲ 图 6-46

三、排料

在进行计算机排料时要注意必须遵循人工排料的规则，一般来说应先排大片，后排小片；注意条格的对齐；控制缩水率、布片重叠量、丝缕方向和倾斜角度。以满足工艺要求为准则，以节约面料为目的。

利用爱科系统排料，步骤如下。

（1）进入排料界面，显示如图 6-47 所示。

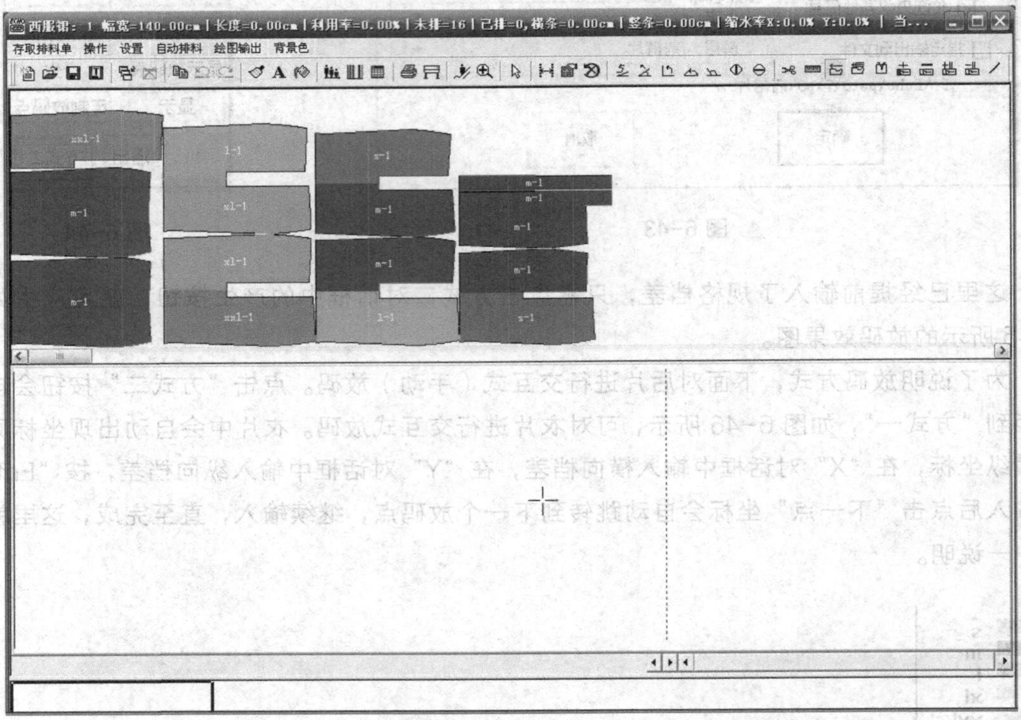

▲ 图 6-47

（2）图 6-47 中所示为上一次排料文件及结果，如要重新进行排料则点击位于菜单栏首位的存取排料单，在下拉菜单如图 6-48 所示中选择排料单管理。

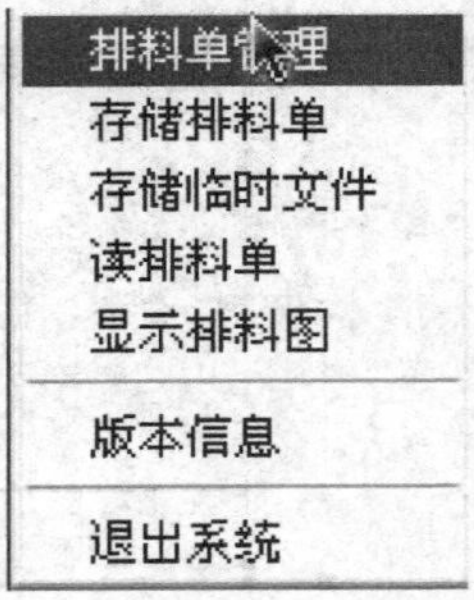

▲ 图 6-48

（3）在弹出对话框（图 6-49）中填写必要参数，在大类选择、款名选择及规格栏中选择所要处理的文件后点击创建。在弹出对话框中点“确定”即可。

（4）也可在大类和款名选择好后点击衣片属性，会弹出如图 6-50 所示的对话框，在对话框中选择适当的要求后点击保存退出，则下面的对话空白栏中就会按设置好的布片属性显示。这里必须要求在打板制作中将衣片属性设置清楚。

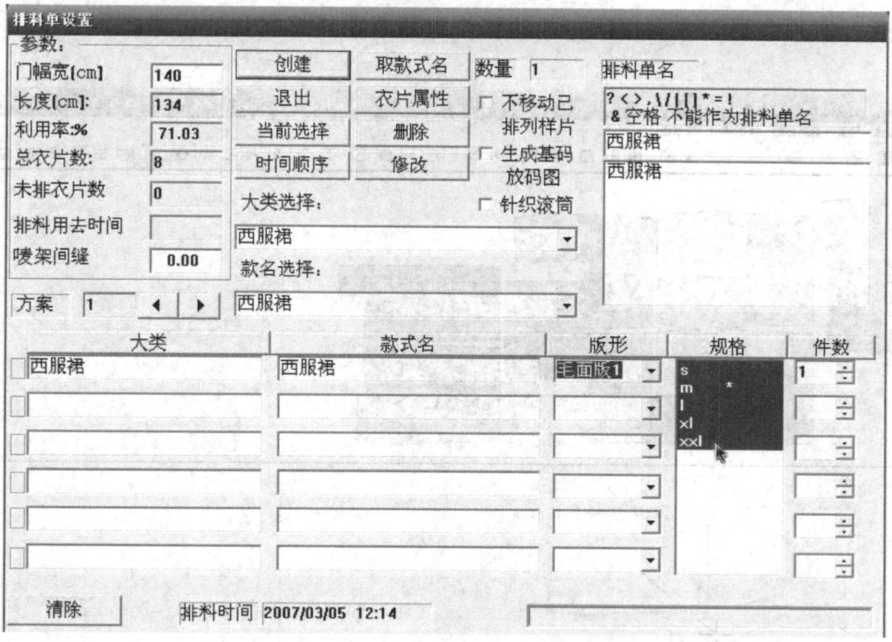

▲ 图 6-49

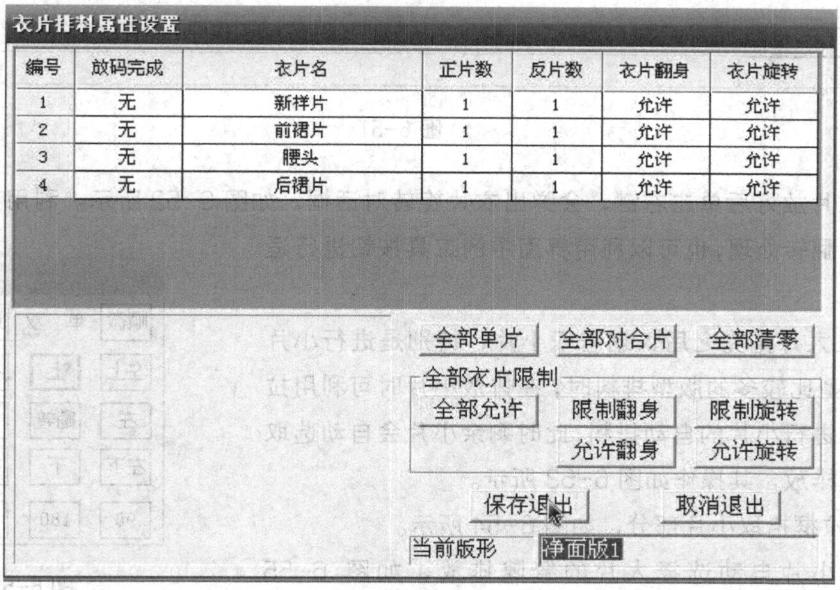

▲ 图 6-50

（5）创建后进入排料界面即可进行排料，排料操作难度不大，但技术要求较高，要有经验的排料人员操作才能制作出较好的排料图。

（6）排料时用鼠标点击待排衣片后，被选衣片就会仅显示轮廓。

（7）拖动至排料栏中，选定一个位置后按住鼠标并拖动会显示方向线，如图 6-51 所示，松开鼠标后，衣片会滑到方向线所指的边缘位置后紧贴排好衣片的边缘。

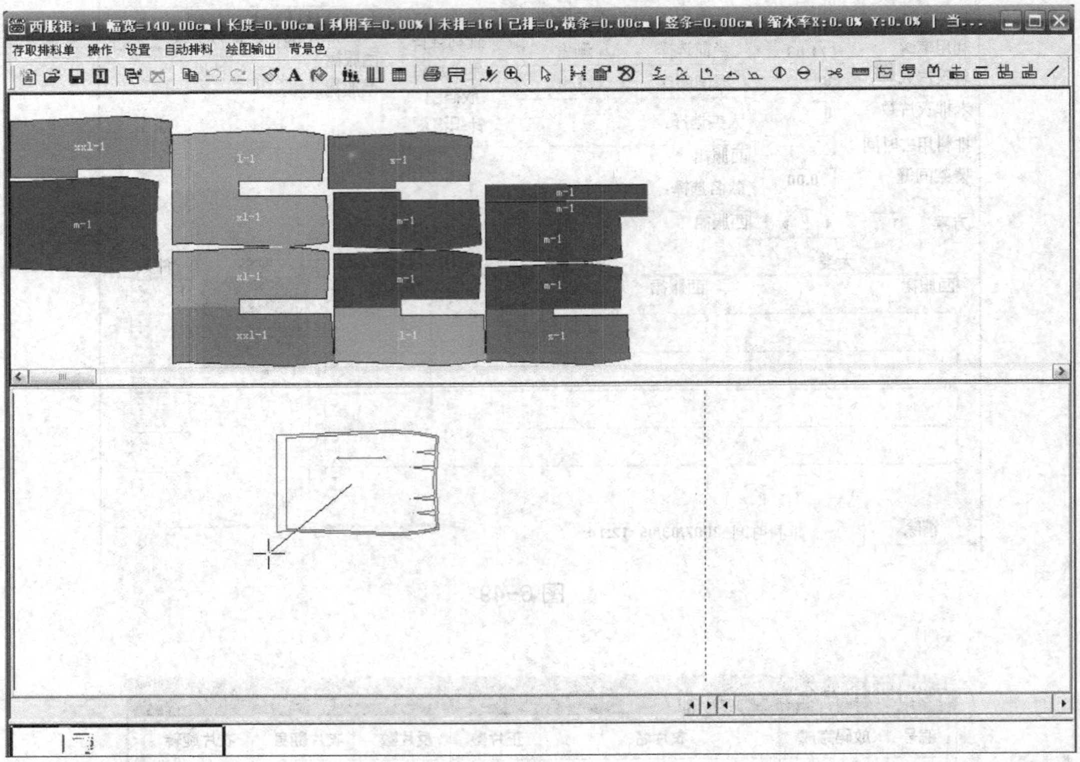

▲ 图 6-51

（8）衣片放好后单击右键，会弹出衣片旋转对话框，如图 6-52 所示。利用其可对衣片进行旋转和翻转处理，也可以利用界面中的工具按钮进行适当操作。

▲ 图 6-52

（9）在大片排完之后仅剩若干小片，特别是进行小片比较多、号型比较多的版型排料时，在排放小片时可利用拉框选取工具进行小片的自动排料，此时剩余小片会自动选取大片的缝隙排放，其操作如图 6-53 所示。

（10）拉框拾取小片部分，如图 6-54 所示。

（11）小片自动选择大片的缝隙排放，如图 6-55 所示。

这里仅仅是为了说明，在实际中西服裙的排料操作几乎没有小片，而大片中的缝隙又少，但是如此操作小片既省时又省力，这一点在西裤和西装的排料中表现明显。

（12）当上一文件排好后可直接进行下一文件的排料工作。点击新建工具会弹出如下对话框。对话框中显示的仍旧为上一次的文件，如图 6-56 所示。

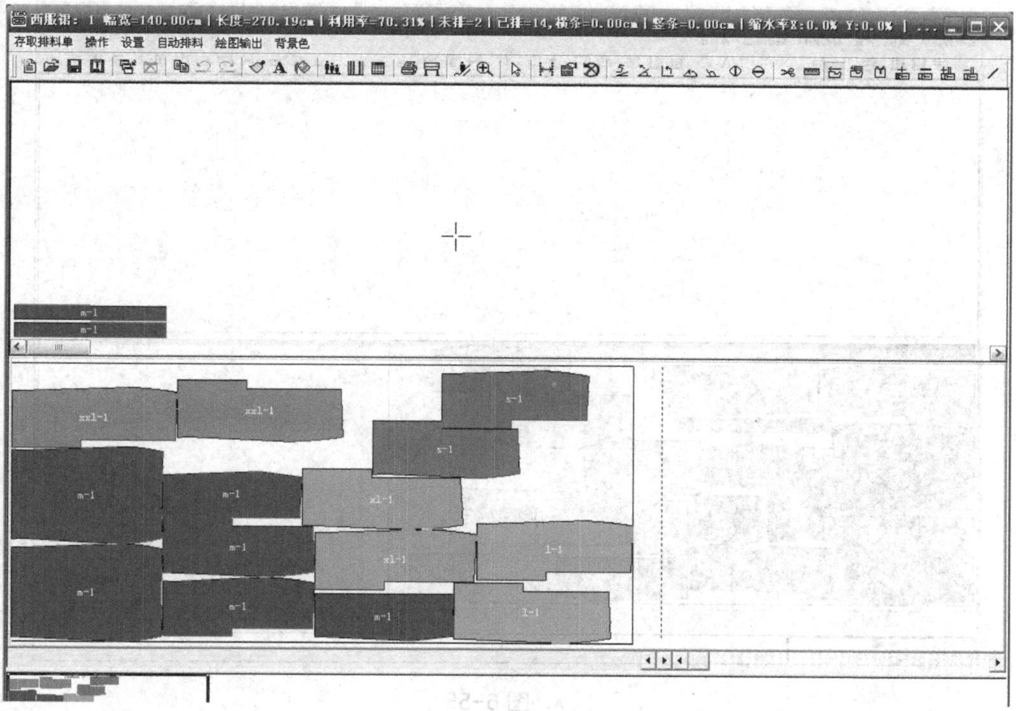

▲ 图 6-53

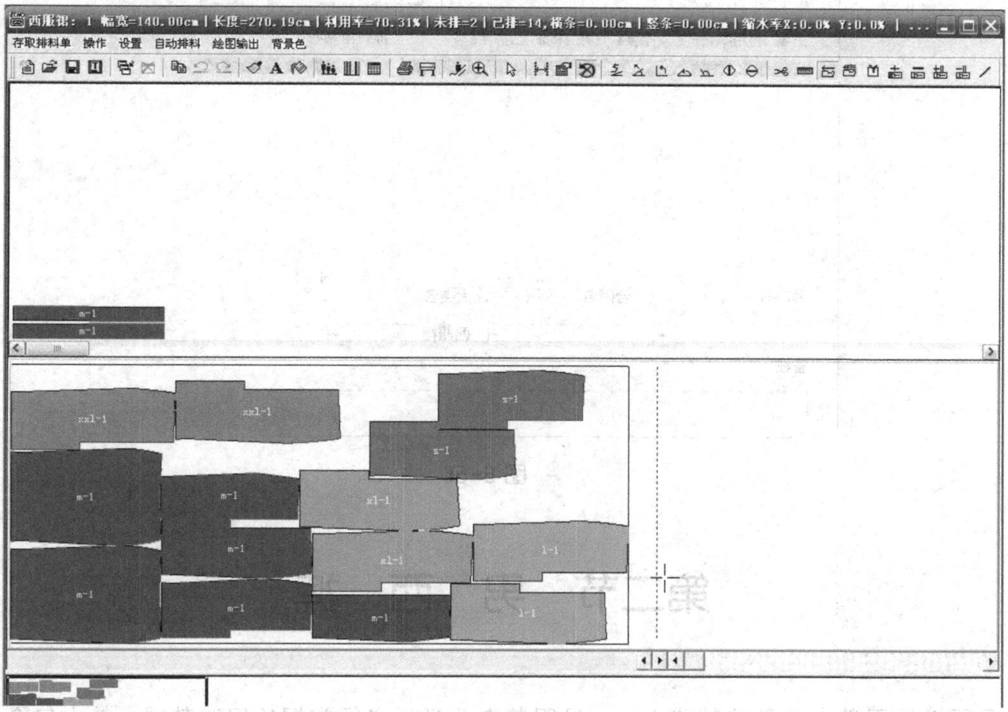

▲ 图 6-54

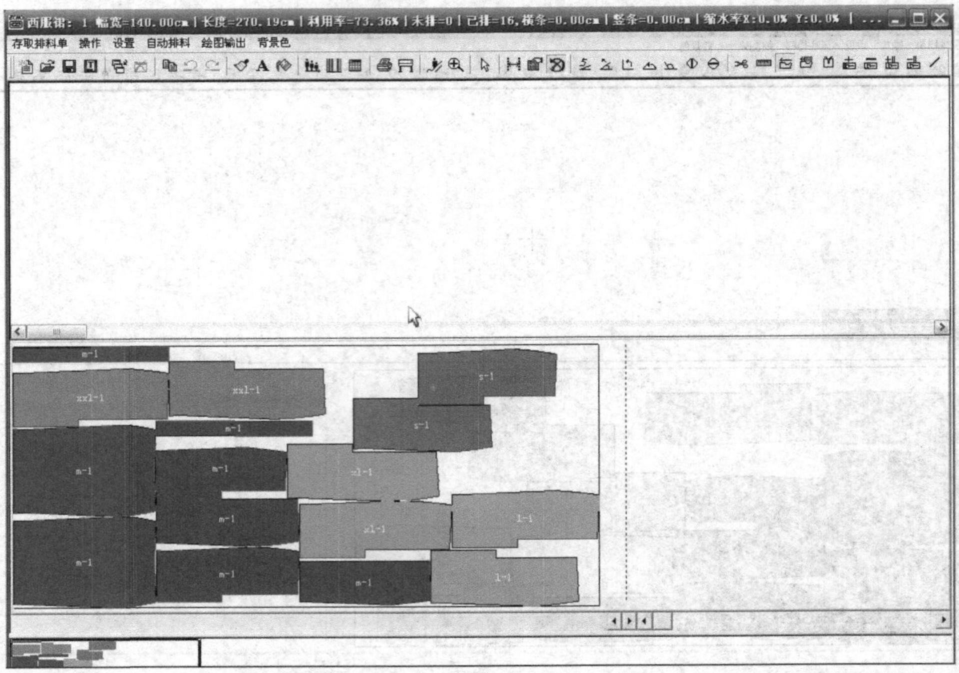

▲ 图 6-55

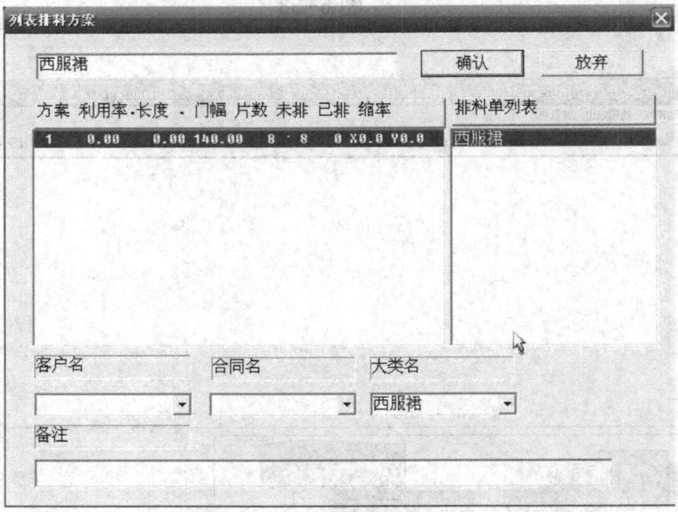

▲ 图 6-56

第二节 男 西 裤

男西裤是男装中典型的款式之一，是服装专业学生必须掌握的男装款式，其中包含了大多数服装款式所涉及的技术问题。

一、款式管理

款式管理方法同西服裙。

二、打板放码

（1）进入打板系统，点击新建工具，打开男西裤新样片，如图 6-57 所示。

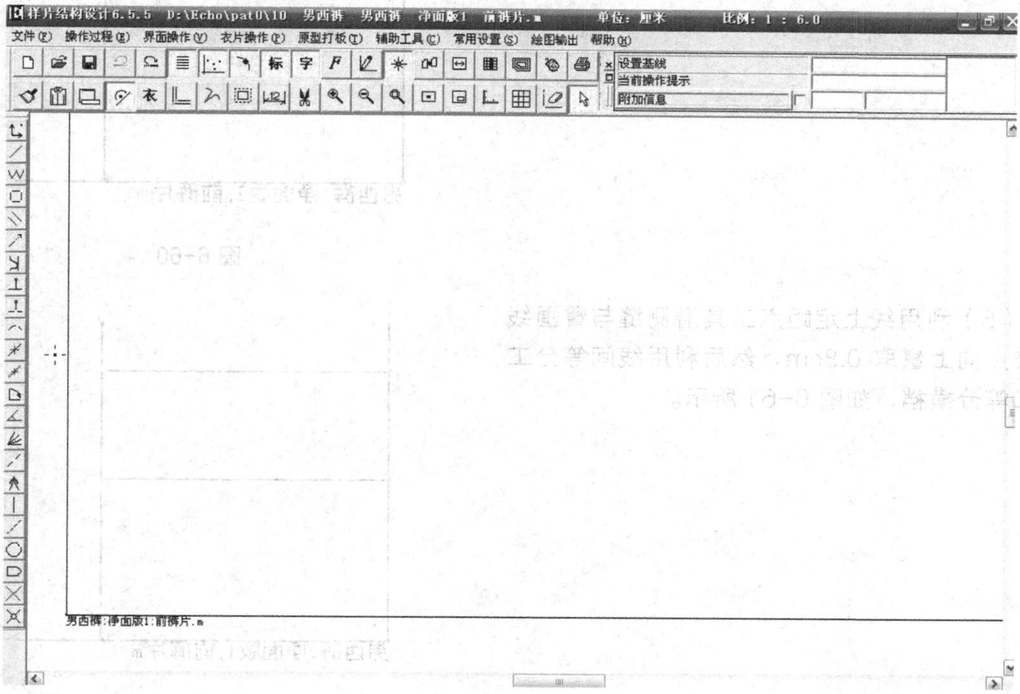

▲ 图 6-57

（2）点击“文件”菜单中的“保存”，将男西裤新样片命名为男西裤前裤片。

（3）做长方形线框，长为直裆-腰宽，宽为臀围/4，如图 6-58 所示。

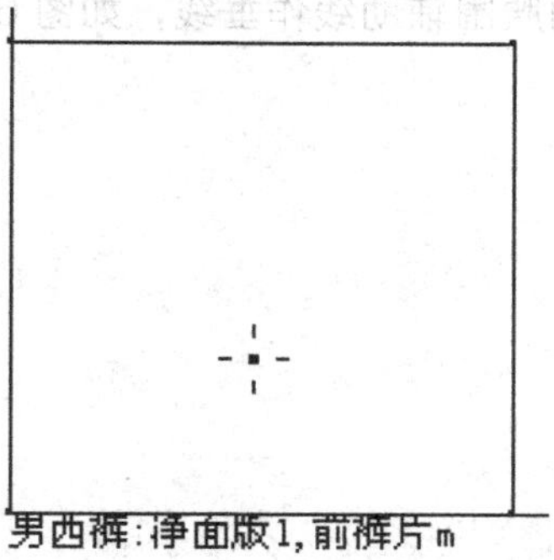

▲ 图 6-58

（4）利用延长辅助线工具做小裆宽，输入小裆宽公式在图 6-59 所示数据录入框中，会生成如图 6-60 所示的横裆辅助点。

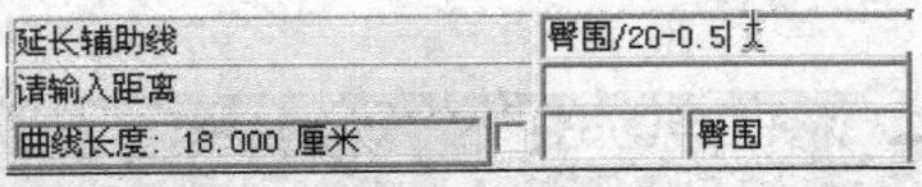

▲ 图 6-59

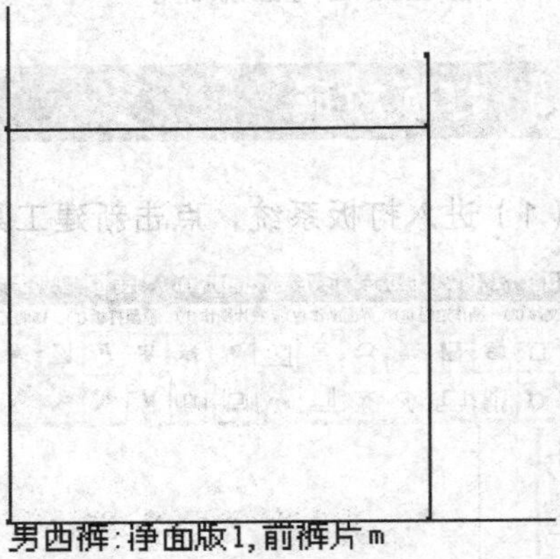

▲ 图 6-60

（5）利用线上定距点工具沿侧缝与臀围线的交点向上量取 0.8cm，然后利用线间等分工具二等分横裆，如图 6-61 所示。

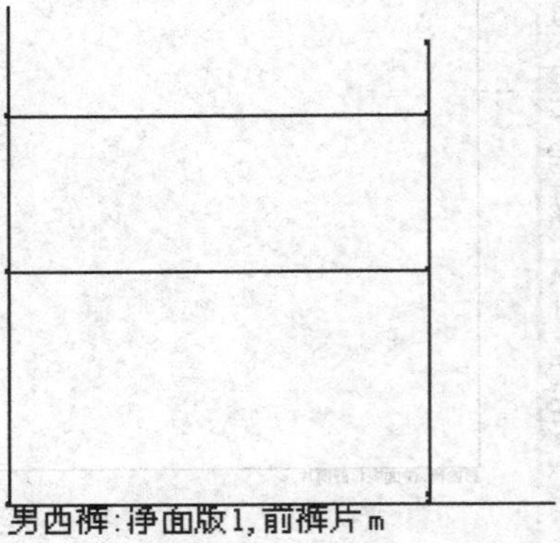

▲ 图 6-61

（6）利用点做垂线工具过横裆的中点向腰围辅助线作垂线，如图 6-62 所示。

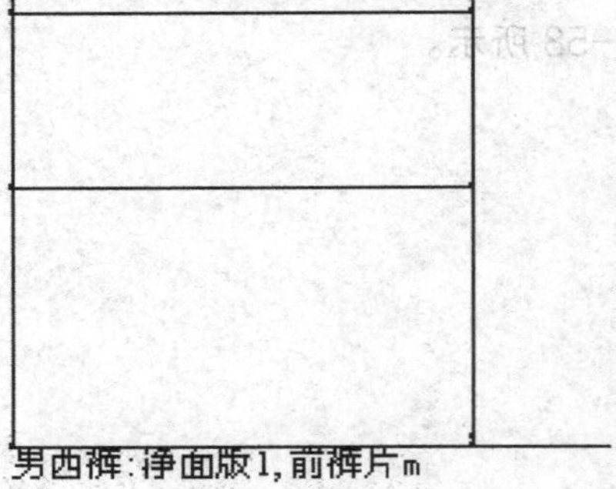

▲ 图 6-62

（7）利用延长辅助线工具延长裤挺缝线数值为裤长－直裆，如图 6-63 所示。

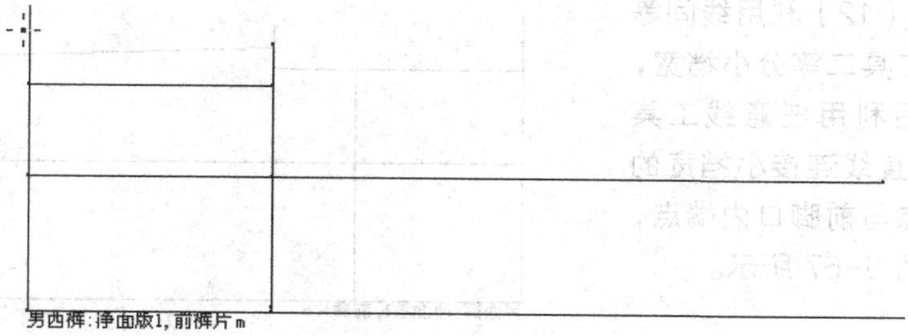

▲ 图 6-63

（8）利用过点做定长垂线工具做前脚口/2，再利用镜像辅助点工具 将前脚口完成，如图 6-64 所示。

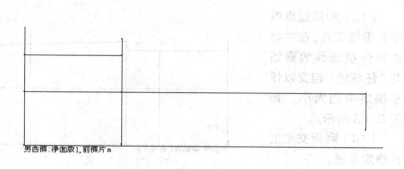

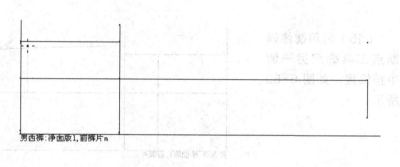

▲ 图 6-64

（9）利用线上定距点工具定前腰围大加入适当褶量，如图 6-65 所示。

（10）利用线间等分工具三等分上裆长。

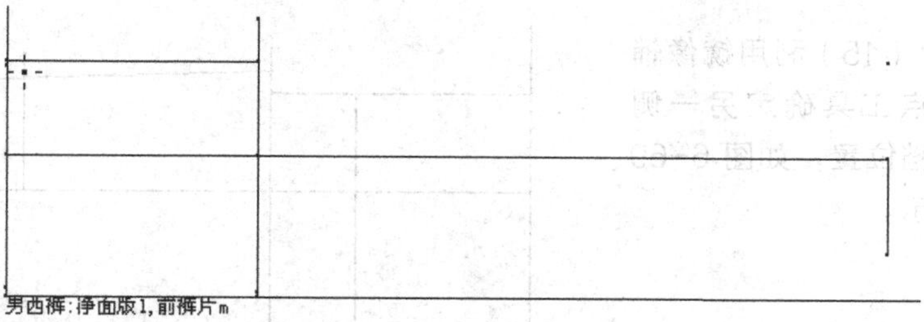

▲ 图 6-65

（11）先后利用线间等分工具和线上定距点工具确定中裆的位置，如图 6-66 所示。

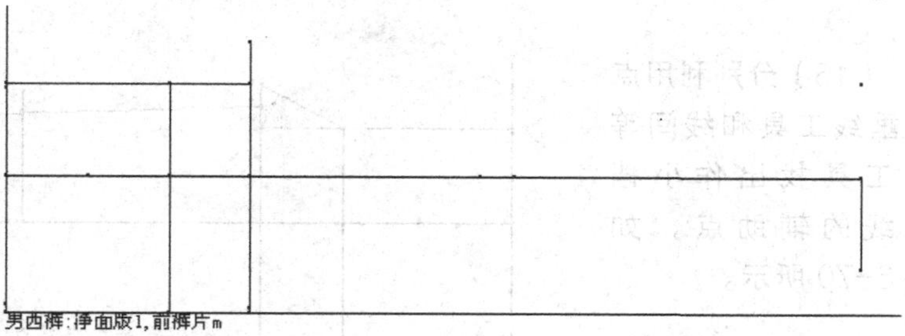

▲ 图 6-66

（12）利用线间等分工具二等分小裆宽，然后利用任意线工具 ╱ 直线连接小裆宽的中点与前脚口内端点，如图 6-67 所示。

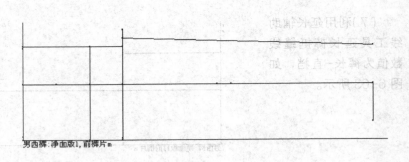

▲ 图 6-67

（13）利用过点做定长垂线工具，在中裆位置作挺缝线的垂线与"任意线"相交以便于确定中裆大小，如图 6-68 所示。

（14）利用交点工具确定中裆。

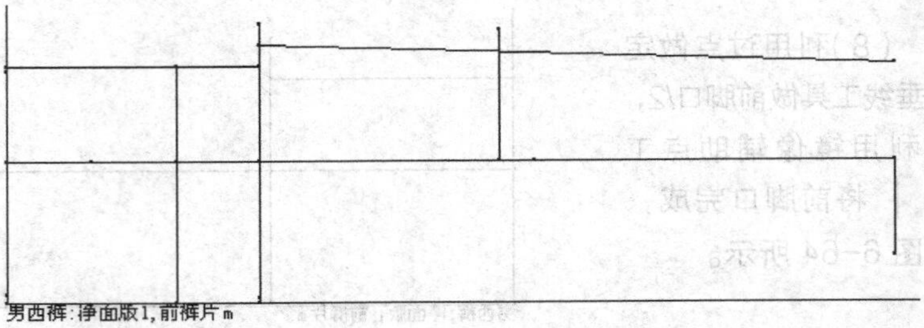

▲ 图 6-68

（15）利用镜像辅助点工具确定另一侧中裆位置，如图 6-69 所示。

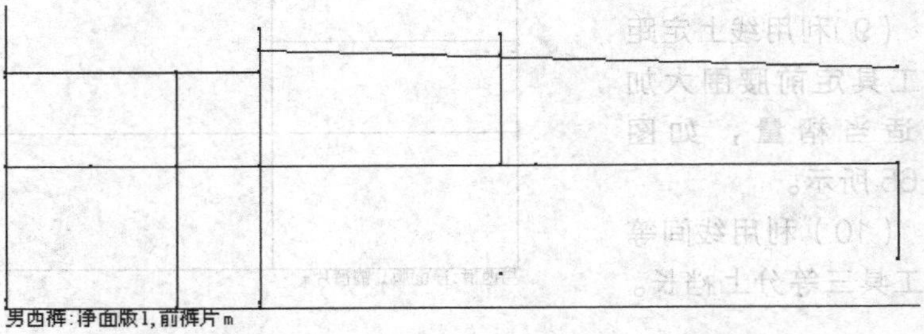

▲ 图 6-69

（16）分别利用点做垂线工具和线间等分工具找出作小档弯线的辅助点，如图 6-70 所示。

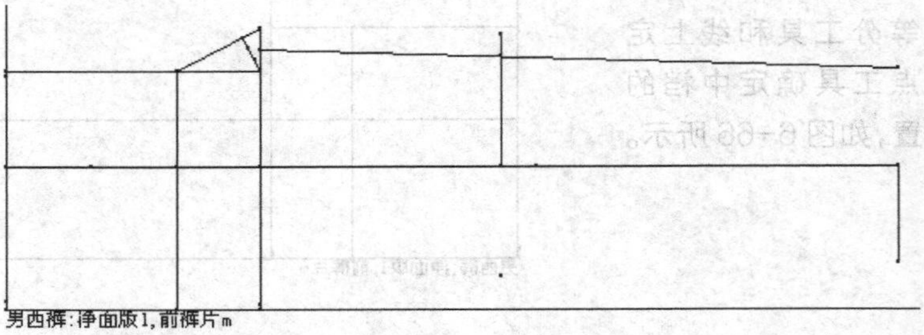

▲ 图 6-70

(17)利用线上定距点工具做前片褶裥位置,如图 6-71 所示。

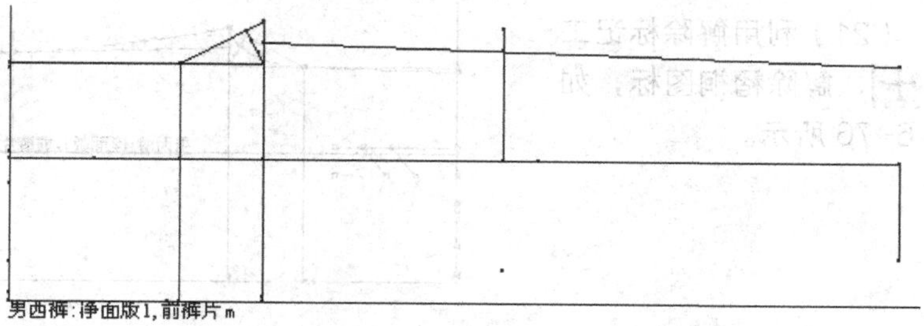

▲ 图 6-71

(18)利用衣工具条中的“勾取样片”工具,勾取样片轮廓,注意勾取时标出褶裥位置;再分别利用添加样片点工具和调整样片点工具调整曲线,完成轮廓线,如图 6-72 所示。

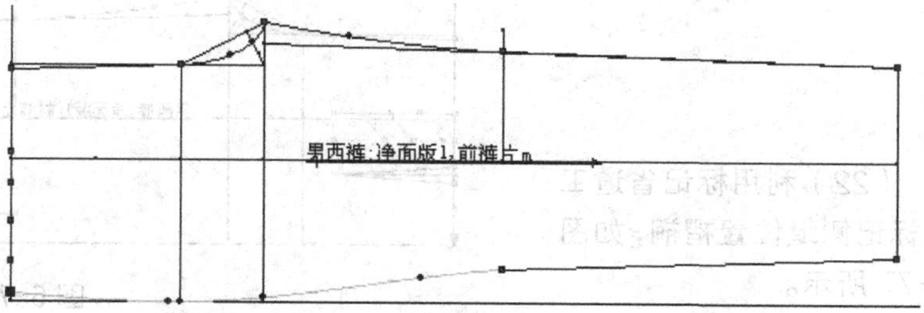

▲ 图 6-72

(19)利用操作标记库工具打开标记库,找出褶裥标记,如图 6-73 所示。

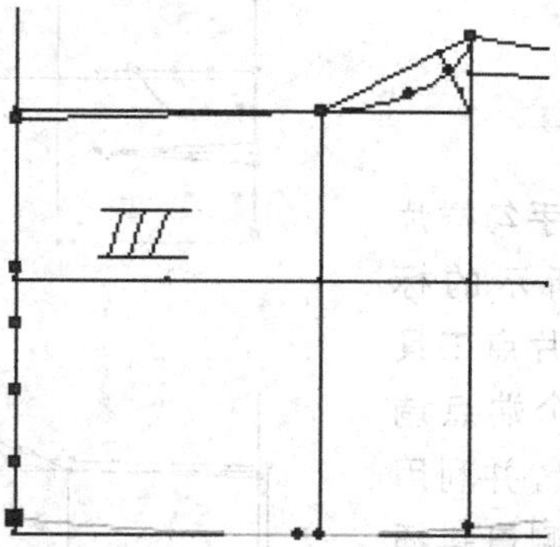

▲ 图 6-73

(20)利用操作标记工具并在数据输入框中调整裥的大小,如图 6-74 所示;并把标记移至前片确定的位置上,如图 6-75 所示。

▲ 图 6-74

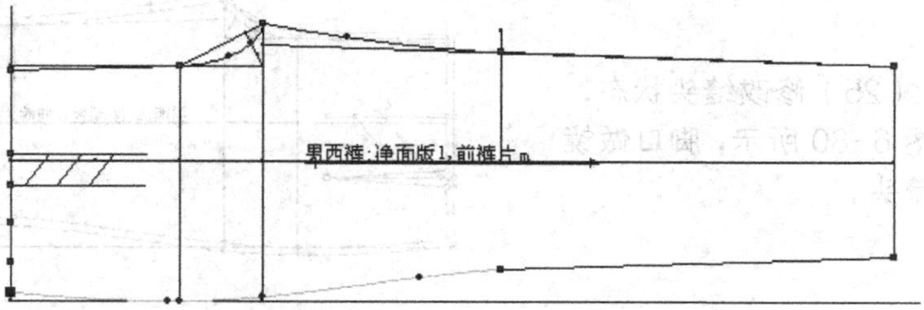

▲ 图 6-75

（21）利用解除标记工具，解除褶裥图标，如图 6-76 所示。

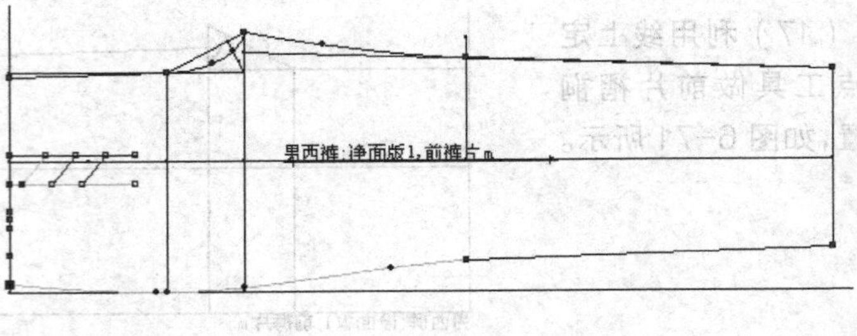

▲ 图 6-76

（22）利用标记省道工具标记侧缝位置褶裥，如图 6-77 所示。

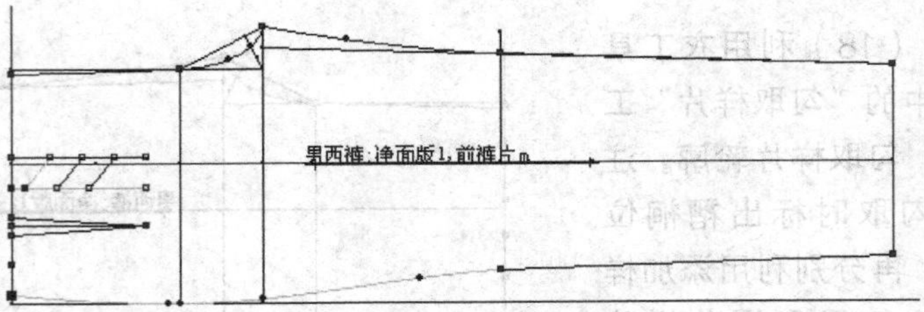

▲ 图 6-77

（23）利用随手勾样片工具做如图所示的标记，再利用调整样片点工具分别将标记的两个端点调整到斜插袋的位置，并利用线段测距工具测量斜插袋的长度，如图 6-78 所示。

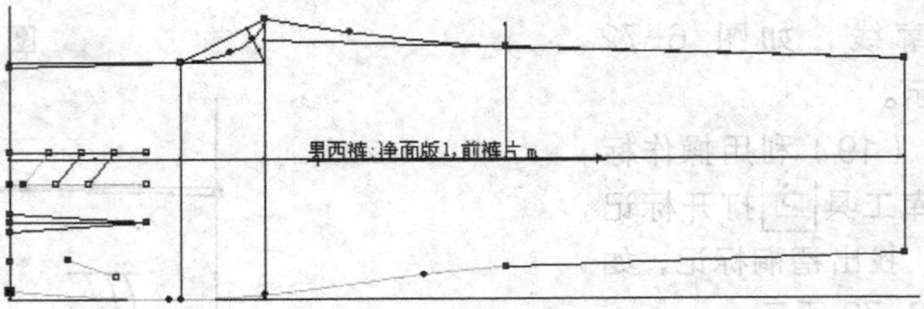

▲ 图 6-78

（24）点击放缝工具对裤片加放缝头，分别在各条轮廓线外输入适量缝头，如图 6-79 所示，并注意轮廓线的走向。

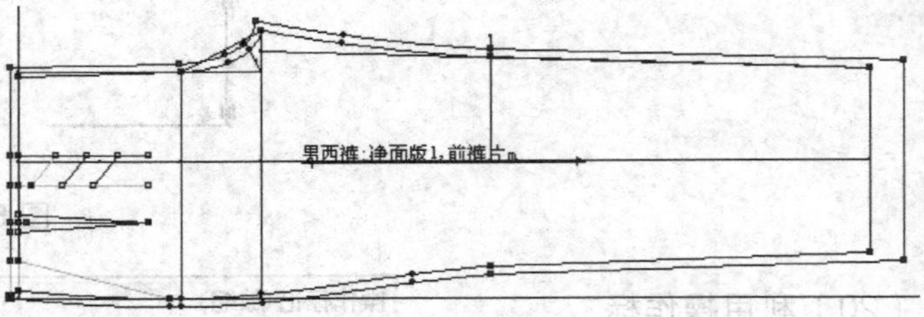

▲ 图 6-79

（25）修改缝头状态，如图 6-80 所示，脚口做镜像缝头。

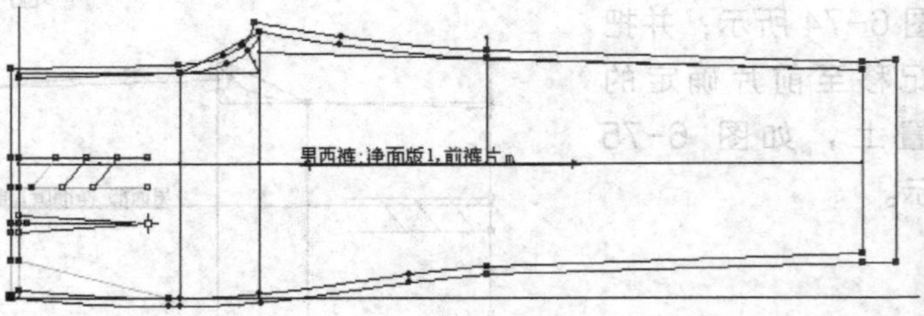

▲ 图 6-80

（26）后裤片做法与前片大致相同，这里就不再逐步说明，仅将其完成图作出，如图 6-81 所示。

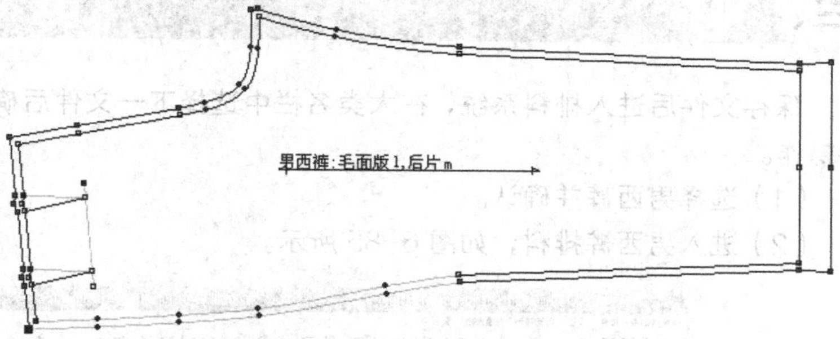

▲ 图 6-81

（27）前、后裤片、腰头自动放码分别如图 6-82～图 6-84 所示。

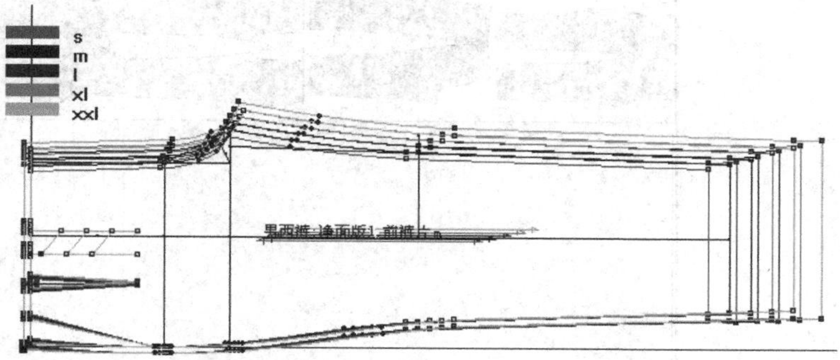

▲ 图 6-82

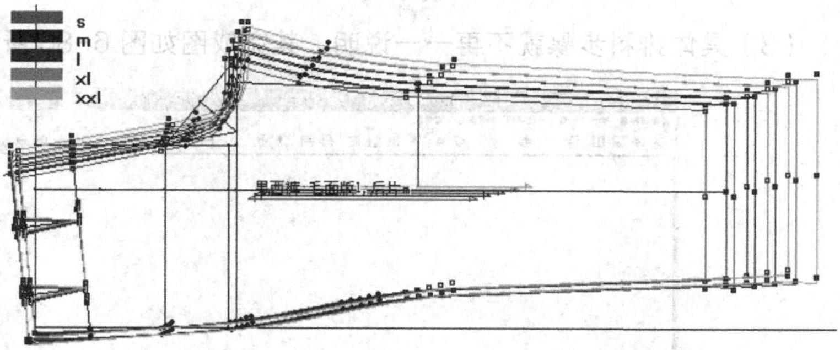

▲ 图 6-83

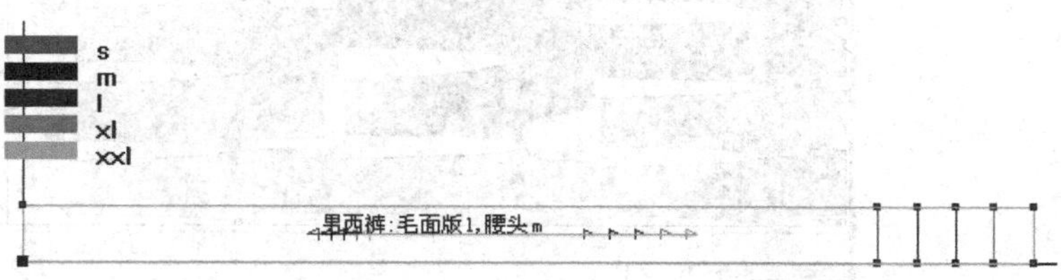

▲ 图 6-84

三、排料

保存文件后进入排料系统，在大类名栏中选择下一文件后确认，即可进行下一文件的排料操作。

（1）选择男西裤并确认。

（2）进入男西裤排料，如图 6-85 所示。

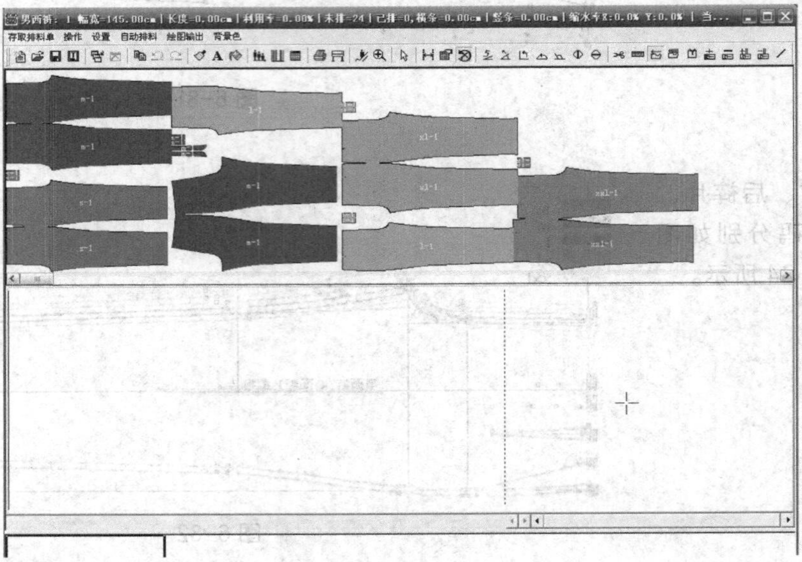

▲ 图 6-85

（3）具体排料步骤就不再一一说明，其完成图如图 6-86 所示。

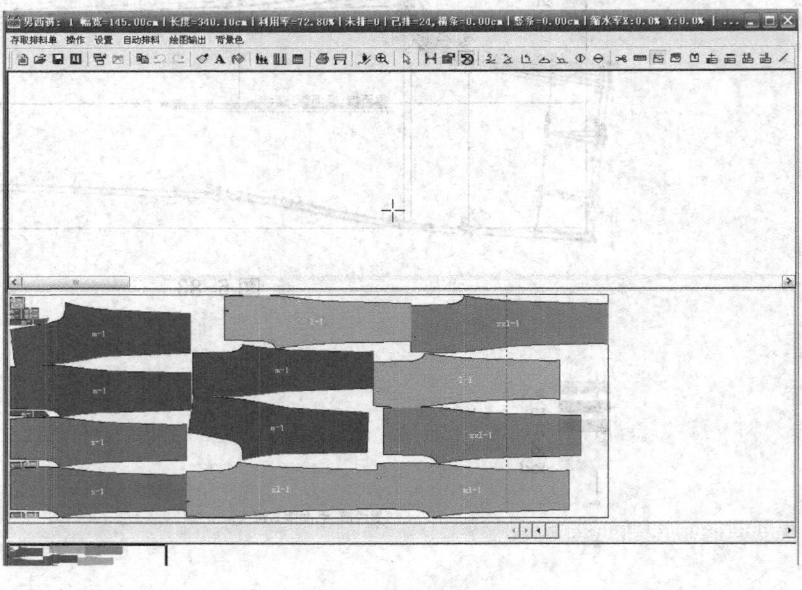

▲ 图 6-86

第三节 女衬衫

女衬衫相对于男衬衫来说变化更为丰富，通过省道转移、分割线、工艺装饰等多种方法，可以变换出各种各样的女衬衫款式。

一、款式管理

款式管理同西服裙。

二、打板放码

（1）利用矩形框工具作长方形框，长为衣长，宽为胸围/4，如图 6-87 所示。

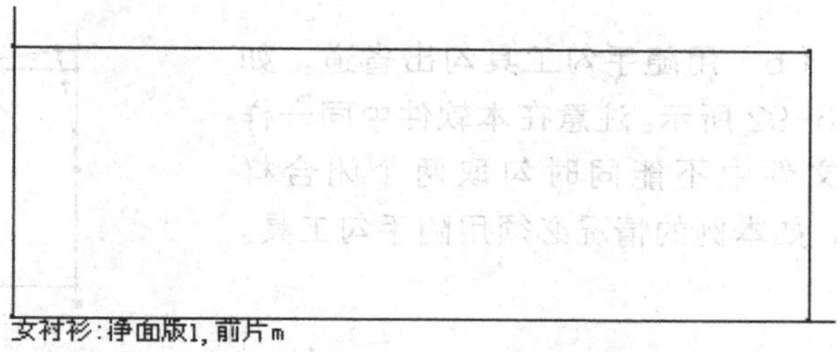

▲ 图 6-87

（2）分别利用线上定距点工具，过点做垂线工具，或平行线工具 等，确定腰节线和袖窿深线的位置，并确定前领深、宽，肩宽、落肩量，如图 6-88 所示。

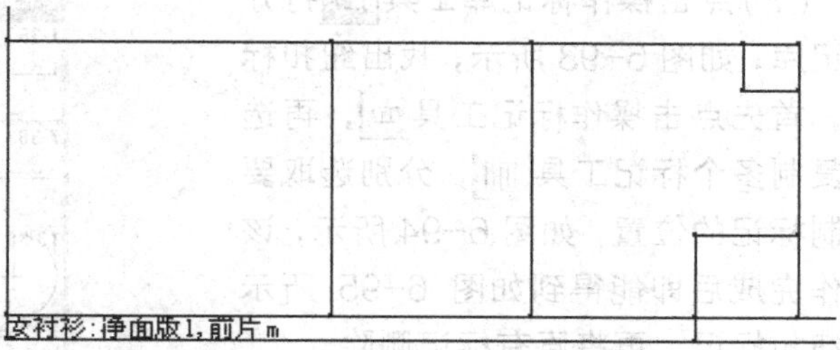

▲ 图 6-88

（3）利用任意线工具直线连接肩点和前领宽点，如图 6-89 所示。

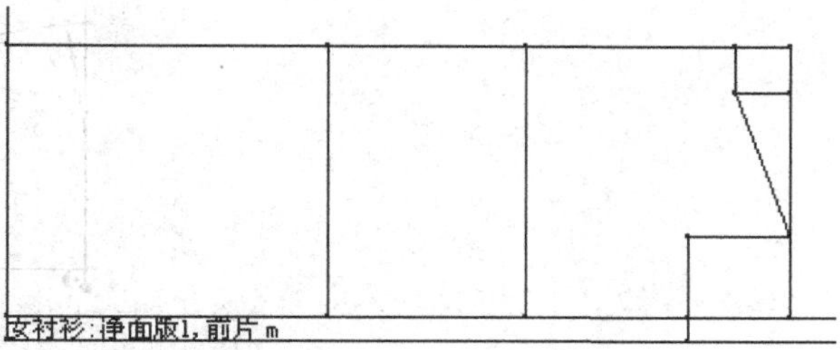

▲ 图 6-89

（4）分别作出其他部位的辅助线，并标记出省的位置，如图 6-90 所示。

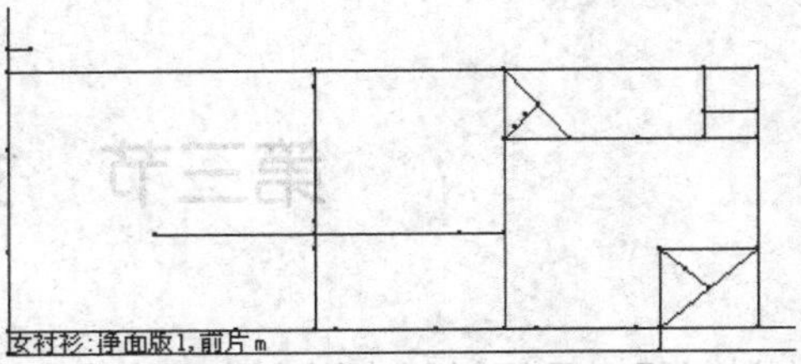

▲ 图 6-90

（5）勾取样片并修正曲线，如图 6-91 所示。

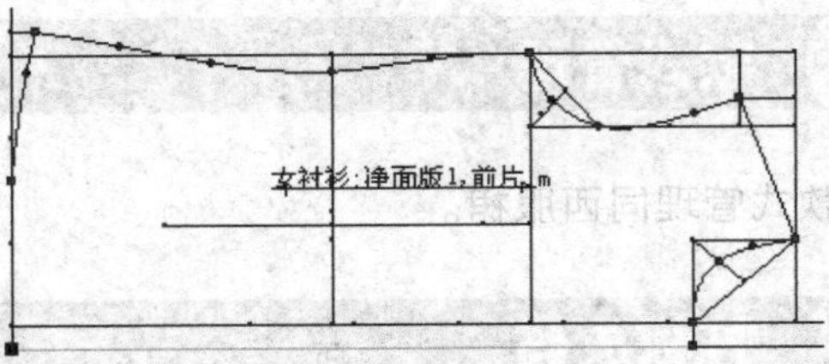

▲ 图 6-91

（6）用随手勾工具勾出省道，如图 6-92 所示。注意在本软件中同一样片文件中不能同时勾取两个闭合样片，如本例的情况必须用随手勾工具。

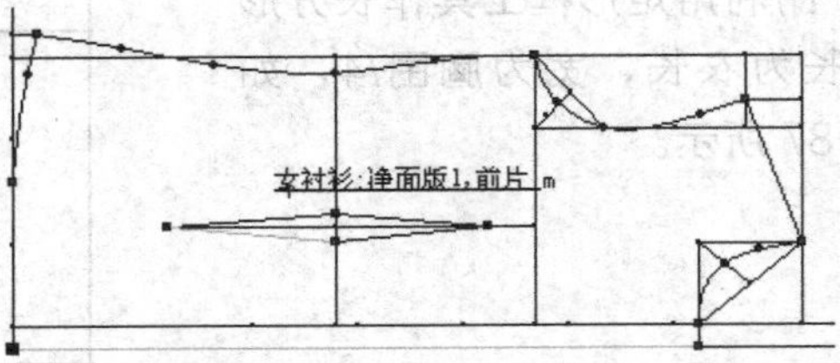

▲ 图 6-92

（7）点击操作标记库工具打开标记库，如图 6-93 所示，找出纽扣标记，首先点击操作标记工具，再选用复制多个标记工具，分别选取要复制标记的位置，如图 6-94 所示，该操作完成后即能得到如图 6-95 所示的纽扣标记，再将原有标记删除。

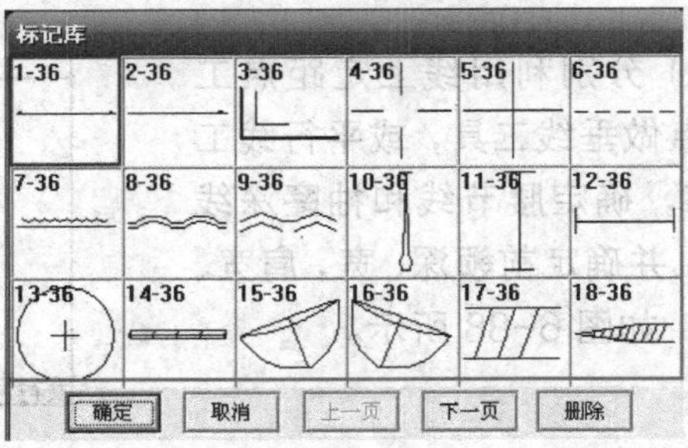

▲ 图 6-93

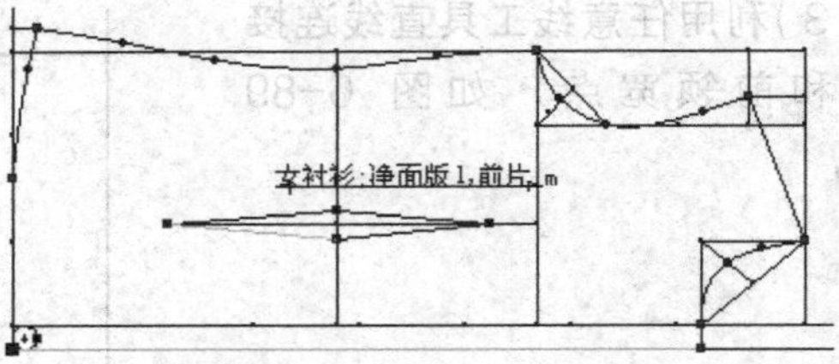

▲ 图 6-94

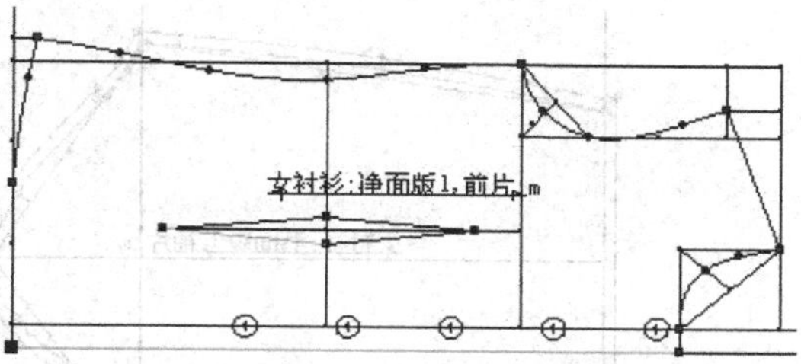

▲ 图 6-95

（8）放缝前片，并利用删除净面板工具删除净样板，如图 6-96 所示。

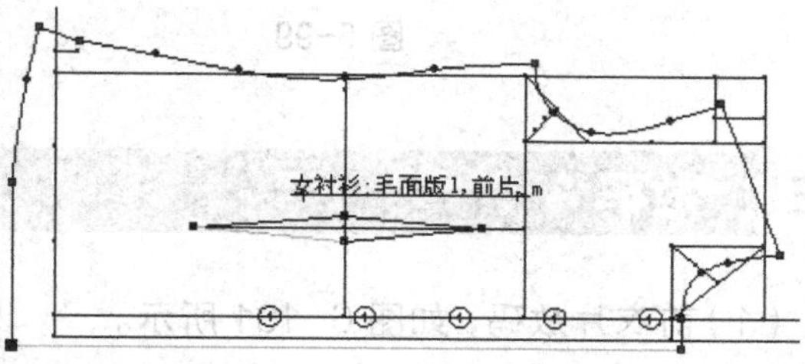

▲ 图 6-96

（9）后片净样、后片毛样、袖片、袖头作法与前片大致相同。其完成图后衣片净面版如图 6-97 所示；后衣片毛面版如图 6-98 所示；单片袖毛面版如图 6-99 所示；袖克夫作法如图 6-100 所示。

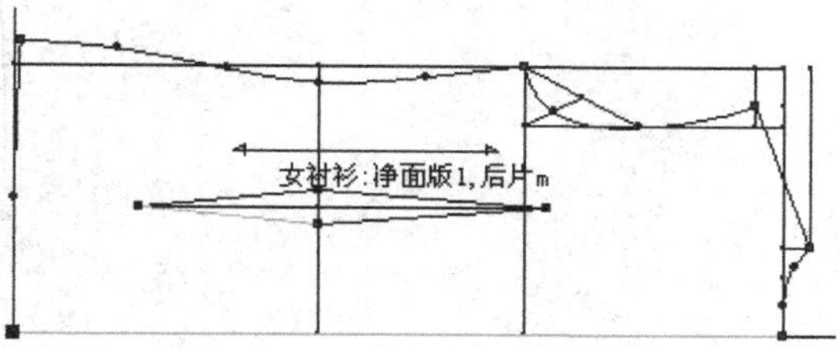

▲ 图 6-97

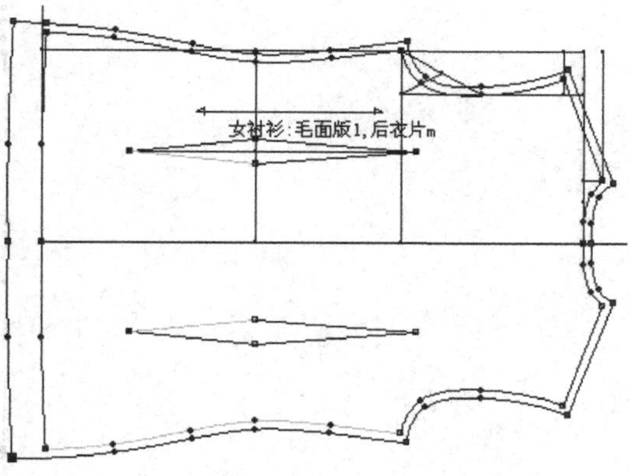

▲ 图 6-98

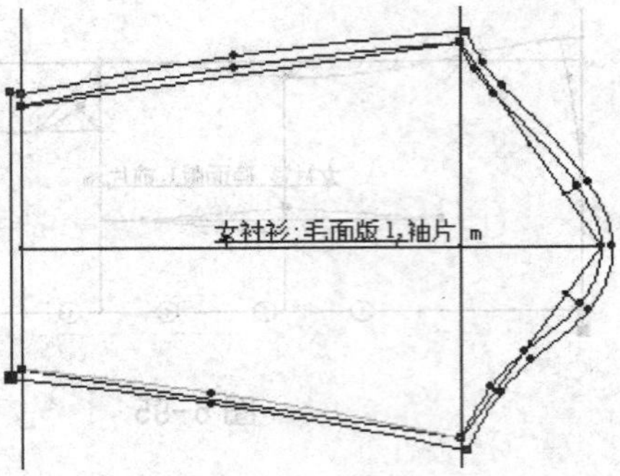

▲ 图 6-99

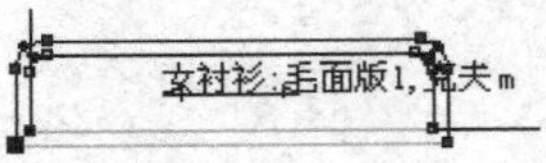

▲ 图 6-100

三、放码

（1）前衣片放码，如图 6-101 所示。

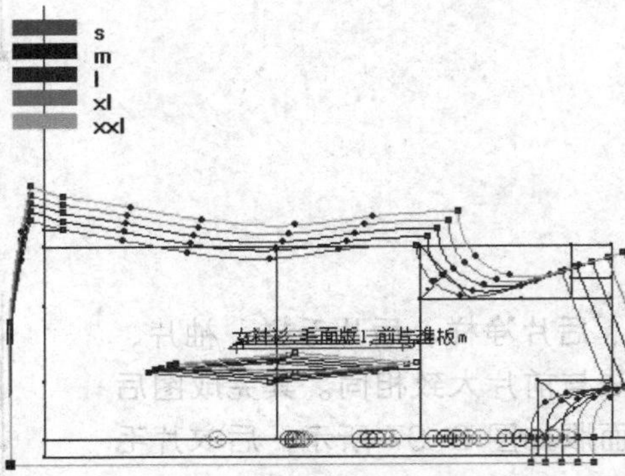

▲ 图 6-101

（2）后衣片放码，如图 6-102 所示。

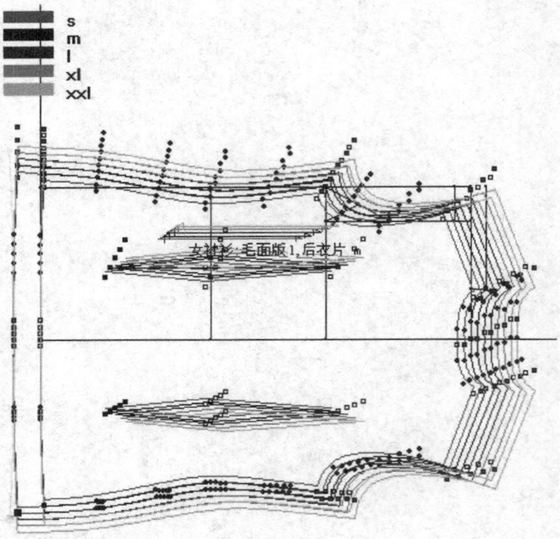

▲ 图 6-102

（3）袖子与袖克夫的放码这里就不再说明，方法与前后身相同。

四、排料

由于上面已经将排料的具体操作作了说明，这里就不再赘述，只将女衬衫排料完成图作出，仅供参考，如图 6-103 所示。

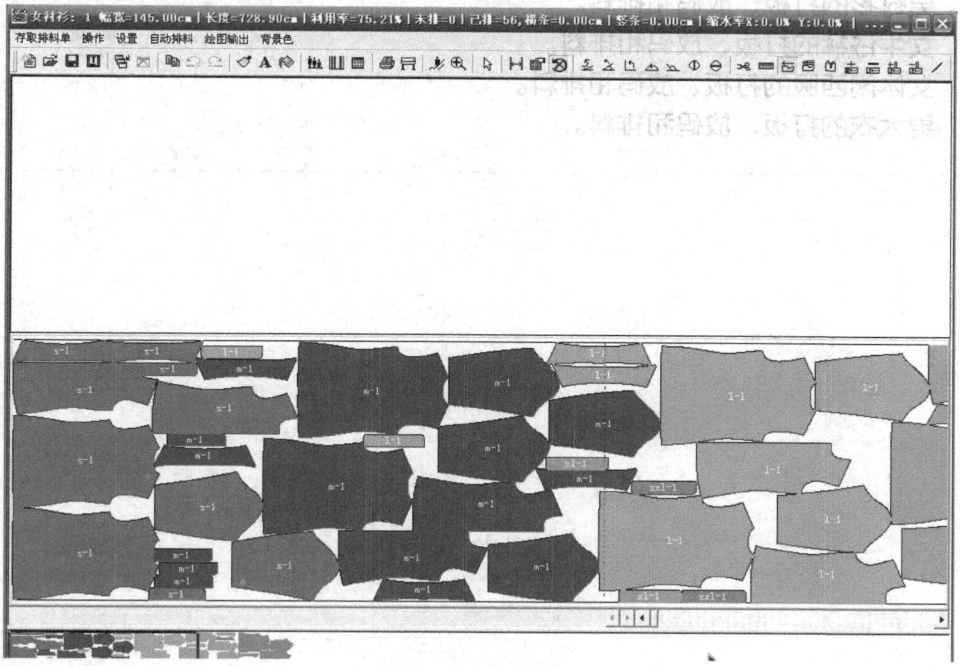

▲ 图 6-103

排料完成后要将排料图保存以便打印和生产。保存时只需点击保存工具在弹出对话框中存储确认，如图 6-104 所示。

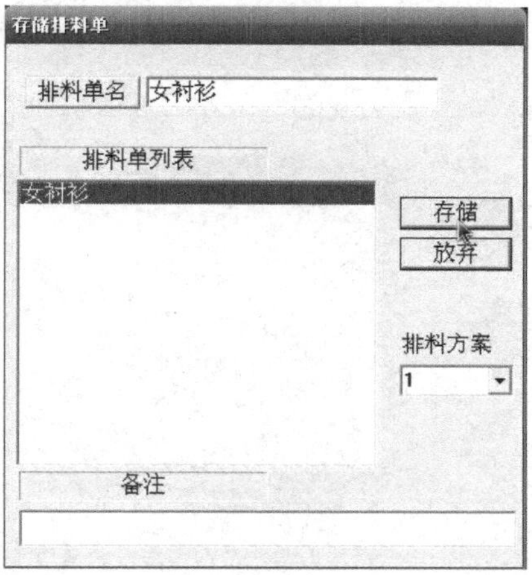

▲ 图 6-104

训练题

1. 西服裙的打板、放码和排料。
2. 男西裤的打板、放码和排料。
3. 男衬衫的打板、放码和排料。
4. 女牛仔裤的打板、放码和排料。
5. 女休闲西服的打板、放码和排料。
6. 男大衣的打板、放码和排料。

下　　篇

第七章　打板描板推档系统

- 第一节　图标和工具栏
- 第二节　打板
- 第三节　描板
- 第四节　推档

学习目标

通过本章的学习，掌握服装 CAD 工具的使用方法，能够使用 CAD 绘制服装结构图、做省、省道转移、处理不同形态的褶裥，使用软件提供的工具完成衣板各种信息的标注。掌握放码的各个工具，对衣片进行正确的推档。

第一节　图标和工具栏

工具：工具是软件里拥有不同功能、显示不同外观的小图标，显示在屏幕上的下拉菜单下面。PGM 服装 CAD 打板软件里有多组不同的工具栏，打开软件后，将出现如图 7-1 所示的界面。

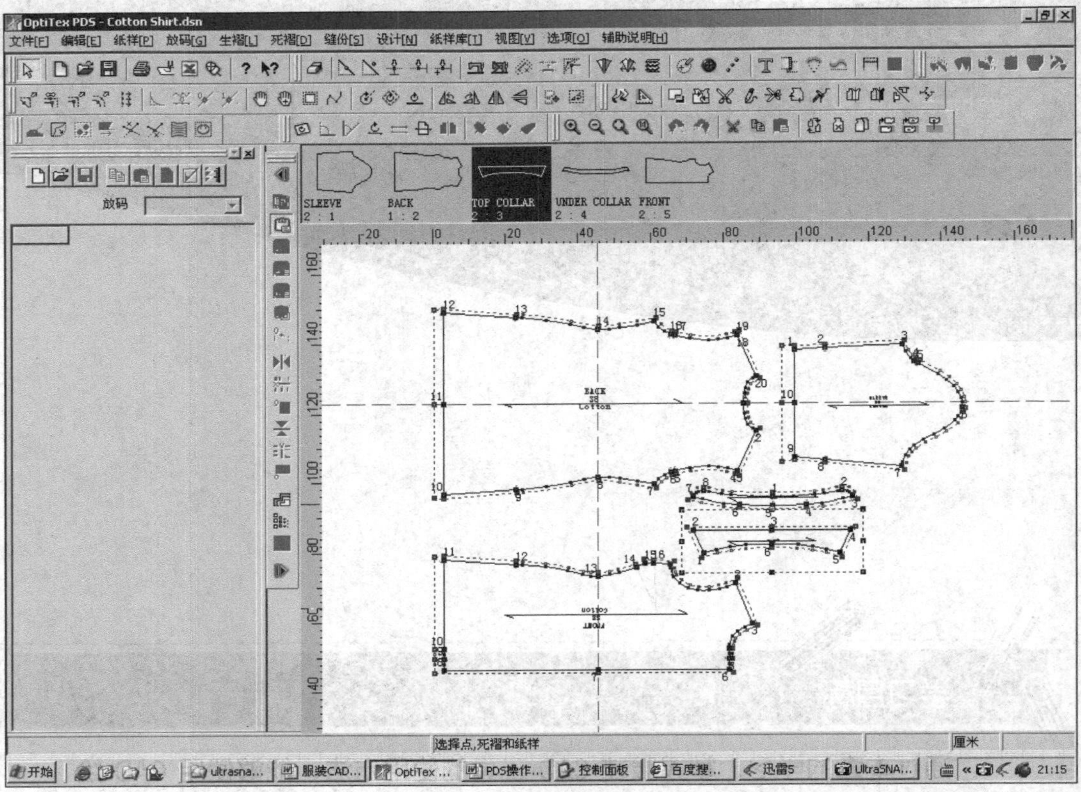

▲ 图 7-1

注：工具栏的外观和工具的数量根据所购买的软件的模块有所不同。如果没有购买定制工具，则高级工具的图标就少一些。

一、系统工具栏

系统工具栏包含一些常用的文件操作工具和一些 PDS 专用工具，如图 7-2 所示。

▲ 图 7-2

1. 选择

“选择”工具，又称为箭头工具，用于选取纸样、点和线段。

提示：双击“选择”工具可以刷新屏幕。

注：单击鼠标右键，左键选择弹出菜单里的“选择工具”，也可以选取此工具。

2. 新建

建立一个新的DSN文件。一个DSN文件包含组成一件完整的服装或其他缝制产品的纸样。点击“新建”图标后，弹出一个矩形对话框，可以输入新样板名称及长和宽，或点击“取消”忽略此对话框（在纸样资料对话框中再修改）。

3. 打开

可打开保存在磁盘里的PGM纸样，文件的扩展名为DSN。

4. 保存

“保存”工具可将屏幕上的文件以当前的文件名存储在当前路径下，并取代旧文件。如果建立了新的文件，但是还没有文件名，则会弹出一个“另存为”对话框，要求输入文件名再保存。

5. 打印

“打印”工具用于激活“打印对话框”，进行打印的设置。

6. 绘图

“绘图”工具用于激活“绘图对话框”，进行绘图的设置。

7. 表格

用于打开excel文件。

8. 数字化

使用“数字化”工具激活“数字化对话框”，进行数字化的设置。

9. 关于PDS

选择此工具可查询所使用的软件的版本号与经销商的联系电话、邮政编码等。

10. 帮助索引

使用“帮助索引”可获取任何一项关于PDS软件的说明。点击“帮助索引”工具然后点击屏幕上任何一个项目，关于选择主题的相关信息可显示在屏幕上。

二、插入工具栏

插入工具栏包括文件编辑工具与处理工具，如删除纸样元素、插入点、添加牙口、做缝份、做省道褶裥、纽扣纽眼、文字说明等，如图 7-3 所示。

▲ 图 7-3

1. 删除

此工具可删除纸样上的点、牙口、省道和其他的内部物件。当选定此工具后，鼠标箭头变成一个末端有一个黑点的橡皮。

删除曲线点时要注意，因为有可能改变曲线形状。

选取“编辑”菜单下的“撤销”命令，可以撤销删除点。

操作步骤如下。

- 选择“删除”工具。
- 将橡皮工具放在欲删除的点上。
- 单击鼠标。
- 弹出对话框询问是否确认删除点。

2. 线上加点

使用此工具可在纸样轮廓上添加点，还可自己决定点的类型，如图 7-4 所示。

操作步骤如下。

- 选择“加点”工具。
- 将此工具移至需要加点处。
- 单击鼠标，激活移动点对话框，要求确定前一点到所增加的后一点的距离。
- 单击“确定”按钮。

3. 线旁加点

使用此工具可在纸样旁边加点。这个工具会改变纸样的形状。当在纸样轮廓的外面或轮廓内部加点时，最靠近此点的线段跳至点上，改变纸样的形状，使原来的线段变成两段。

操作步骤如下。

- 选择“线旁加点”工具。
- 将此工具移动到欲添加点的区域。
- 单击鼠标。
- 出现“移动点”对话框，即可确定添加所选择点的相对 X、Y 值的距离，如图 7-5。

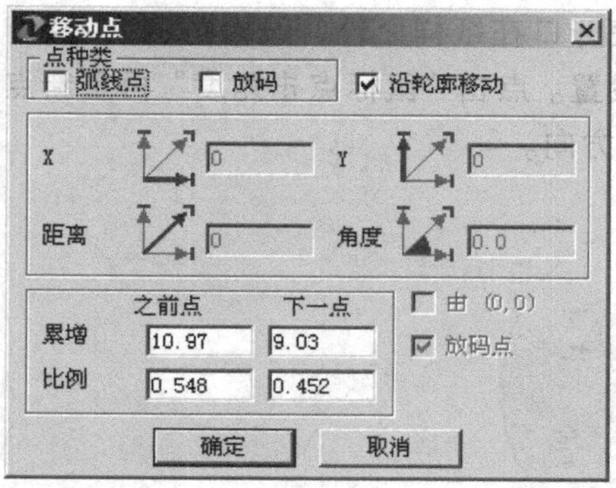

▲ 图 7-4

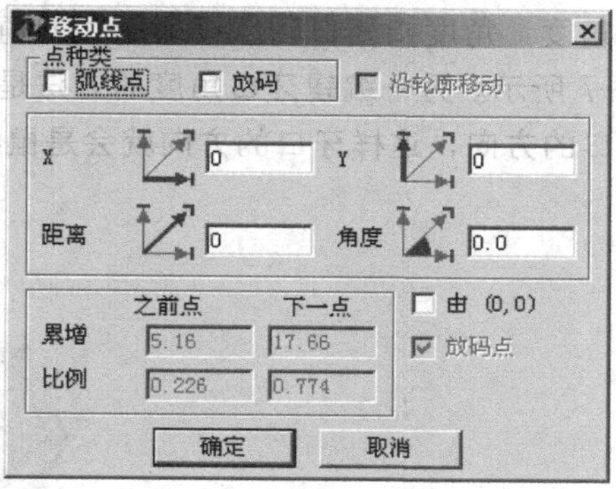

▲ 图 7-5

- 单击“确定”按钮。

4. 加牙口

使用此工具可在纸样上添加牙口。读图程序一结束就可以用此工具在纸样上很方便地添加牙口。牙口是纸样轮廓上的记号点，用于设置衣片的对位等。牙口的位置和形状由深度、宽度和角度三个参数确定，如图 7-6 所示。在“编辑牙口”菜单里可以定义或改变牙口参数。

“牙口”工具还用于确定Mark中的对条对格，条格匹配点在牙口属性对话框中。

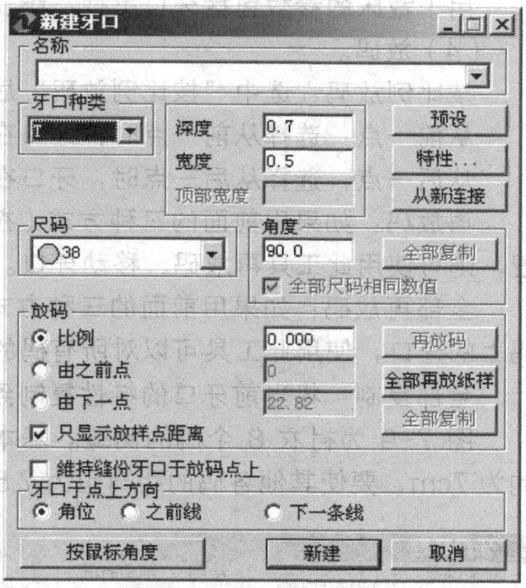

▲ 图 7-6

操作步骤如下。

- 选择“牙口”工具。
- 将此工具移至添加牙口处。
- 单击鼠标，出现“新建牙口”对话框。
- 确定牙口的种类、尺寸和确切的位置。
- 点击“应用”按钮，然后点击“关闭”按钮。

编辑牙口对话框如下所述。

（1）重新连接：“重新连接”命令用于重新设置一连接原点的牙口。通常用于原点被删除，新的放码点需要与牙口连接起来的情况。

注：只有当放码比例对话框的值不在 0 到 1 时，“再连接”的命令才可激活。使用此命令将改变连接最近的放码点的牙口到放码点的距离比例。

（2）牙口种类：一共有六种类型的牙口。可供选择的牙口为：T、V、I、L、U、盒型牙口。一片纸样可有一种类型以上的牙口，打开下拉箭头框，可以看到牙口列表并做相应选择。

尺码：尺寸大小框显示当前纸样的尺寸。此信息只用于推档过的样板。

深度：指牙口的深度。一般牙口深度为 0.3cm，根据衣板的类型和各公司的标准有所不同。

宽度：指牙口的宽度。宽度不适用于 I 型牙口。

角度：角度指牙口到纸样轮廓线的角度。要使牙口在纸样之外，设置角度为 180°，如图 7-7 所示。另一编辑牙口角度的方法是用鼠标设置。点击“鼠标点击角度”再重新点击选定牙口的方向，这样牙口的方向就会是鼠标点击的方向。

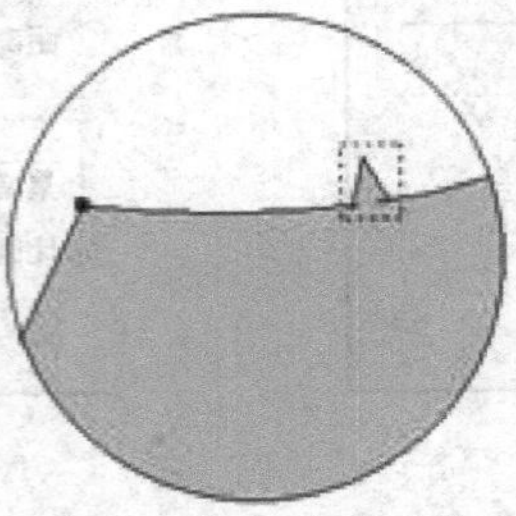

（180°角，V 型牙口在轮廓外）

▲ 图 7-7

（3）特性：点击“特性”按钮可激活“牙口特性”对话框。当使用自动裁床或设置条格匹配点时可在此对话框中设置参数，如图 7-8 所示。

用于裁床的参数包括牙口类型：绘、切割或钻孔。另外，还可设置裁床操作停止点。

（4）放码。

按比例放码：选中“按比例放码”后，牙口就按一定比例放置在两个放码点之间。

从前一点：选择从前一点时，牙口在离开前一放码点一定距离。

从后一点：选择从后一点时，牙口在离开后一放码点一定距离。

再放码：如果用前面的三种方式（按比例放码、从前一点、从后一点）改变了牙口的位置，则可使用此工具再放码、移动牙口。

全部再放码：如果用前面的三种方式（按比例放码、从前一点、从后一点）改变了基本码上的牙口，使用此工具可以对所有码的牙口进行放码。

全部复制：将当前牙口的特性复制到所有尺码（按比例，从前一点，从后一点）。

图 7-9 为衬衣 8 个码的侧缝。基本码的牙口已经编辑过，它到旁边的腋下点的距离大约为 7cm，要使其他各码的距离也为 7.5cm，则可使用“全部再放纸样”命令。

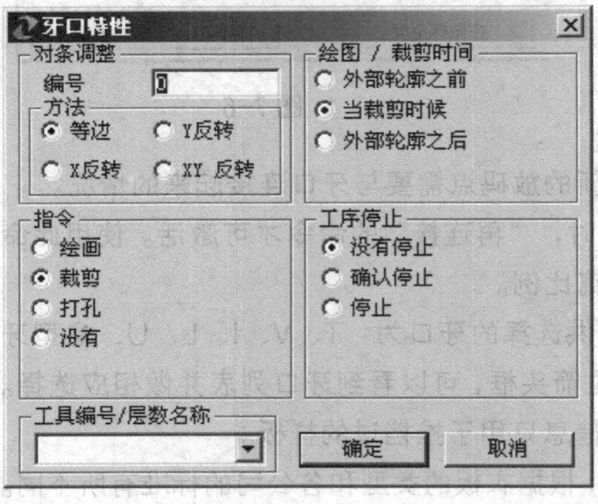

▲ 图 7-8

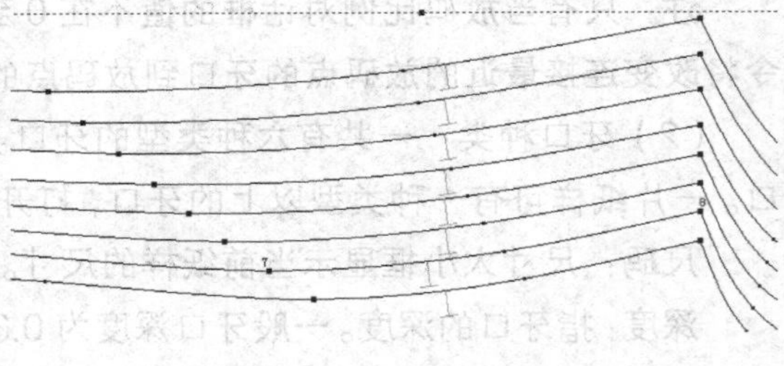

▲ 图 7-9

只显示放样点距离：选取此项，所有的度量都只是从前或从后一放码点计算。如果不选，则所有的度量都是从前或从后一点，无论其是否是放码点。

注：当此对话框打开时，各牙口都可以被选中和更改。当更改后，点击应用按钮。否则改动就不起作用。改动结束后，单击“关闭”按钮，退出菜单。

（5）牙口于点上方向：选择加点上牙口的方向，可以按照角度、前一点和后一点三种方式选择方向。

5. 在点上添加牙口

此工具的作用等同于“加牙口”，不同之处在于必须先有点，然后在已有的点上添加牙口，在无点的轮廓上不能使用。

6. 为牙口添加点

为轮廓上已有的牙口添加放码点，使牙口可以相对于轮廓固定。

7. 缝份

用于为纸样添加缝份。

先用【缝份】|【设定总体缝份】命令，设定服装的总体缝份。

操作方法如下。

• 选取“缝份”工具。

• 选取某一点，在该点上双击鼠标，设置衣片的总体缝份。

• 选取纸样上的点表示整个纸样上都添加缝份；或选择纸样上某段欲添加缝份的线条。

• 选择一条或很多条线段，将缝份工具放在第一点上，单击鼠标，然后拖动缝份工具到线段的最后一点，再单击鼠标。

注：不推荐选取曲线点作为添加缝份的开始点或终结点。

• 点的属性框弹出后，输入缝份的宽度，然后选择合适的缝份角的类型。如果是标准的角，则不需要再选择，如图 7-10 所示。

• 完成所有的设定后单击“确定”按钮。

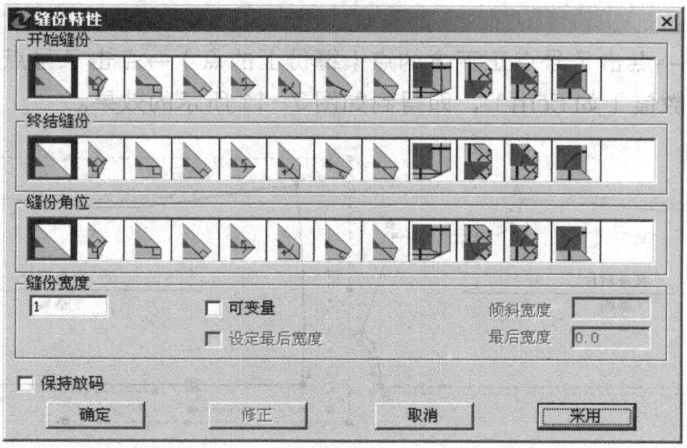

▲ 图 7-10

注：如果添加缝份后纸样有任何其他的改变，则点击 F6 重新计算缝份值。要查看缝份，按 F10 键，可以让缝份显示或隐藏。

（1）转换缝份（F5）：转换轮廓线，实线是当前选定的线。把纸样文件导入排料软件前，首先要确定最外面的轮廓线（裁剪线）是实线。此命令会告诉电脑，将缝份设置为实线，或裁剪线为实线。只有实线才可以进行编辑。

（2）将所有纸样转换到切割（F5+Ctrl）：此命令将工作区域里的纸样的外部轮廓全部变为裁剪线，可以一次性地将其改变。

（3）将所有纸样转换到净缝（F5+Shift）：此命令将工作区域里的纸样的外部轮廓全部变为净缝线，可以一次性地将其改变。

8. 撤销缝份

用于将所选中衣板的缝份删除掉。

- 选择需要删除的衣板。
- 点击该工具。

9. 移除缝份

用于删除纸样上的部分缝份。

- 选择需要删除的衣板。
- 选取此工具。
- 选择需要删除的部分线段。

10. 内部轮廓为缝份

把内部轮廓作为缝份，此工具暂时不能激活。

11. 裁剪缝份角度

用于剪切缝份的部分转角处。

操作方法如下。

- 选择该工具。
- 点击 7 号点→点击 7 号点正下方的点（缝份上的点）→点击 7 号点右方的点（缝份上的点）→输入一个数值（如 5cm），即得到如图 7-11 所示的效果。

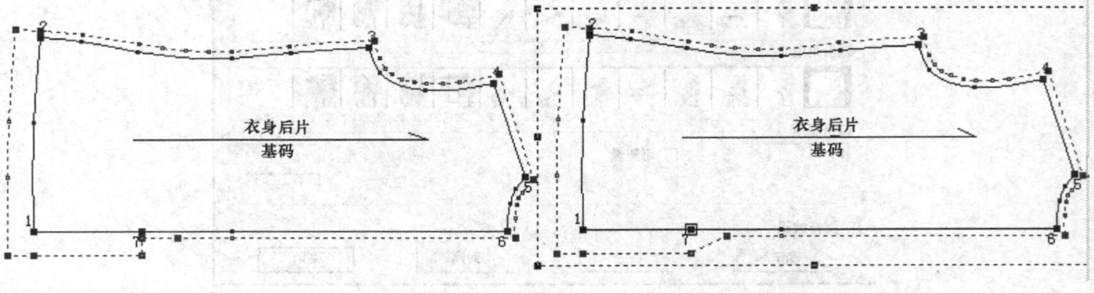

图 7-11

12. 死褶

（1）制作新的省道。

- 选择省道工具
- 在省道 5 号点上（如图 7-12 所示）点击鼠标左键。

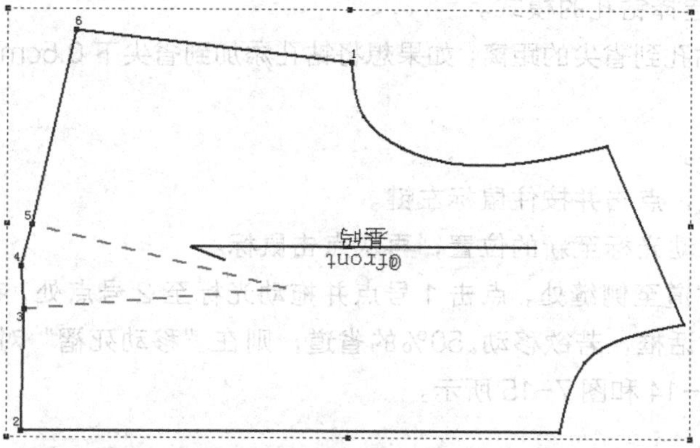

点击 5 号点并拖动到 3 号点，然后将光标拖动到纸样上确定省道的深度

▲ 图 7-12

注：在纸样轮廓线上一定有省道的第一及最后一点。如果没有，则用“编辑”菜单里的“添加相关”。

- 在省道最后一点上再点击鼠标左键，光标自动成为上述两点的中心。
- 拖动光标确定省道的深度并再次点击鼠标，弹出省道属性的对话框。
- 弹出省道对话框时，选择合适的项目。
- 点击“确定”按钮。

（2）省道属性对话框。

名称：可以在此给省尖注名，如图 7-13 所示。

注：如果省尖有名字，就可以不用选择此点，而直接使用“放码”菜单里的“规则”里的“根据名字应用规则”进行省道的放码。

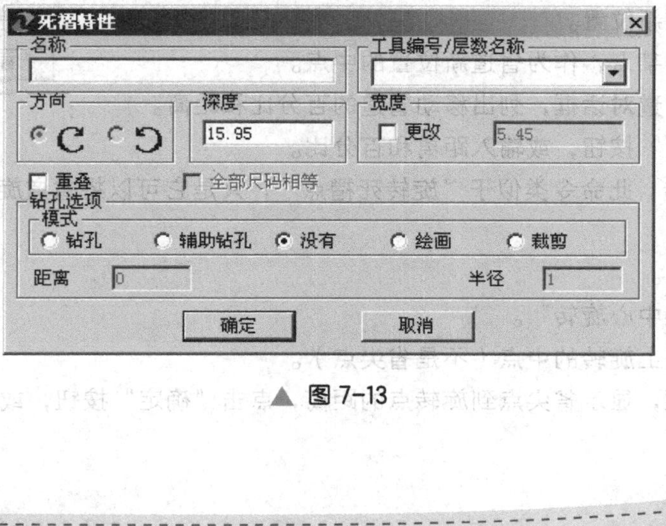

▲ 图 7-13

① 方向：在下面的方框里选择省道折叠方向，顺时针或逆时针。

② 重叠：选中此项，可激活上面的选项，则省道将按特殊的方向折叠。

③ 深度：此项可以查看当前省道的深度，也可为省道创建一个深度值。

④ 全部尺码相等：如果不希望省道与纸样一起放码，则选择此框。如果省道要与每个尺码一起放码，则不选择此框。

⑤ 钻孔选项：选择钻孔的模式。

⑥ 距离：输入钻孔到省尖的距离，如果想将钻孔添加到省尖下 0.5cm 的地方，则输入 0.5。

（3）省道转移。

- 选取省道工具。
- 在省道的中点，点击并按住鼠标左键。
- 沿纸样边缘拖动光标至新的位置，再次点击鼠标。
- 要转移部分省道至侧缝处，点击 1 号点并拖动光标至 2 号点处，在 2 号点再次点击鼠标，弹出移动鼠标对话框，若欲移动 50%的省道，则在“移动死褶”对话框中的百分比输入框内输入 50，如图 7-14 和图 7-15 所示。

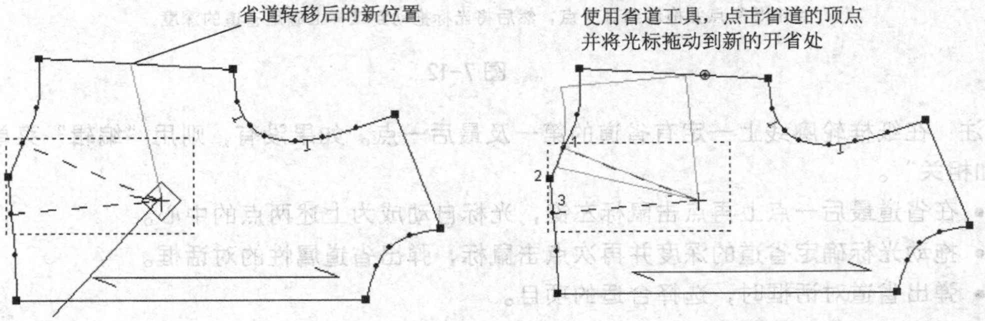

▲ 图 7-14

或者使用菜单命令【死褶】|【旋转死褶点】。

- 点击省尖点。
- 选择“旋转死褶点”，光标变成省道工具，并连接到省尖上。
- 拖动省道至新位置。
- 选择纸样上某点，作为省道新位置的中点。
- 弹出移动省道对话框，列出移动省道的百分比和距离。
- 点击“确定”按钮，或输入距离和百分比。

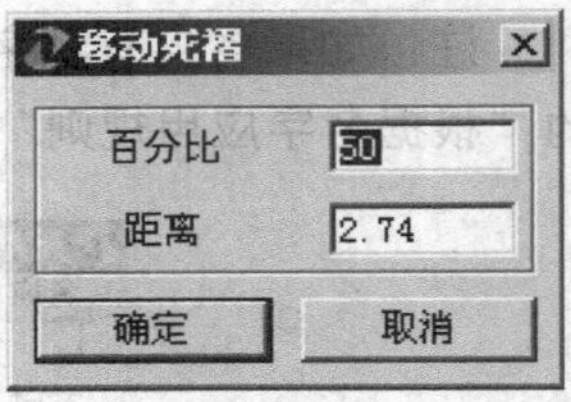

▲ 图 7-15

围绕中心旋转：此命令类似于“旋转死褶点”，只是它可以将省道旋转到另一点，而不是省尖点。

- 点击省尖点。
- 选择“围绕中心旋转”。
- 选择省道线上旋转的中点（不是省尖点）。
- 弹出对话框，显示省尖点到旋转点的距离，点击“确定”按钮，或输入相应值。

- 选择纸样上旋转中心点。
- 旋转至一定位置，点击鼠标。
- 弹出“移动省道对话框”显示省道移动的距离和百分比。
- 点击“确定”按钮，输入期望的距离和百分比。

（4）合并省道：如果两个省尖顶点相同，可以合并省道。此工具在省道被分为两个之后再合并时用，方法与上述的转移省道的方法相同。

（5）改变省尖的位置。

- 改变省尖的位置：选择省道工具并点击省尖，拖动工具至省尖的新位置，再次点击鼠标。
- 移动省道对话框弹出后，输入 X 值和 Y 值。
- 点击“确定”按钮，激活省尖的新位置。

13. 加容位

使用“加容位”工具增加纸样的展开量，用于立体口袋以及肘位和膝位的增量处理上。操作步骤如下。

- 选择此工具。
- 鼠标左键选取第一点的位置，纸样上的第一点位置就是需要加展开量的位置。
- 当“移动点”对话框被激活时，输入展开量的值。此步骤是选择性的，如果两个点的位置需要与纸样上其他点的位置固定，则这个步骤是必须的。
- 点击“确定”按钮。
- 展开量的对话框弹出时，输入值，可以是直线距离或是一个角度，如图 7-16 所示。

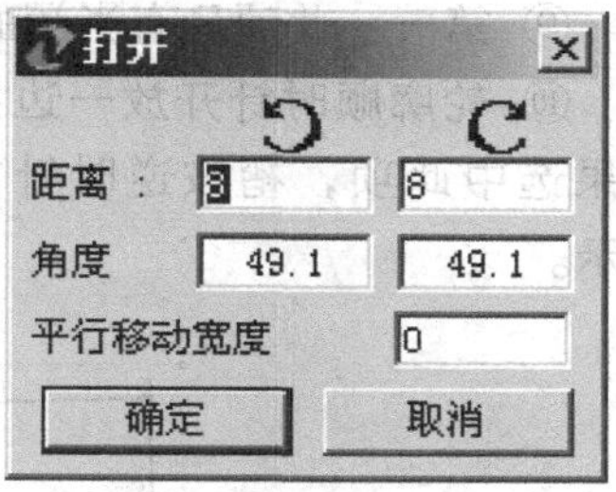

▲ 图 7-16

14. 生褶

“生褶”工具用于开刀型褶或盒型褶，褶的深度和数量可以在褶的对话框中确定。

如果褶的数量、深度和距离超出了纸样尺寸，则出现出错信息，显示输入开褶对话框的数值是错误的。

操作步骤如下。

- 选取“生褶”工具。
- 在开褶处点击鼠标。
- 弹出“移动点”对话框，点击 Enter 键确定移动点值和输入期望的值。
- 在开褶的最末点，点击鼠标，重复步骤 3。
- 当弹出“生褶特性”对话框时，输入相关值，如图 7-17 所示。
- 点击“确定”按钮。

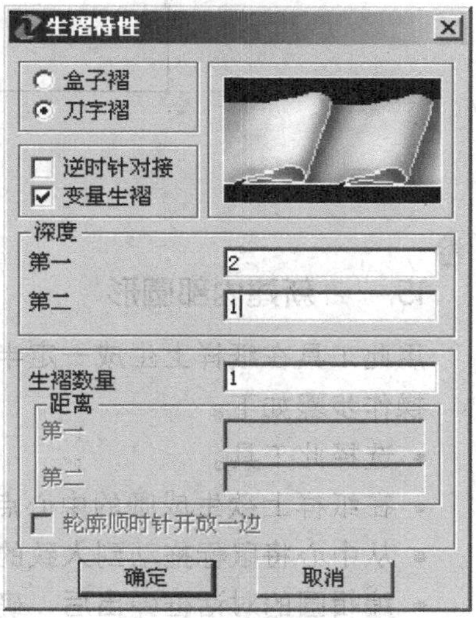

▲ 图 7-17

生褶特性对话框选项如下。

① 盒子褶：选择“褶对话框”创建盒型褶。此种褶有四个折，当选中此项时，右边的对话框会显示褶的形状。

② 刀子褶：选择“刀型褶”创建刀型褶。此种褶有两个折，当选中此项时，右边的对话框会显示褶的形状。

③ 顺时针对接：此选项只有选择刀型褶后才能被激活，它使刀型褶按照逆时针的方向折叠，如果不选择此项，则刀型褶按顺时针方向折叠。

④ 变量生褶：“变量褶”用于制作两头大小不同的褶。例如，变量褶的顶部的褶是 2，底部的褶是 4。如果此项不选，褶的上面和下面是平行的。

⑤ 深度：“深度”指褶的尺寸（一半的大小）。

⑥ 第一：只有当“变量褶”选取后，第一才能被激活，此项输入褶的第一条线的深度，第二条线的深度输入在上面的框里。当选取“变量褶”后，“深度”变为“第二”，让操作者输入褶的第二条线的深度。

⑦ 生褶数量：在框里输入褶的数量。

⑧ 距离：此项只有当褶的数量≥2 才能被激活。例如，纸样上有两个褶。

⑨ 第一：此项只有当褶的数量≥2 且“变量褶”被选中以后，才能被激活。

⑩ 轮廓顺时针开放一边：此命令控制褶生成后打开的方向（参考制作褶的第二步）。如果选中此项，褶按逆时针方向打开。如果不选此项，开褶方向为顺时针，如图 7-18 所示。

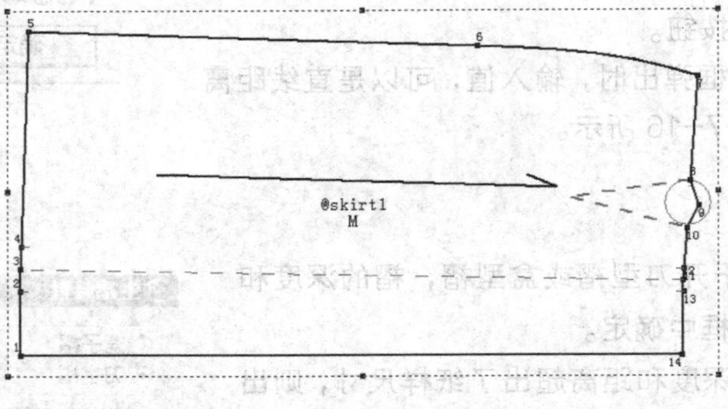

▲ 图 7-18

15. 新建内部圆形

用此工具在纸样上生成一定半径的圆，此圆可以复制。

操作步骤如下。

- 选择此工具。
- 在纸样上欲生成圆的中心点击鼠标，也可以在某已知点上再偏移，如图 7-19 所示。
- 从中心将鼠标拖动到大致的半径处，再点击鼠标。
- 编辑圆的对话框弹出后，确定半径的大小。

注：在“名称”输入框中输入新的名字，为圆命名。

注：如果圆有一个名字，在放码时，就可以直接用其来进行省道的放码，而不需要选择省道的顶点。

注：用该命令只可以在衣板内部创建圆，若想衣板外面创建圆的话，需在衣板内部创建，再用“移动内部”工具将圆移动到衣板的外面。

- 选项：复制圆，点击复制，并在复制对话框中输入必要的信息，如图 7-20 所示。

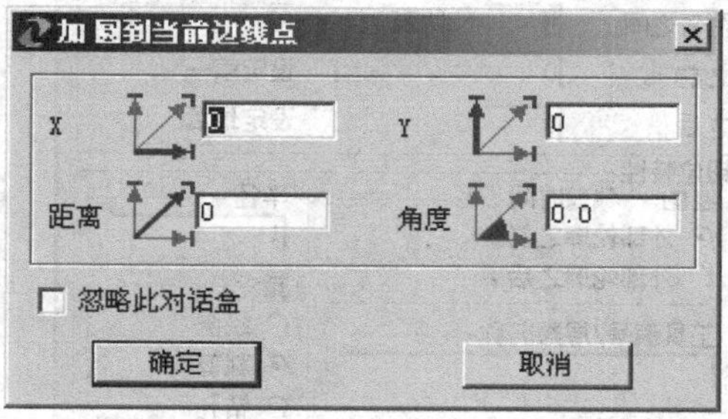

▲ 图 7-19

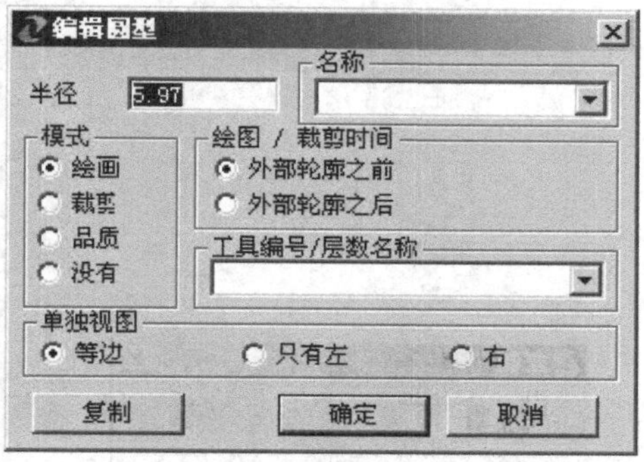

▲ 图 7-20

- 点击“确定”按钮。

16. 钮位

使用此工具生成钮位。钮位也通常用于在条格面料上做标记。使用复制可以很快地制作钮位而不必一个个地制作。此工具还用于在制作口袋时做钻孔记号。

钮位可以放码，或作为重叠点。

操作步骤如下。

- 选择钮位工具。
- 在创建钮位处点击鼠标。如果鼠标点在现有点上，会弹出添加相对点对话框，可以确定离开现有点的特定距离。如果鼠标点在空白处，则弹出按钮属性对话框。
- 当“钮位特性”对话框弹出以后，选择按钮的类型和切割选项，如图 7-21 所示。
- 选项：欲复制按钮，点击“复制”按钮，然后在“复制”对话框里输入必要的信息，如图 7-22 所示。
- 点击“确定”按钮。

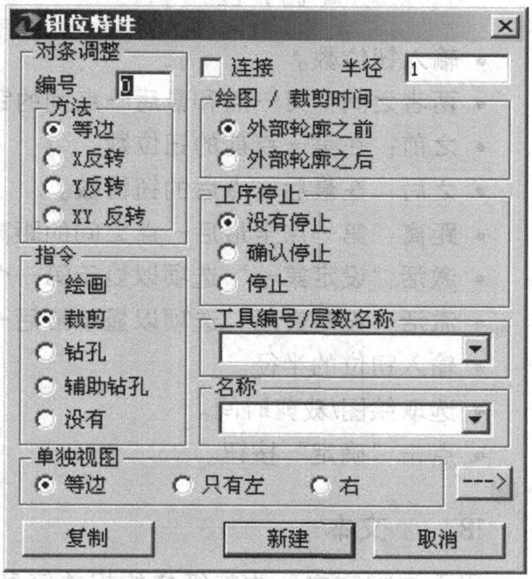

▲ 图 7-21

17. 等距钮位

此命令用于在相等的距离上添加钮位，以及确定空间中的等分点的位置。

• 选取此工具。

• 如果钮位需要与另一钮位相关联，则光标放在另一钮位点上。如果不是，则光标放在需要创建钮位的地方用鼠标点击。

• 拖动鼠标至钮位结束处，点击鼠标。

• 弹出“设定钮位相等距离”对话框，如图 7-23 所示。

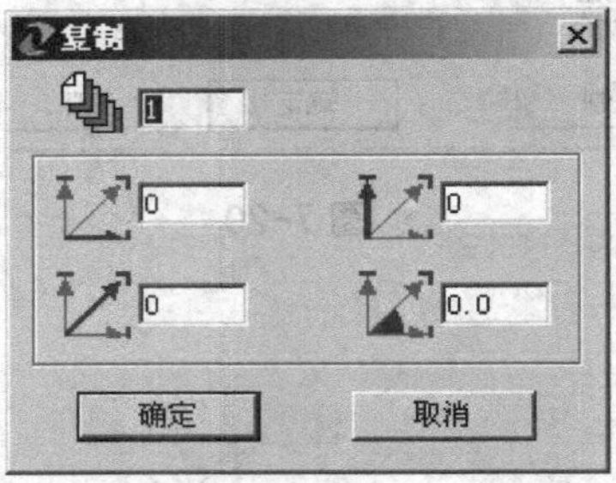

▲ 图 7-22

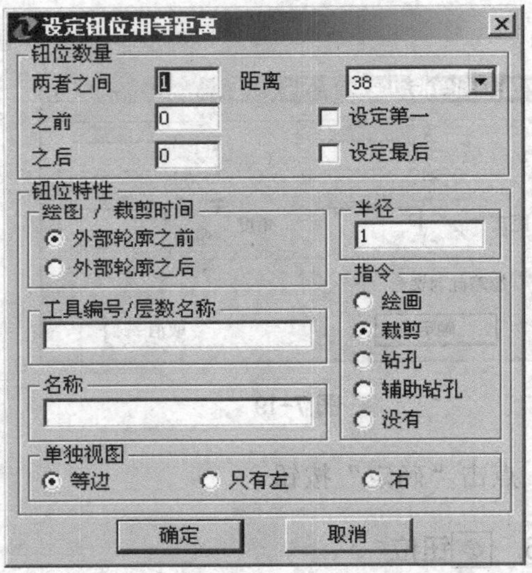

▲ 图 7-23

• 输入钮位数。

• 两者之间：第一点和最后一点间的钮位数。

• 之前：在第一点前的钮位数。

• 之后：在最后一点后的钮位数。

• 距离：第一点至最后一点之间的距离。

• 激活“设定第一”选项以显示第一个钮位。

• 激活“设定最后”选项以显示最后一个钮位。

• 输入钮位的半径。

• 选取绘图/裁剪时间。

• 点击“确定”按钮。

18. 文本

用于添加文本，添加纸样的相关信息以辅助切割程序，这些文本信息可以在 PDS 或 Mark 里打印出来。

纸样的一些基本信息，如：名称、款式名称、编码、简述、尺寸和序号等不需要使用文本工具，可直接在“纸样资料”对话框里记录。

操作步骤如下。

• 点击“文本”工具，光标由箭头变成文本形式。

• 将光标移动到纸样某一位置，单击鼠标。

- 弹出“编辑文字特性”对话框，输入相应的信息，如图 7-24 所示。
- 点击确定按钮，可以看见相应的文字。

（1）更改或删除文本。

- 选择文本工具。
- 点击并选取将更改或删除的文字。
- 弹出“文本属性”对话框后，更改文字或删除多余文字。
- 点击“确定”按钮。

（2）改变文本或注解的位置。

- 选择文本工具。
- 点击到欲改变的文本上，并拖动到新的位置，放下光标。

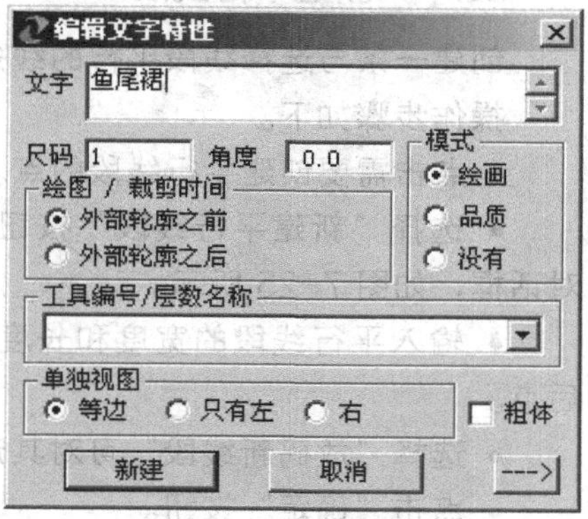

▲ 图 7-24

- 移动光标时，弹出“纸样位置”对话框，此对话框只有在移动纸样注解资料时才弹出，“默认”位置则将注解放在这一默认的位置。

19. 创建褶线

褶线用于两点间的特殊的虚线，它是与末端点连接的线段，如果移动这些点，褶线也会随之移动。

操作步骤如下。

- 选择创建褶线工具，选取两点：先点击第一点，按住 Shift 键并点击第二点。
- 选择创建褶线工具，点击第一点，拖动光标至第二点，点击鼠标左键。要移动褶线，可以选择两点中任一点，并从褶线命令中选择“移动”或用鼠标箭头选择“创建褶线工具”，再使用键盘上的 Delete 键。当光标靠近任意内部物件时，欲选中的物件变成红色。

20. 弧形

在衣板上添加弧形样块，取代原线段。

操作步骤如下。

- 选择此工具。
- 顺时针选择需要修改的两点。
- 输入内部点数量及半径。
- 点击“确定”按钮。

21. 波浪形

用于制作上下波动相同的对应弧线，并取代该位置原有的线条。

操作步骤如下。

- 选择此工具。
- 顺时针选择需要修改的两点。
- 按住 Shift 键进行平行调左右位置。
- 确定弧线点数。

22. 新建平行线段

创建一条与选择线段平行的线条。

操作步骤如下。

• 点击需要创建平行线段的点。

• 选择“新建平行线段”按钮，弹出“新建平行线段”对话框，如图7-25所示。

• 输入平行线段的宽度和长度，可延伸第一点和延长最后点。

• 选择“放码新线段”可对其进行放码。

• 点击“确定”按钮。

注：输入正值，平行线在内部；输入负值，平行线在外部。

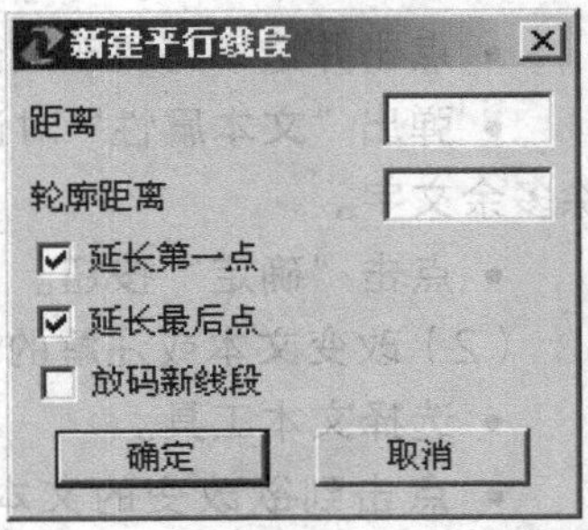

▲ 图7-25

23. 平行延长

操作步骤如下。

• 点击并拖动光标选定线段。

• 选择“平行延长”按钮。

• 输入值：“延长数”指延长的线段与原线段之间的距离。

• 点击“确定”按钮。

三、系统工具栏

编辑工具栏里的工具用于重设纸样，如纸样的镜像、旋转操作，也可以使用移动点工具编辑纸样的轮廓，如图7-26所示。

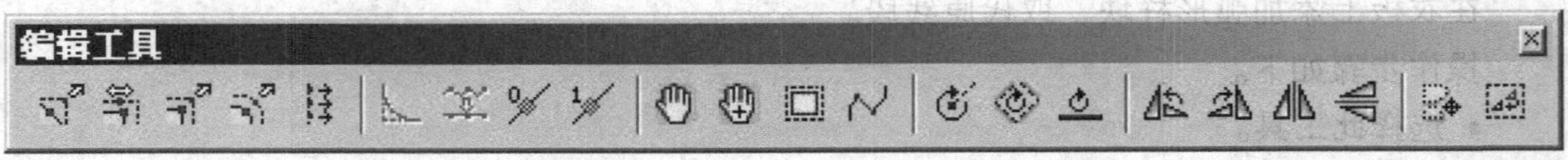

▲ 图7-26

1. 移动点

用于衣板的点的移动编辑，从而实现对衣板形状的改变。

操作步骤如下。

• 选取“移动点”工具。

• 点击欲移动的点，此点就附着在光标上。

• 将点放置在希望的位置，单击鼠标，弹出“移动点”对话框和新点的坐标，如图7-27所示。

• 选项：输入特定的坐标值。

• 点击“确定”按钮。

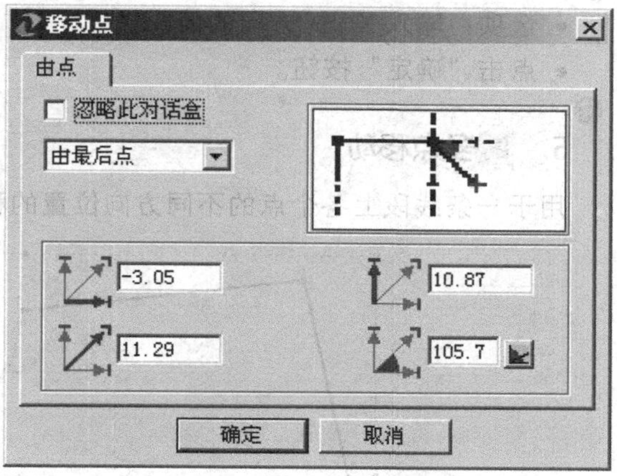

▲ 图 7-27

2. 沿着移动

使移动点按照衣板的原轮廓线进行移动，输入需要移动的数值，不改变原轮廓线迹的方向，其中负值为逆时针方向，正值为顺时针方向。

3. 按比例移动

选取此工具，使两放码点线段按比例移动，例如用于增加腋下省的空间等。

操作步骤如下。

• 选取“按比例移动”工具。
• 点击需要按比例移动的线段的任何一点。
• 移动点到希望的位置，点击鼠标，弹出“按比例移动内部”对话框，如图 7-28 所示。
• 选项：输入希望的坐标值。
• 点击“确定”按钮。

注：非放码点间的线段也可以按比例放码，但是，放码后的效果是不同的。放码点的功能相当于按放码线段的铆定点。

4. 平行移动

用于移动纸样上的线段，可用于延长纸样的一侧，例如添加前中的贴边。

操作步骤如下。

• 选择“平行移动”工具。
• 点击移动的点并按顺时针方向拖动光标。

注：选中点以后，选取“编辑”菜单的“移动点”命令就可以移动选中的一组点。

• 点击选中的点，移动线段到希望的位置。
• 点击鼠标左键，弹出“移动内部平行”对话框，如图 7-29 所示。

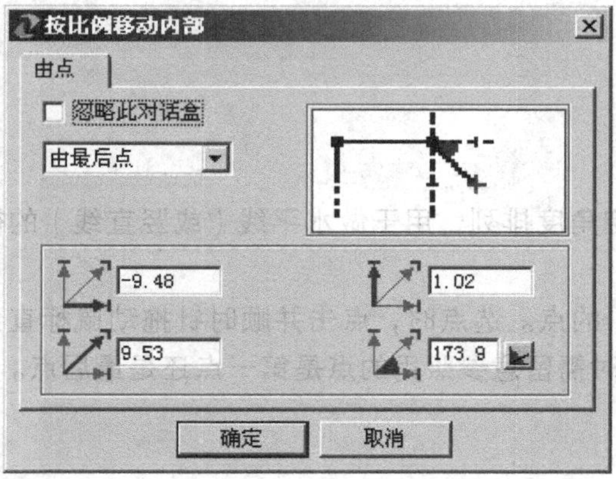

▲ 图 7-28

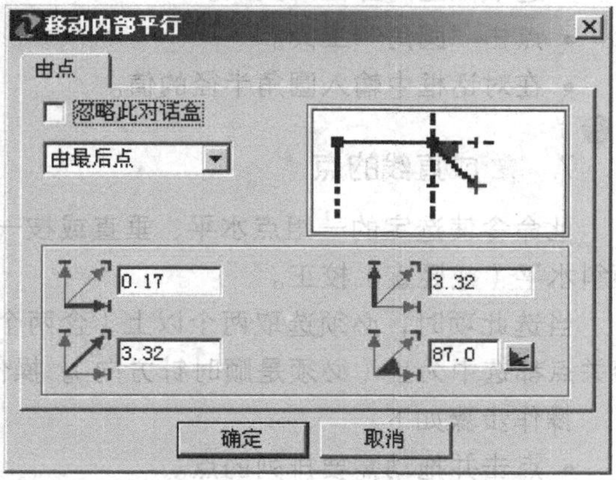

▲ 图 7-29

- 选项：输入 X、Y 方向的值。
- 点击“确定”按钮。

5. 多点移动

用于一条线段上各个点的不同方向位置的移动，如图 7-30 所示。

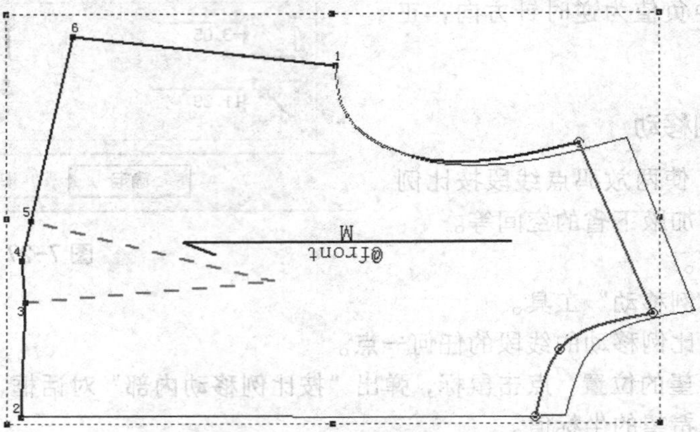

▲ 图 7-30

操作步骤如下。

- 选择此工具。
- 顺时针选择需要修改的一条线段。
- 选择其中需要修改的一个点进行移动。
- 在“移动点”对话框里进行编辑调整，输入需要修改的数据。
- 点击“确定”按钮。

6. 圆角

此工具用于创建线段的弧形交点，如下摆的圆角、袖克夫和口袋等的圆角处理。

操作步骤如下。

- 选取做圆角部位的交点。
- 点击“圆角”工具。
- 在对话框中输入圆角半径的值。

7. 成直线的点

此命令使选定的一组点水平、垂直或按一定角度排列，用于做水平线（或竖直线）的微倾斜水平（或竖直）校正。

当选此项时，必须选取两个以上（含两个）的点。选点时，点击并顺时针拖动鼠标直到相关点都选中为止（必须是顺时针方向）。操作时需留意参照用的点是第一点还是最后点。

操作步骤如下。

- 点击并拖动需要排列的点。
- 点击该工具按钮。

• 弹出“对齐点”对话框弹出，选择排列模式：水平、垂直或用角度，选择以哪点为标准进行对齐，如图 7-31 所示。

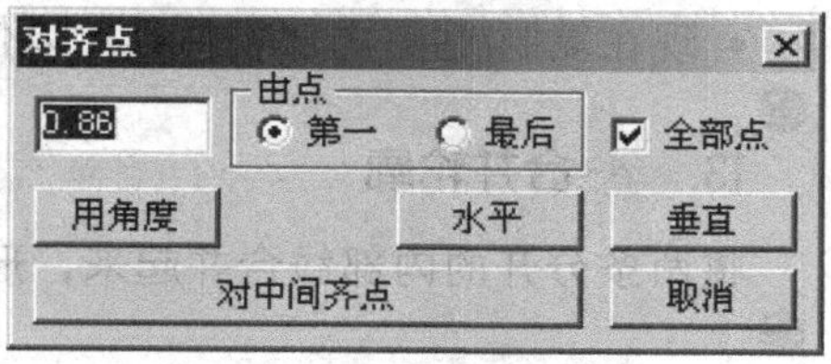

图 7-31

8. 放置点

用于改变纸样的起始测量点。此功能在用鼠标编辑点时非常实用，因为它会显示移动光标的位置。

操作步骤如下。

• 选择一点，作为新起始点。

• 点击该工具按钮。

9. 开始点

此命令用于确认某一放码点为起始点。

注：在使用所有点放码规则时，点的编码非常重要。

操作步骤如下。

• 选取一点，作为纸样的第一点。

• 点击该工具按钮。

• 选取的点即成为起始点。

10. 移动

此工具类似一只手，用于在工作区域内移动纸样。

操作步骤如下。

• 选取此工具。

• 点击欲移动的纸样，纸样即可随光标移动到任何位置。

• 放置纸样至希望的位置。

• 点击鼠标，使纸样确定在新的位置。

注：点击欲移动的纸样，然后按空格键，光标变为手型，纸样就可以移动到需要的位置。

11. 移动内部

此命令用于移动衣板的内部物件，如线条、钮位、圆或文本等。

操作步骤如下。

• 选取此工具。

• 点击欲移动的内部物件，物件即可随光标移动到其他位置。

• 放置物件至希望的位置。

• 点击鼠标，使物件放到在新的位置。

注：用 Shift+移动内部工具也可以复制内部物件至任意位置。

12. 矩形选框

用于一次选取几个内部附件（包括布纹线）。

• 选取纸样。

- 选取“矩形选框”工具。
- 按住鼠标并拖动光标确定矩形选框的尺寸。
- 现在复制/粘贴内部物件则可以使用。

13. 合并轮廓

将两条分开的内部线合并起来，形成一个完整的个体单位。

14. 旋转线段

沿一中心点旋转线段，此中心点可在纸样上任意位置。

操作步骤如下。

- 选取此工具。
- 在需放置中心点的位置点击鼠标，出现一个“+”字显示其位置。
- 点击并顺时针拖动光标，选取需旋转的线段。
- 点击需要确定距离或角度的一点并拖动到需要的位置，线段即可绕中心点旋转。
- 点击鼠标左键，确定旋转线段的位置（输入具体的值或直接点击“确定”按钮）。

旋转角度对话框，如下所述。

- 选项：输入角度或距离的值，如图 7-32、图 7-33 所示。
- 点击“确定”按钮。

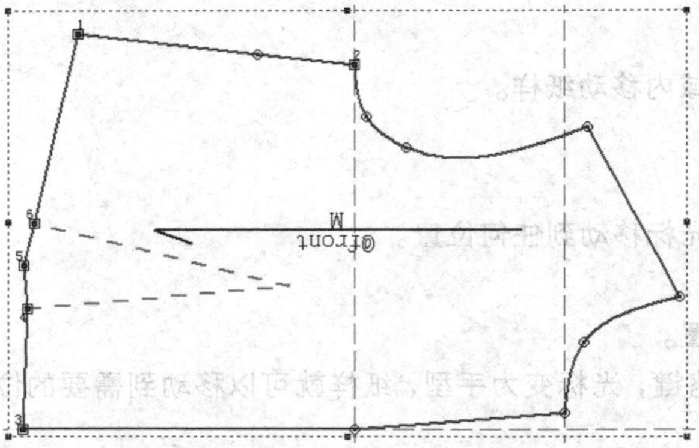

▲ 图 7-32

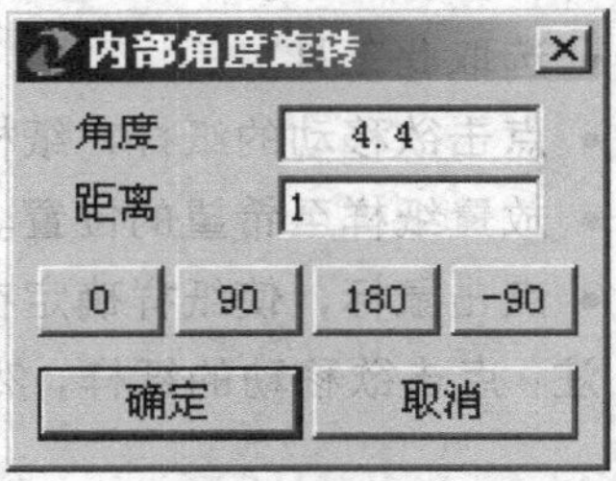

▲ 图 7-33

15. 旋转纸样/轮廓

沿一中心点旋转纸样。

操作步骤如下。

- 用箭头光标选取点，然后选取“旋转纸样/轮廓”工具以确立一旋转中心；或仅仅选取“旋转纸样/轮廓”工具使纸样绕其中心旋转。
- 通过光标即可控制纸样。旋转纸样至需要处，点击鼠标。
- 弹出“旋转内部角度”对话框后，点击确定按钮默认此角度，或输入特殊的角度值。

16. 旋转水平

使布纹线与选定的内部线条平行。

操作步骤如下。

- 选择内部线条的两点。
- 选择此工具。
- 布纹线就会与选定的线条平行。

17. 旋转逆时针方向

使纸样按照顺时针方向旋转 90°。

18. 旋转顺时针方向

使纸样按照逆时针方向旋转 90°。

19. 翻转水平

使纸样绕 Y 轴翻转。

20. 翻转垂直

使纸样绕 X 轴翻转。

21. 多个移动

框选衣板的内部附件或轮廓上的点进行精确位置的调整移动。这是最常用的工具之一，常用于将一个点或几个点按所需数值移动一定距离。例如，对领深领宽的加深加宽处理即可以用此命令很快完成。

22. 复制内部

选择内部物件复制移动到另外的衣板上。

四、修改工具栏

此工具栏用于根据布纹线修改纸样或内部附件，其图标如图 7-34 所示。

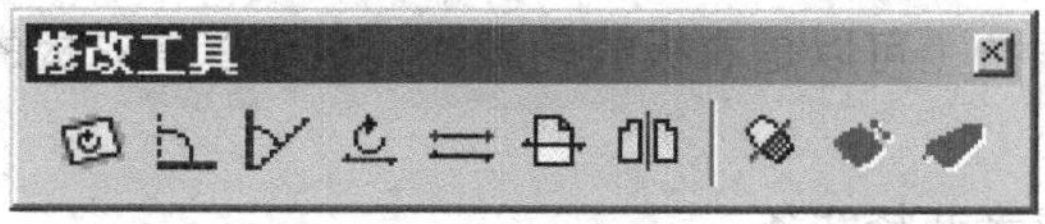

▲ 图 7-34

1. 旋转

用于旋转纸样、内部附件及布纹线。

操作步骤如下。

- 选择要旋转处理的纸样。

• 选中该工具，弹出“旋转纸样或内部附件”对话框，选取相应选项（选择纸样、内部附件或纸样布纹线），如图 7-35 所示。

• 输入需要旋转的值。

• 选取旋转的方向，向左旋转或向右旋转。

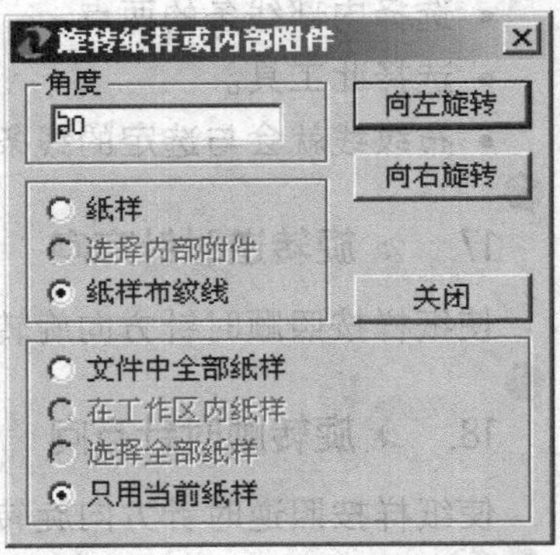

▲ 图 7-35

2. 旋转至水平

将样板按选定线段旋转至水平状态。

操作步骤如下。

• 选择一条线段。

• 选择此工具。

• 样板将按照所选的线段旋转至水平状态。

3. 旋转至垂直

将样板按选定线段旋转至垂直状态。

操作步骤如下。

• 选择一条线段。

• 选择此工具。

• 确保所有的物件都不是一组。

• 选取“旋转到布纹线”。

• 纸样回到其原来的位置，所有内部附件沿纸样旋转。此命令也可设置当前的布纹线为水平方向。布纹线与外部轮廓的比例保持一定。

4. 旋转布纹线

此命令用于旋转纸样至其原来的位置。

5. 布纹线与所选线段平行

使布纹线与选定的线条（可以是衣板的轮廓线，也可以是衣板的内部线条）平行。

操作步骤如下。

• 选择线条的两点或者选择线条。

• 选择此工具。

• 布纹线就会与选定的线条平行。

当选取纸样轮廓线条时，选择的顺序会影响布纹线的方向。如果使用此命令后，布纹线在纸样的外面，则使用“创建新的布纹线”使其移动到纸样内部。

6. 新布纹线

有时，在使用切割工具、旋转布纹线命令后，布纹线会落在纸样外，此命令用于编辑布纹线，使其处于恰当位置。

如果布纹线不是描板描入的，或者两个纸样奇怪地黏合在一起，此命令就非常有用，它把布纹线放在纸样的中心。

操作步骤如下。

- 选择此工具。
- 布纹线重置于纸样的中心位置。

7. 镜像

创建一片与所选纸样完全对称的新纸样。

操作步骤如下。

- 点击一点，然后顺时针拖动光标，选取另一连续的点。
- 选择镜像工具。
- 新的与所选点对称的纸样生成。

8. 设定对接

设定所选线段做对接纸样，只对开始点和最终点相对接（在对接的纸样上可做扣子等符号，有镜面效果）。

9. 打开对接

更改对接纸样，把对接纸样变成一个单独样。可做不对称修改。

- 样板将按照所选的线段旋转至垂直状态。

10. 关闭对接

将所选纸样还原。

五、死褶工具栏

死褶即是省道，该工具栏用于创建、拷贝、粘贴和固定省道，如图 7–36 所示。

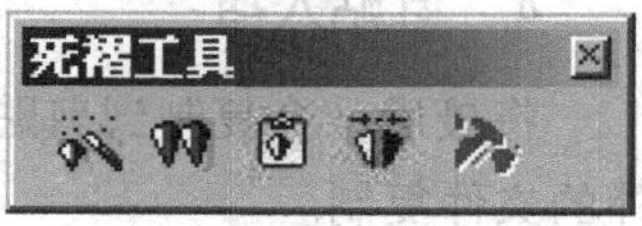

▲ 图 7–36

1. 新建死褶

用于创建省道。

操作步骤如下。

- 选取创建省道的两点。
- 弹出省道“死褶特性”属性对话框，如图 7–37 所示。
- 选择合适的选项。
- 点击“确定”按钮。

2. 多个死褶

在一条线段上同时创建多个省道，用于创建细褶（碎褶）等。

操作步骤如下。

- 点击欲添加省道的线段的第一点，并拖动到第二点。
- 选择此工具。
- 弹出“打开多个死褶”对话框，如图 7-38 所示。

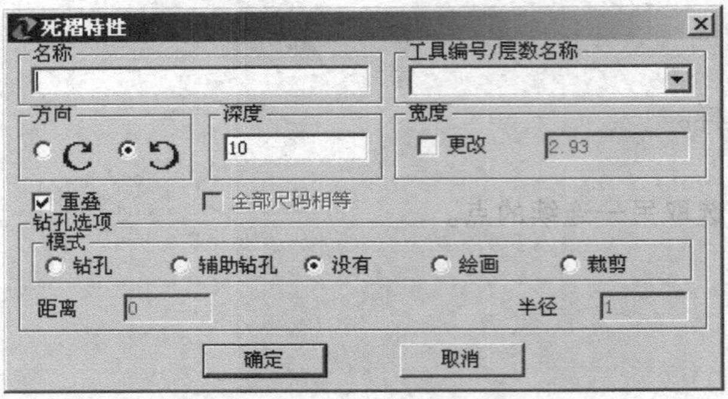

▲ 图 7-37

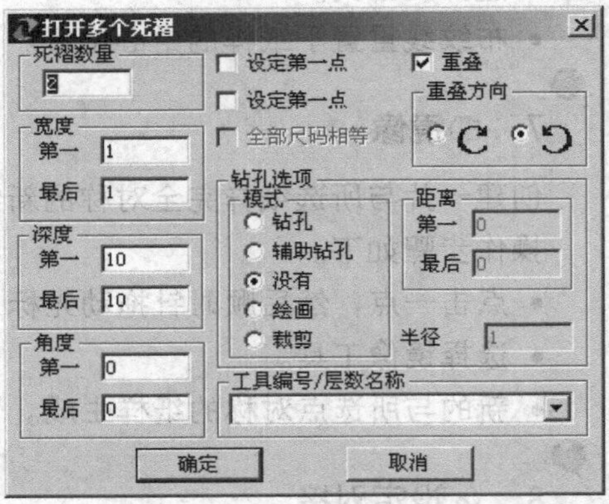

▲ 图 7-38

- 输入相应的参数并点击“确定”按钮。
- 生成省道，如果是两个以上的省道，则他们可以平均地分配在这两点间。

3. 复制死褶

用于将省道复制到剪贴板，然后用粘贴工具粘贴到同样的 DSN 文件或不同的 DSN 文件。复制好的省道可继续使用，直到被另外的文件复制。

操作步骤如下。

- 点击省尖以选定省道。
- 选择此工具。
- 点击欲生成省道的中点。
- 选择“粘贴省道”，则省道被粘贴到文件中。

4. 贴入褶

将最后一个复制到剪贴板上的文件粘贴到文件中，复制好的省道可继续使用，直到被另外的文件复制。

操作步骤如下。

- 从省道菜单里选择一定的工具用来剪切或复制省道。
- 打开欲粘贴省道处。
- 选择此工具，则选取的省道被粘贴到纸样上。

5. 关闭死褶

关闭选定的省道。

操作步骤如下。

- 选取省道的顶点。
- 选取此工具，则省道关闭，纸样结构发生改变。
- 想重新打开省道，选择撤销工具。

6. 修正死褶

通过改变省道的顶点来改变省道。

操作步骤如下。

- 选取“死褶”工具。
- 用鼠标左键单击所要修改的省道的省尖。
- 弹出“固定死褶”对话框，一般情况下使用第四种方式对省道进行修改，已经修改过的省道不可以再次修改，如图 7-39 所示。

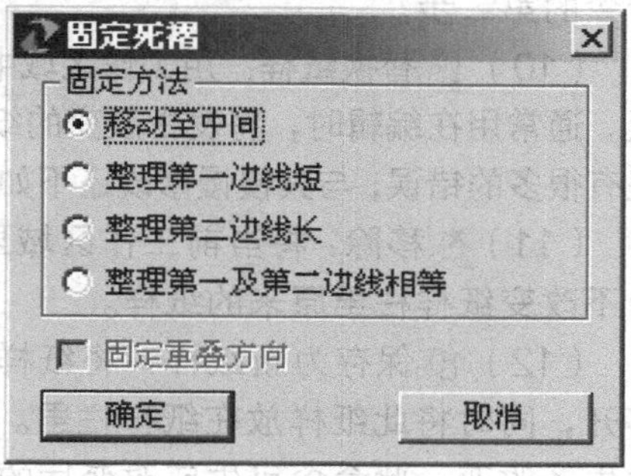

▲ 图 7-39

移动至中间——将省尖点移动到省道中心。

整理第一条边短——使省道的第一条边变长，与另一条边长度相等。

整理第二条边长——使省道的第二条边变长，与另一条边长度相等。

整理第一及第二边线相等——移动省尖点，使省道长度为两条边的平均值。

六、其他工具栏

1. 一般工具栏

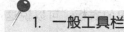

主要是一些常用的编辑修改工具，有放大、缩小、重做、切割和粘贴等，如图 7-40 所示。

▲ 图 7-40

（1）放大：放大选定区域。

操作步骤如下。

- 选取此工具。
- 点击并拖动选取需要放大的区域。

（2）缩小：用于缩小整个区域。连续点击此工具，直到纸样缩小至所需的大小。

（3）全图观看：使所有纸样以可能的最大比例显示在工作区域。

（4）放大至真实比例：将工作区内的衣片放大到 1：1 的大小。

（5）复原：撤销最近的操作，可以连续撤销 20 次。

（6）再重：更改所有撤销的操作。

（7）剪切：用于从文件中剪切纸样，剪切下的纸样放置在剪贴板上，直到被另外的文件所取代。此工具经常用于从一个现有的款式中剪切一个纸样，然后粘贴到另外的款式文件中。

（8）复制：复制纸样。复制的纸样放置在剪贴板上，直到被另外的文件所取代。此工具经常用于从一个现有的款式中复制一个纸样，然后粘贴到另外的款式文件中。

（9）粘贴：将剪贴板上的文件粘贴到另一个文件。此命令也用于“复制”或“剪切”命令的第二步。

（10）替换纸样：用工作区域中的纸样取代纸样栏里原来的纸样，变化的是工作区里的衣板。通常用在编辑时，将发生改变的纸样与原来的纸样做比较。用于一片衣片在做的过程中如发现有很多的错误，与其慢慢修改还不如从头开始重做。

（11）移除：将当前工作区域里的纸样移走，而不改变纸样栏里原来的纸样。

（12）保存为新纸样：将纸样从工作区域里移开，同时将此纸样放在纸样栏里。如果此纸样在发生了改变，此命令可生成改变后的纸样。

运用“制作新纸样”的命令后，后片从工作区域里清除，被放置在纸样工具栏里，修改后的纸样也在工具栏里。

（13）更换旧有：用工作区域里现有纸样取代纸样栏里的原有纸样。此命令可以清除工作区域里的所选纸样，并用修改过的纸样更新原有纸样。可保留修改过的纸样，如图 7-41 所示。

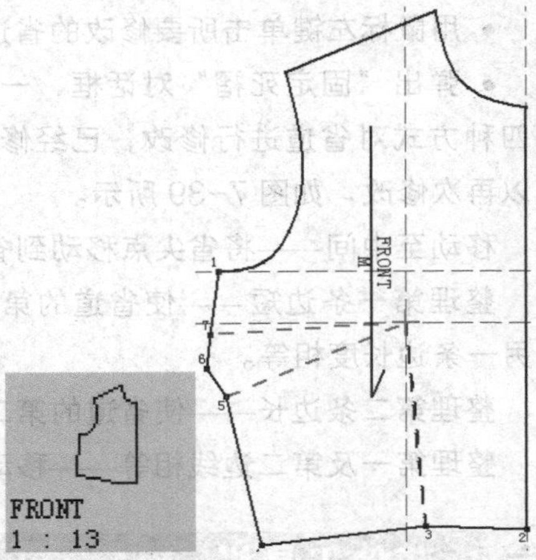

▲ 图 7-41

（14）更新：用工作区域里现有纸样直接取代纸样栏里的原有纸样，工作区域的纸样不产生变化，变化的是纸样栏里的衣板。可以说这是与“替换纸样”的命令相反的命令。

（15）分开：以更换旧状态的形式将工作区域里现有纸样取代纸样栏里的原有纸样，功能等同 F9 键。

2. 视图工具栏

视图工具栏里包含 PDS 里的许多高级的特征工具，有定制工具栏、面料特征等工具，如图 7-42 所示。

▲ 图 7-42

包含显示或隐藏纸样栏、显示隐藏放码表、显示或隐藏放码规则表、显示或隐藏比较长度表、显示或隐藏计算器、显示或隐藏模特效果图、显示或隐藏缝制对应效果、显示或隐藏模特调配数据表、显示或隐藏标尺、显示或隐藏布料图案（可隐藏选定的面料的图案）、显示布料图案（在整个工作区域上显示选定的面料图案）、剪切布料图案（只显示工作区域中选定纸样的面料）和显示控制点（显示或隐藏纸样上的控制点，隐藏后纸样会显得更干净）。

3. 尺寸工具栏

提供各种测量尺寸的工具。

（1）水平尺寸：测量两点之间的水平距离。此距离可用于任何尺寸的表达式里。如："Side_Seam+1"表示"侧缝尺寸＋1"cm。这些点需属于同一图案，且都在外部轮廓上。

操作步骤如下。

- 选取此工具，点击第一点，然后点击第二点（顺序可随意）。
- 拖动鼠标到需要测量处再单击。
- 弹出"编辑尺寸"工具栏。
- 输入适当的表达式。
- 点击"确定"按钮，新的规则可显示在屏幕上。

（2）垂直尺寸：测量两点之间的垂直水平距离，此距离可用于任何尺寸的表达式里。如："BACK_SHOULDER/2+1"表示"袖长/2＋1"cm。这些点需属于同一图案，且都在外部轮廓上。

操作步骤如下。

- 选取此工具，点击第一点，然后点击第二点（顺序可随意）。
- 拖动鼠标到需要测量处再单击。
- 弹出"编辑尺寸"工具栏。
- 输入适当的表达式。
- 点击"确定"按钮，新的规则可显示在屏幕上。

（3）对角线尺寸：测量两点之间的对角线距离。此距离可用于任何尺寸的表达式里。如：SHOULDER/2 表示袖长的一半。这些点需属于同一图案，且都在外部轮廓上。

操作步骤如下。

- 选取此工具。
- 点击第一点，然后点击最后一点。
- 拖动鼠标至需要显示尺寸处，再此点击鼠标。
- 弹出"编辑尺寸"工具栏。
- 输入适当的表达式。
- 点击"确定"按钮，新的规则可显示在屏幕上。

（4）弧线尺寸：测量两点之间的弧线距离。此距离可用于任何尺寸的表达式里。如："ARMHOLE＋½"表示"袖窿+½"cm，这些点需属于同一图案，且都在外部轮廓上。

操作步骤如下。

- 选取此工具。
- 点击第一点，然后点击最后一点。
- 拖动鼠标至需要显示尺寸处，再次此点击鼠标。
- 弹出"编辑尺寸"工具栏。
- 输入适当的表达式。
- 点击"确定"按钮，新的规则可显示在屏幕上。

4. 辅助工具栏

辅助工具栏包含主要用于控制纸样和线条的工具，如图 7-43 所示。

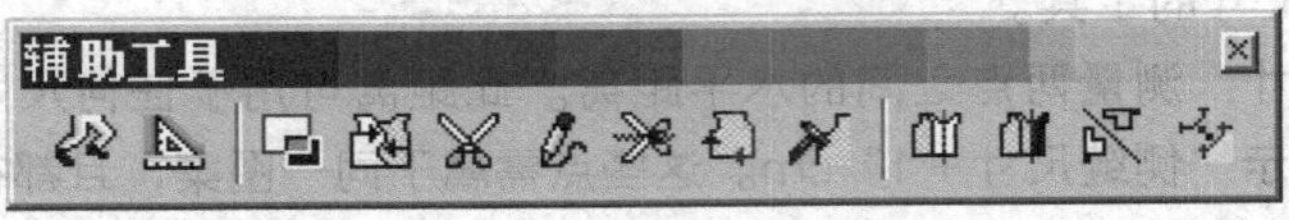

▲ 图 7-43

（1）行走：行走工具用于两个纸样之间行走，判别要缝合在一起的净缝的长是否正确。通常来说，要缝合在一起的衣片缝合边的长度是相等的，如衣板前后衣片的侧缝线、裤子前后片侧缝和内裆缝等。如果纸样上有褶裥、省道等，在缝合时，去除省道、褶裥上的宽松度，缝份仍是一样长。此外，此命令还常常用于设置衣片的对位，如袖山与袖窿的配伍。

操作步骤如下。

- 确定要做行走操作的两片纸样。
- 点击该按钮。
- 选择移动纸样的放码点，并将其放在静止纸样的相应放码点上，如图 7-44 所示。

注：如果这两个放码点不是精确地重叠在一起，行走工具就不能使用。

- 将图标靠近缝份（移动纸样或静止纸样），沿行走方向，纸样就根据光标的位置行走、旋转。
- 继续第三步直到线段的最后一点。

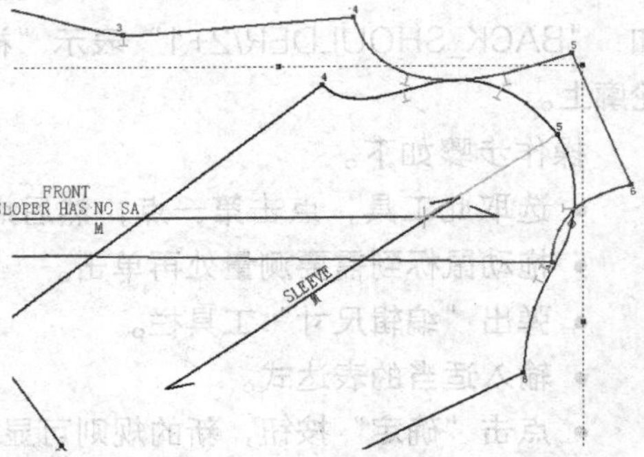

▲ 图 7-44

① 设定行走：设置行走的一些参数，也可在此查看行走的距离。

② 比率：比率可自动加上欲行走的缝份里的宽松度，它是加在移动纸样上的，如果加入 30%，移动纸样比静止纸样多出 30%。

③ 方向：行走的方向，顺时针或逆时针。

④ 跳离死褶：行走时不考虑省道。

⑤ 移动：移动缝份的总的距离。

⑥ 固定：固定缝份的总的距离。

⑦ 支持牙口种类：选择添加牙口的种类。

⑧ 切换方向（F11）：改变行走从内到外的方向。

⑨ 行走模式：执行行走工具。

⑩ 相边牙口（F12）：在移动缝份和静止缝份上添加牙口。

固定牙口：在静止缝份上添加牙口。

移动牙口：在移动缝份上添加牙口。

（2）测量距离：用于测量距离，显示有直线距离、曲线距离、两点的相对坐标以及两点连线的角度等信息。

操作步骤如下。

- 选取此工具。

- 点击需要测量线段的起点。
- 移动光标到终点。
- 弹出“所有尺寸”对话框，并显示尺寸。
- 点击“确定”按钮。

（3）复制纸样：此工具沿纸样的重叠线条刻画纸样，并生成新纸样。

操作步骤如下。

- 移动纸样，使纸样交叠。
- 选择此工具。
- 光标点击任意点，则整个纸样呈红色突出。
- 在第二个纸样上，沿交叉线顺时针刻画纸样，软件从原来纸样的交叉点处生成新的纸样。
- 所有的线段刻画完以后，在工作区域空白处点击鼠标。
- 新建纸样显示在纸样栏中（注意查看纸样栏中的变化）。
- 将新生成的纸样从交叉区域移出来，如图 7-45 所示。

（4）连接纸样：使两个不同的纸样沿一条线段合并在一起。如果两个纸样的长度和角相同，可以合并得很完美；如果线段不平行，也可以合并，但是连接处不够圆顺，可以对新纸样上的连接点进行编辑，多次剪切、合并纸样。

操作步骤如下。

- 选择此工具。
- 在靠近连线处点击纸样内部。
- 拖动光标至另一纸样（跨过连线），如图 7-46 所示。

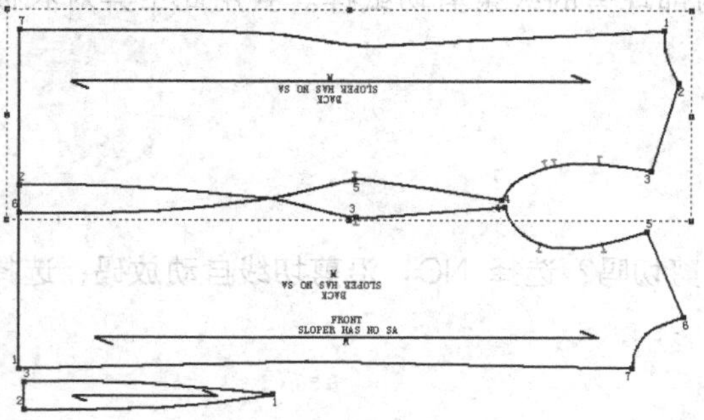

▲ 图 7-45

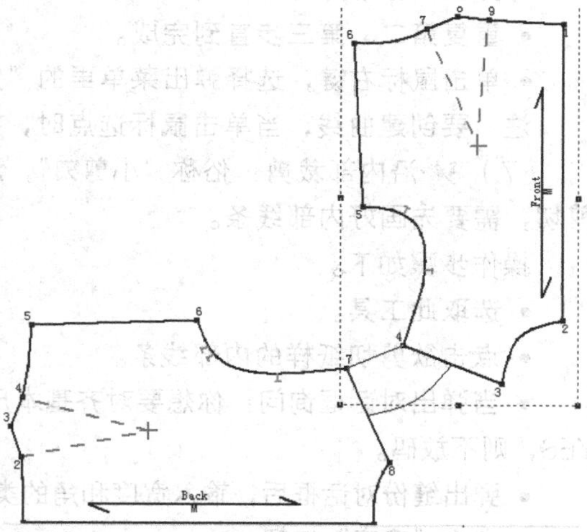

▲ 图 7-46

- 再次点击鼠标。

连接纸样对话框：若要使纸样合并为一个纸样，则不选择“只移动纸样”选项。

注：如果两个纸样合并线段的长度不同，点击的方向就很重要。先点击的纸样固定不动，第二个纸样会向第一个纸样移动。

删除缝份：删除合并的纸样之间的线条，成为一个完整的纸样。

只移动纸样：将两个纸样连接在一起，而不需要删除缝份，每个纸样还是独立的。

（5）剪裁：俗称“大剪刀”。用此命令先在纸样上画一条线，然后沿所画线条分开纸样，变成两片衣板。此线段可以是连接两点间的一条直线段，也可以是有多个点的曲线段。PDS 可以沿此线段自动放码，不必重新计算放码值设置放码了。

操作步骤如下。

- 选取此工具。
- 在纸样轮廓需剪切纸样处点击鼠标。
- 弹出移动对话框，输入第一点位置的值，或点击“确定”按钮。
- 在需剪切的另一点处点击鼠标。重复第三步和第四步直到剪切线到达纸样另一边。
- 当弹出对话框询问：你想要对齐基本尺码剪切吗？选择 NO，沿剪切线自动放码；选择 YES，则不放码。
- 弹出缝份对话框后，输入宽度和角的类型。
- 点击“确定”按钮。

注：如果要创建曲线，按住“Shift” 键然后点击鼠标选点；如果要沿一个角剪切纸样，则点击第一个点后再使用“F2”键。

（6）草图：用于绘制衣板的内部线条。若想绘制衣板外部的线条则应先在衣板内部绘制，再用移动内部工具将其移动到衣板外面。

操作步骤如下。

- 选取此工具。
- 再选定的纸样上任一位置点击鼠标。
- 弹出“移动点”对话框后，输入特殊的值或直接点击“确定”按钮，忽略它。
- 重复第二、第三步直到完成。
- 单击鼠标右键，选择弹出菜单里的“完成草图”。

注：要创建曲线，当单击鼠标选点时，按“Shift”键。

（7）沿内部裁剪：俗称“小剪刀”，沿内部现有的线条剪切纸样。要用此工具对衣板剪切，需要先画好内部线条。

操作步骤如下。

- 选取此工具。
- 点击欲剪切纸样的内部线条。
- 当弹出对话框询问：你想要对齐基本尺码剪切吗？选择 NO，沿剪切线自动放码；选择 YES，则不放码。
- 弹出缝份对话框后，输入宽度和角的类型。
- 点击“确定”按钮。

（8）复印线段：用于从现有纸样描出线段，创建新的纸样，如做挂面和衬里。此外，还可以从两个纸样创建新纸样。

操作步骤如下。

- 选取此工具。
- 点击并顺时针方向选取线段，则线段突出为红色，下一个放码点出现 X 图标。
- 当所有的线段选取后（封闭的内部轮廓确定），弹出对话框询问“结束轮廓”。点击

“是”；完成描线；点击“否”，继续描线；点击“取消”，则取消操作。

- 新的纸样在原纸样的上面，使用“移动内部”工具将纸样从原来的纸样上移开。

（9）新建纸样轮廓：俗称“小锤子”，用于从现有纸样中创建新的纸样。

操作步骤如下。

- 选取此工具。
- 点击纸样某一区域，则封闭轮廓被突出。
- 再点击需要连接到的新纸样上。
- 新纸样的轮廓被突出。
- 再点击所选区域将新纸样放在上面。
- 新的纸样在原纸样的上面，使用“移动”工具将纸样从原来的纸样上移开。

（10）对接打开：折叠纸样的一部分，常用于有挂面的款式。

操作步骤如下。

- 点击纸样上的镜像线段（镜像对称轴）。
- 使用“设计”菜单下的“新建平行线”命令，制作内部线条。
- 选取该工具。
- 用该工具选取纸样上的镜像线段（镜像对称轴）。
- 点击新建的内部线条。
- 删除不必要的内部线条。

注：选取镜像线段和内部折叠线段时，要按顺时针方向选点。

（11）对接：用于沿一选定的线段折叠纸样，例如用于翻驳领的制作。

操作步骤如下。

- 选取此工具。
- 点击并顺时针拖动光标选择线段。
- 弹出移动点对话框，确认线段的终点。

点击“确定”按钮。

（12）沿着所选位子反转：用于沿选定的线段，翻转纸样。

操作步骤如下。

- 点击此工具。
- 点击欲翻转的线段（点击此线段连续的两点）。
- 点击纸样中心即可翻转该纸样。

（13）交替线段：进行内部线段与外部线段的转换。

操作步骤如下。

- 选取此工具。
- 点击外部线段的第一点。
- 点击外部线段的最后一点。
- 点击内部线段的第一点。
- 点击内部线段的最后一点。
- 弹出“交替线段于轮廓”对话框，如图 7-47、图 7-48 所示。

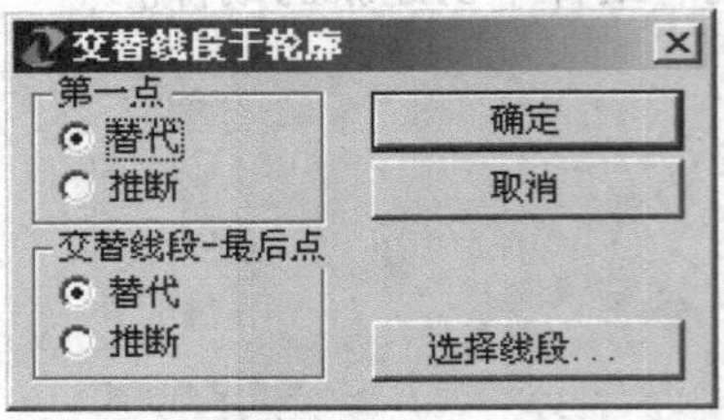

▲ 图 7-47

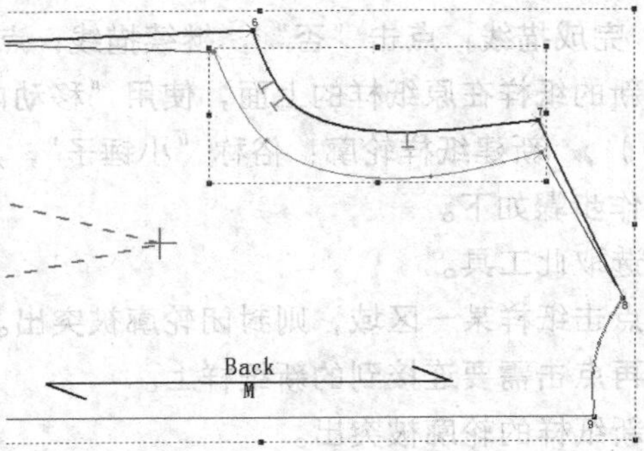

▲ 图 7-48

代替——内部线条与外部线条的转换。

推断——保持内部线条，将外部线条变为内部，并连接外部线段的终点。

“选择线段”选项对话框：用于缩短或延长选定的线段，轮廓线段为外部线段，交换线段使内部线段。

- 在上面的对话框中单击“选择线段...”按钮。
- 弹出“选择交换线段”对话框，选择移动的点，如图 7-49。
- 点击“换档点”，以移动线段长。
- 点击“确定”按钮。

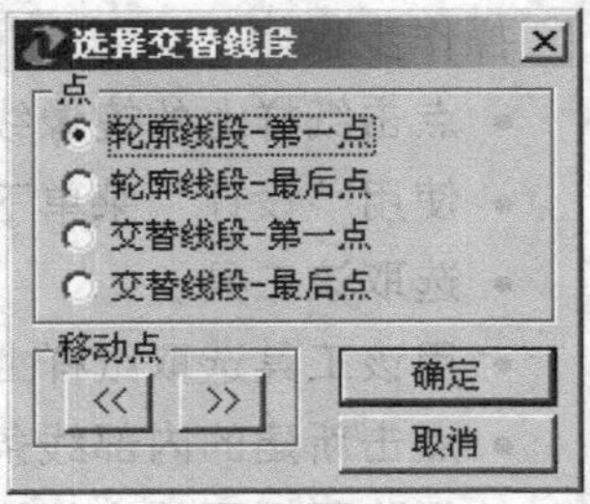

▲ 图 7-49

5. 轮廓工具

（1）延伸轮廓：轮廓工具（如图 7-50 所示）中的延伸轮廓用于对已有的衣板的轮廓线进行延伸，若是曲线，则按照曲线的趋势作出所给数值的延伸。

（2）调整弧线：用于对衣板的曲线进行调整，使其符合要求，如图 7-51 所示。首先选中该曲线的两个端点，然后在曲线上决定取舍的点，构成新的曲线；最后用鼠标右键单击弹出菜单，选择“设置调整选项”，完成曲线的调整。

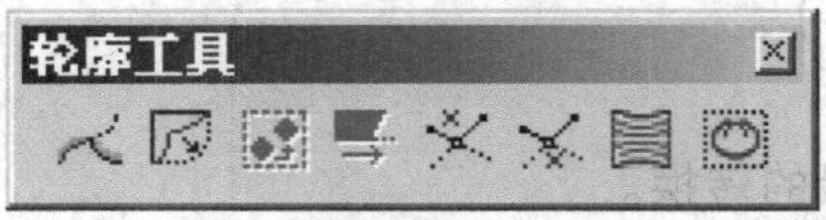

▲ 图 7-50

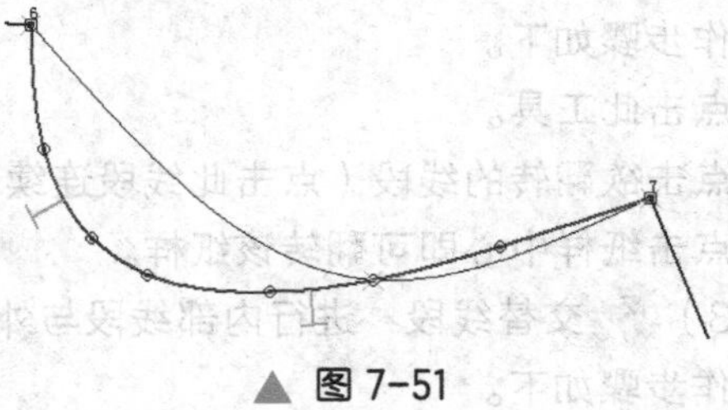

▲ 图 7-51

（3）圆形向轮廓：用于将辅助线形态的圆形转化为可以调整形状的轮廓，转变为衣板的内部线条。

（4）延长内部线线段：用于将衣板内部的线条延长到衣板的轮廓线或者按给定数值延长。按输入的数值延长时，要先输入数值，然后单击“延长数”按钮，每按一次，延长一次。

（5）整理。

（6）复制及整理。

（7）加入线段：该命令主要用于绘制衣服的绗棉线。

第二节 打 板

打板推档是服装行业的技术部门，人工打板方法相对稳定，而计算机服装打板则既继承了手工打板的优良之处、符合人的传统思维，又更加简便快捷，PGM 服装 CAD 在这个方面有很好的体现。

一、新建样板及文件操作

1. 新建文件

单击“新建”按钮或者选取【文件】|【开新文件】命令或者使用“Ctrl+N”快捷键，弹出“开长方形”对话框，如图 7-52 所示。设置衣板的名称、衣板的长度和宽度，其中板名可以在衣板制作过程中或制作完成后再输入。

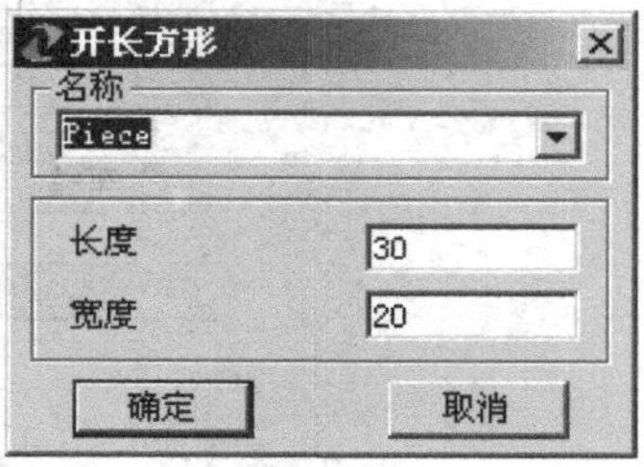

▲ 图 7-52

另外，当文件中已经存在衣板，想要加入新的衣片时，可以通过【编辑】|【新建纸样】|【新建矩形...】/【新建圆形...】等命令添加新的纸样，得到这个基础的形状之后，再进行编辑修改。

2. 打开文件

单击“打开”按钮或者选取【文件】|【打开旧档】命令或者使用“Ctrl+O”快捷键，弹出“打开”对话框，选择所放文档的路径后点击所需文档打开。

3. 合并设计文件

当前已经打开了一个文件，还需要载入另一个文件时，可以使用该命令操作。例如当前做的是一套服装的上装，想要与之前已经打好的下装放在一个文件里时，就可以通过这个命令完成。

选取【文件】|【合并设计文件】命令，打开“合并文件”对话框，选择所放文档的路径后点击所需文档打开即可。

4. 保存文件

单击“保存”按钮或者选取【文件】|【保存文件】命令或者使用“Ctrl+S”快捷键，可以对正在编辑的文件保存，若该文件是第一次保存，则会弹出“另存为”对话框，选择所放文档的路径后输入适当的文件后，对文件保存。

5. 另存新档

当前文件是从原型开始制作的或者是在先前衣板的基础上修改的，这种情况有必要进行另存处理。选取【文件】|【另存新档】命令，弹出“另存为”对话框，选择所放文档的路径，输入适当的文件后，保存文件。

6. 输出为其他形式的图形

该软件提供了输出为 DXF 等格式的文件，输出的图形可以在 AutoCAD 等软件中编辑修改。选取【文件】|【资料转换】|【输出 CAD/CAM 文件】命令，弹出“输出到 CAD/CAM 文件”对话框，如图 7-53 所示，根据实际需要旋转合适的文件类型后设置相关参数、保存路径和文件名后保存即可。

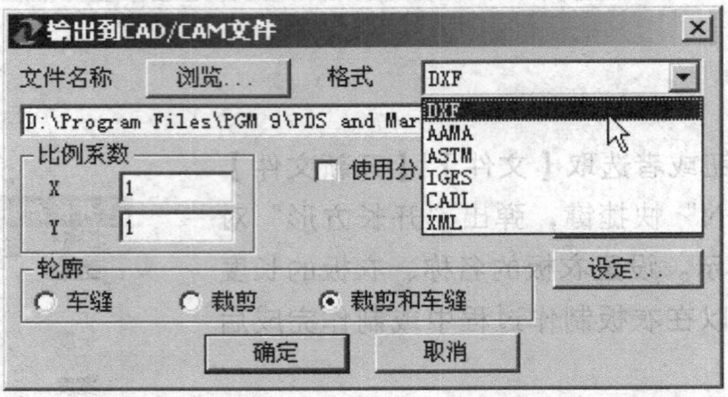

▲图 7-53

二、样板编辑

1. 编辑菜单

“编辑”菜单里含有许多编辑选定纸样的命令。

（1）复原：用于还原对于纸样的最近 20 次的操作，但是不能撤销“打开文件”操作，对于辅助线的操作也不可以还原。

（2）再作：对“撤销”的操作作反向的操作。

（3）复制/粘贴：此命令有四个选项。选项如下。

① 剪切当前纸样：剪切选定纸样，并拷贝到剪贴板上。可以粘贴到本文件中，也可以粘贴到其他 DSN 文件里去。

注：把剪切后纸样粘贴到另外的文件时，可自动获得当前纸样的尺码，即使基样与其尺寸名不是相同的。

操作步骤如下。

- 选择欲剪切的纸样。
- 选择“剪切当前纸样”。
- 打开另一个纸样文件。
- 选择“粘贴纸样”，即可把剪切的纸样粘贴到需要的地方。

② 复制纸样。

此命令有四个选项：复制当前纸样、复制工作区域、复制被激活纸样、复制所有纸样。

这些选项都是将选定纸样复制到剪贴板上，然后使用粘贴纸样命令将其粘贴到新 DSN 文件上，或三维、或排料软件上。

③ 粘贴纸样：将最后一个剪切或复制到剪贴板上的纸样粘贴到另一个文件。

④ 复制/粘贴内部附件：此命令有二个选项。

a. 复制内部：将纸样的内部附件粘贴到另一纸样文件。

• 用矩形工具选择欲复制的内部附件。

• 选择“复制/粘贴内部”的“复制内部”选项。

• 选择欲添加内部附件的纸样，然后选择“复制/粘贴内部”的“粘贴内部”选项。

b. 粘贴内部。

（4）全部纸样放置工作区内：将纸样栏内的所有纸样全部放入到操作工作区中。

（5）清除纸样：从工作区域里删除选定纸样。

• 选定纸样。

• 选择“清除选择纸样”。

① 清除当前纸样：清除工作区里所有当前纸样，并不改变原有纸样，且不保存任何修改。

a. 更换旧纸样——用当前纸样替换纸样列表栏里的旧纸样。

b. 移除当前纸样——清除当前纸样而不改变纸样列表栏里的旧纸样。

c. 保存现用为新纸样——将当前样板复制一块放置在纸样放置区。

d. 更新旧纸样——用当前纸样状态直接代替纸样栏中的状态。

② 所选纸样：将工作区域里的所有纸样一次性清除。

③ 取代原有纸样：用当前纸样取代纸样工具栏内相应的旧纸样，并清除工作区域里的所有纸样。

（6）全部选择：将工作区里的衣板全部选中。

（7）制作新纸样：清除工作区域纸样，并在纸样列表栏里添加新创建或编辑后的纸样，原有纸样不改变。

操作步骤如下。

• 选定纸样（在纸样栏中选中）。

• 选择“制作新纸样”。

（8）移动布纹线：移动选定的基线。根据选定的内部物件，移动命令在“移动基线”、“移动点”、“移动牙口”和“移动内部附件”这几个选项之间转换。例如，如果选定点，则移动命令变为“移动点”，如果选定的是内部线条、孔、文本等，则移动命令变为“移动内部元件”。如果没有选定任何内部元件，或基线被选定，则移动命令变为“移动基线”。

（9）删除纸样：删除纸样、内部元件、点及牙口。根据选定的内部物件，移动命令在“移动基线”，“移动点”，“移动牙口”，“移动内部物件”这几个选项之间转换。可以选定多个内部元件：点击并沿纸样轮廓顺时针拖动鼠标，或点击“Shift”，同时选定多个内部元件。

（10）移动点。

• 用鼠标左键单击选中某点。

• 选择“移动点”命令，弹出对话框，输入移动距离值，如图 7-54 所示。

• 选项：选择“沿轮廓移动”，可沿原纸样轮廓一定距离移动点，当选定此项时，下面的累增和比例选项被激活。

• 点击“确定”按钮。

注：如果“移动点”选项未被激活，检查是否纸样上的点被选定，只有选定点，“移动点”命令才被激活。

x－增值和 y－增值与移动的 x 轴和 y 轴的距离相对应。左移和下移可填写负数（遵循笛卡尔坐标系）。

选择“沿轮廓移动”确定点移动时与轮廓上相邻两点的距离。之前点是逆时针方向临近一点（放码点），下一点是顺时针方向最临近的一点（放码点）。

累增指的是到前一点或后一点的实际距离。

比例指的是到前一点或后一点的百分比。

两个选项都可以确定沿轮廓移动的距离。

（11）删除点。

• 选定要删除的点。

• 选择“编辑”菜单下的“删除点”，或直接点击键盘上的“Delete”键。

（12）点特性（Enter）：显示选定元件的属性。根据选定的内部附件，属性命令可以是“点的属性”，“内部元件属性”或“牙口属性”。如果没有选定任何元件，则此命令呈灰色。

点的属性，如下所述。

• 选定点。

• 选择“点的属性”，弹出对话框。

• 点击“应用”默认当前数值，或输入希望的值。

下面的这些对话框根据选定的元件弹出。

点特性对话框如图 7-55 所示。

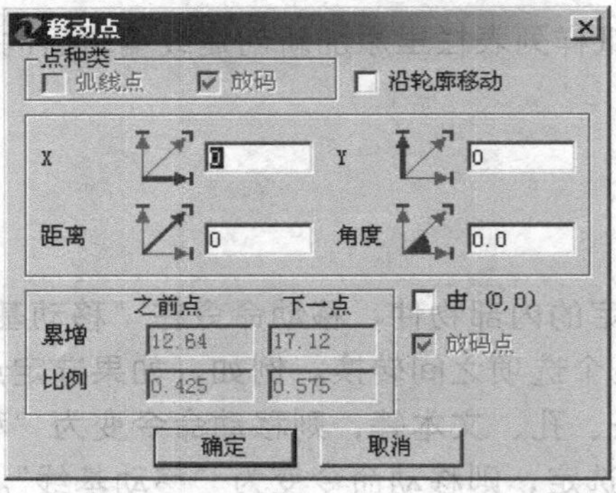

▲ 图 7-54

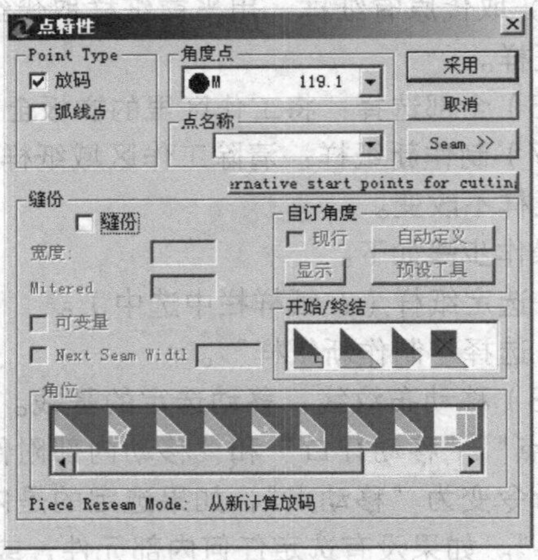

▲ 图 7-55

弧线点——曲线点可以放码也可以不用放码。要创建一个曲线点，选择“弧线”。

放码——创建一个应用放码规则的放码点。放码点是由一个黑色的方形框表示。

角度点——角度在点特性对话框中有说明。

点名字——“视图”菜单下的“钮位属性”可显示名字。

缝份——如果点已经应用了缝份，则显示相应信息。如果是角上的点，则还显示角的类型。

（13）加入。

① 加入相关对象。

a. 点或牙口：添加相对于选定点的点、牙口，此命令也用于在基样上添加点、牙口和钮位，其他尺码也会自动添加上这些元件。

操作步骤如下。

- 选取基本尺码上的相对的点或牙口。
- 选择【编辑】|【加入】|【添加相关】|【点或牙口】命令，如图7-56所示，弹出"加相关"对话框。
- 选择"增加点"或"增加牙口"。两个增加相关的选项都可以用。

b. 在选定的点上加钮位：在离开选定点一定距离添加钮位。可以添加多个点。当输入一个正值，钮位在红色箭头方向；输入负值，钮位在红色箭头反方向。

- 选择一个点、钮位或牙口。
- 选择"编辑"菜单下的"添加相关"，选择"钮位"。
- 弹出对话框，输入值，确定新钮位的位置。
- 点击"确定"按钮。
- 输入新钮位的属性。
- 点击"确定"按钮。

② 加点/线于线段上：在内部或外部线段上添加一个或多个附件，如牙口、钮位、线段或点。不能在内部线段上添加牙口，所以只能用一条具有剪切属性的小线条代替。

a. 附件的类型：根据线段的类型可添加相应的切口线，如图7-57所示。

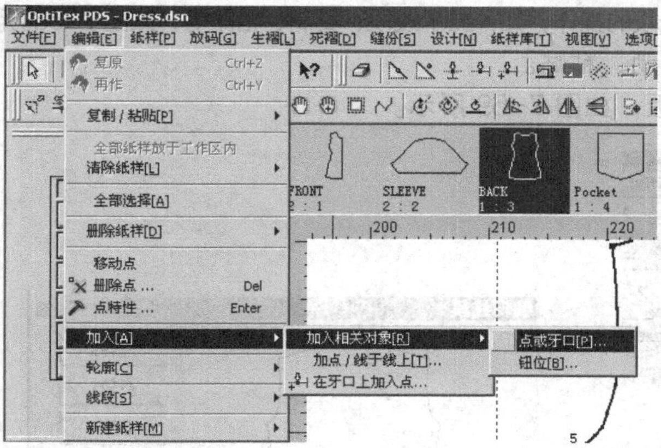

▲ 图7-56

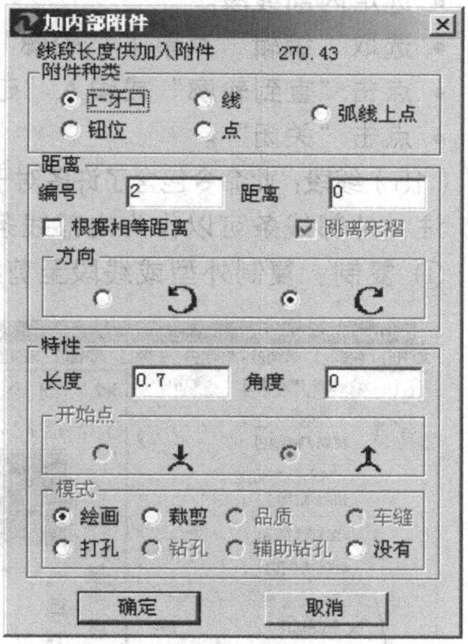

▲ 图7-57

b. 距离：确定第一条裂口线与选定点之间的距离，在"距离"选项里输入多个裂口线之间的距离。当选取"跳过省道"选项，在添加裂口线时，则不考虑省道。

方向——确定添加裂口线的方向，顺时针或逆时针。

c. 特性。

长度——线段或牙口或钮位的半径。

角——裂口线或牙口与其所在线段之间的角度。

开始点——切口线或牙口的开始点。

模式——这些元件添加到内部的模式，与输出设备有关。

③ 在牙口上加点：在纸样的牙口上添加放码点。

（14）轮廓。

① 伸延弧线轮廓：先用选择工具选择一段线段，然后选取【编辑】|【轮廓】|【伸延弧线轮廓】命令，弹出“延长轮廓曲线”对话框，可以对所选择的线段得到延长点。

② 圆角：选择所要进行圆角处理的角点，然后选取【编辑】|【轮廓】|【圆角】命令，弹出“圆角半径”对话框，可以对所选择的角按所输入的数值进行圆角处理。

③ 对齐点：排列选定的一组点，使之成水平、垂直或一定角度排列。

要激活此选项，需要选定两个或两个以上的点。

操作步骤如下。

- 选定需排列的点。
- 选择“对齐点”，弹出对话框。
- 点击排列模式。
- 这些点即排列成直线。

注：其他的点移动至与第一点对齐（或与最后点对齐）。

④ 延伸内部：朝某一个方向延伸选定的内部线条，或延伸至轮廓上的某一选定点。线条末端的红色 X 标志，表示延伸的方向。

操作步骤如下。

- 选定内部线段。
- 选取“编辑”菜单下“轮廓”选项的“延伸内部”，弹出“延长内部线段”对话框。
- 点击“直到轮廓”或输入“延长数”。
- 点击“关闭”。

（15）线段：此命令包含了许多对于线段的操作，如：显示线段、复制、粘贴等，如图 7-58 所示。

注：外部线条可以作为内部线条复制、粘贴。

① 复制：复制外型或线段至剪贴板，如图 7-59 所示。

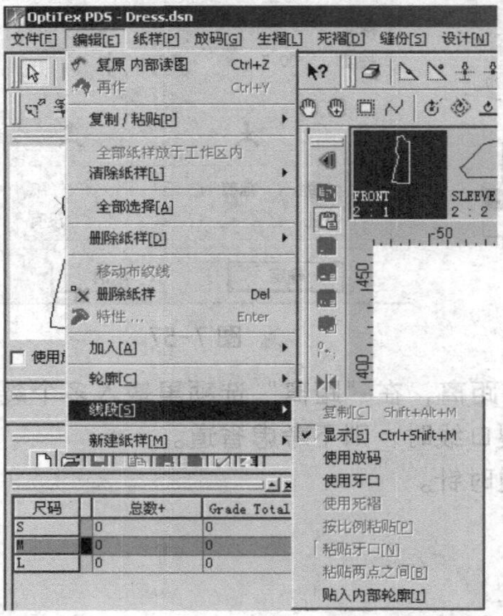

▲ 图 7-58

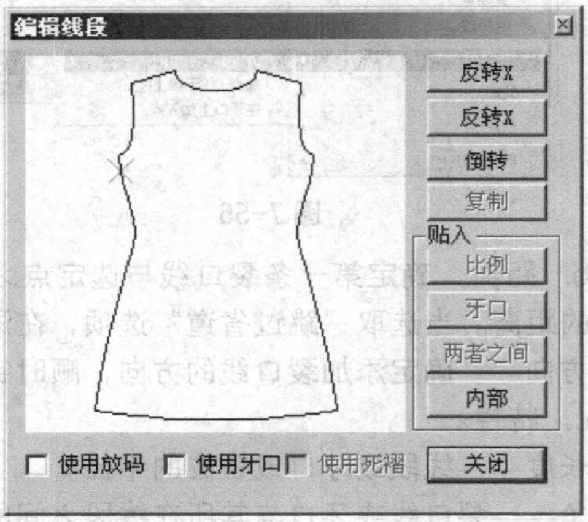

▲ 图 7-59

操作步骤如下。

- 将鼠标从线段的第一点拖动到最后一点，选定欲复制的线段。
- 选择“复制”，线段即被复制到剪贴板。

② 显示：显示剪贴板现有的线段，“相反”将翻转起始点，“对称”是镜像此线段。

③ 使用放码：如果欲复制线段的放码，则选择此项。

④ 使用死褶：如果要复制线段上的省道，则选择此项。

⑤ 使用牙口：如果要复制线段上的牙口，则选择此项。

⑥ 按比例粘贴：在选定两点间粘贴复制线段，此线段可以粘贴至任意几点间。粘贴方向为按顺时针方向，粘贴后的线段将保持其原来的形状和比例。

要改变纸样的方向和开始点，选择“显示”。

操作步骤如下。

- 复制线段。
- 拖动鼠标选定两点。
- 选择“对称粘贴”。

注：粘贴的线段将变为纸样轮廓的一部分，而非内部线条。

⑦ 粘贴牙口：如果只需要粘贴具有牙口的线段，则选择此选项。

⑧ 在两点之间粘贴：将剪贴板上的线段粘贴到两点间，此两点可以都为内部点，或一个内部点，另一个外部点。

注：此命令不同于“按比例粘贴”，后者是只复制纸样轮廓线段，而“在两点之间粘贴”是复制内部线段。

操作步骤如下。

- 复制线段。
- 选择“在两点之间粘贴”。
- 选择两点。
- 选定的线段即被复制并粘贴到选定的点上。

⑨ 粘入内部轮廓：将使用“编辑”菜单“复制线段”命令粘贴到剪贴板上的线段插入或复制到纸样。此命令允许复制的线段是来自内部点或外部点的。

操作步骤如下。

- 复制线段。
- 拖动鼠标，选定两点。
- 选定“作为内部周长粘贴”。

（16）新建纸样：这个命令用于文件中已经有了衣板，若想加入新的衣板时，可以创建矩形、多边形或圆形等基础图形。

2. 其他菜单

设计菜单。

（1）线段长度：显示选定线段长度，可在此改变线段长短，如图 7-60 所示。

① 复制/粘贴：将一条线段的长度值粘贴到另一条线段。

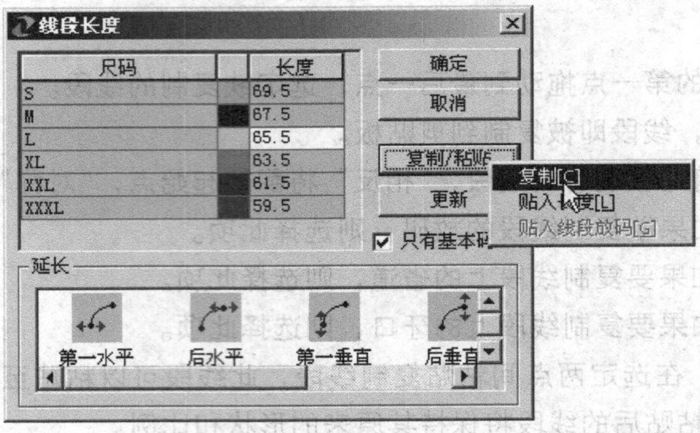

▲ 图 7-60

此命令有以下三个选项。

• 复制——复制选定的线段长。

• 粘贴长度——粘贴的线段长度。

• 粘入线段放码——用于只需要粘贴复制线段长度至某特定线段。

② 仅仅基样：此选项用于分别控制其他尺码，并粘贴所有复制的尺寸长。"延长"框里的选项让您决定复制的线段是否应延长至纸样原线段。

③ 更新：点击"更新"回到原尺寸。

④ 长度：选定线段长。

⑤ 延长：改变线段长。

第一水平——通过调节线段的第一点 x 方向长来改变其长度。

后水平——通过调节线段末端点 x 方向长来改变其长度。

第一垂直——通过调节线段的第一点 y 方向长来改变其长度。

后垂直——通过调节线段末端点 y 方向长来改变其长度。

第一对角线——通过调节线段的第一点 x 方向和 y 方向长来改变其长度。

后对角线——通过调节线段的末端点 x 方向和 y 方向长来改变其长度。

（2）孔洞入纸样/纸样向孔洞：创建新的单独的纸样，新纸样显示在纸样列表栏里。

注：要激活此命令需选定内部线条。

① 孔洞入纸样。

• 选取内部/外部线条。

• 选择【孔洞入纸样/纸样向孔洞】|【Convert Hole to Piece】命令，如图 7-61 所示。

② 纸样向孔洞：将大片纸样里的小纸样变为内部/外部线条，原来的小的纸样从纸样列表栏删除。

• 选择欲改变成线条的纸样。

• 选择【孔洞入纸样/纸样向孔洞】|【Convert Piece to Hole】命令。

注：英文命令转换后原来的纸样或内部线条没有了，而中文的命令转换后还保留原来的纸样或内部线条。

（3）点连接：建立内部点和外部点之间的连接。

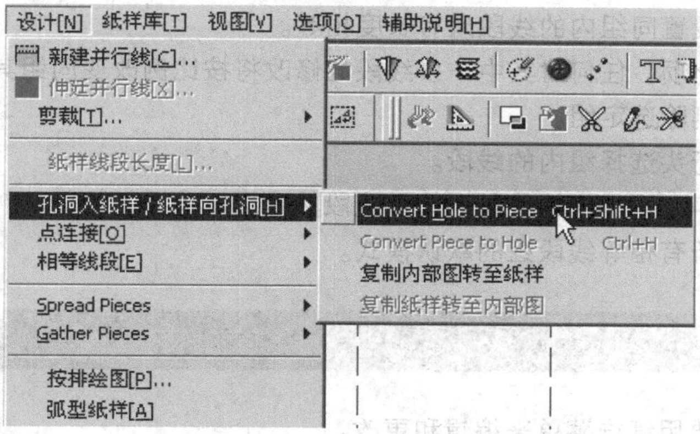

▲ 图 7-61

注：可以选择所有内部点与外部轮廓连接，只要点与外部轮廓/线条之间存在“捕捉”。在“视图”菜单下的“草图设定”对话框里可设置“点相关”的特性，如图 7-62 所示。

（4）相等线段：此命令包含三个选项：线段、新组别和颜色，如图 7-63 所示。

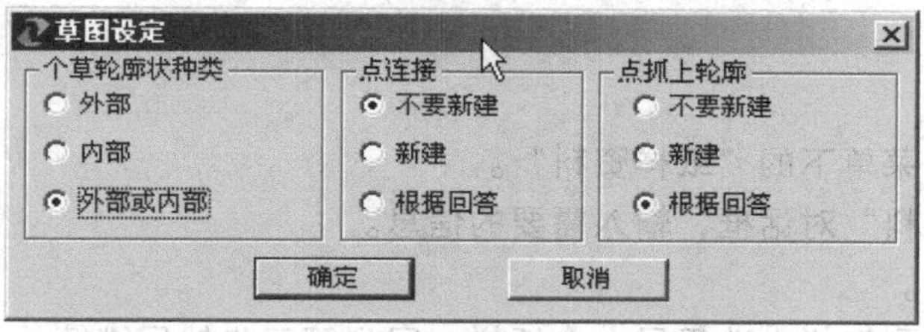

▲ 图 7-62

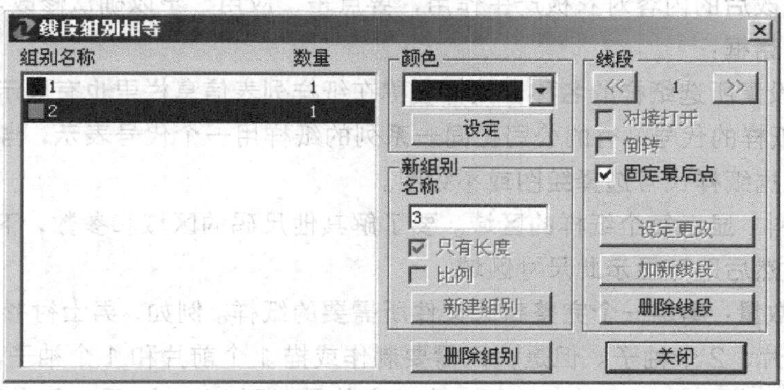

▲ 图 7-63

“相等线段”创建相等线段组，创建组后，对于组内任何元件的改变（如添加牙口、改变线段长）都将自动更新其他元件。

组别名称——文件中所有相等线段组及每组的数量。

颜色——设置线段的颜色。同组的线段在工作区域显示相同的颜色。选择需要的颜色，然后点击“设置”。

新组别——设定组名。

仅仅长度——设置同组内的线段只有长度相等。

比例——选取此项，任何对其中一条线段的修改将按比例改变同组其他线段的长。

删除组别——删除选定组。

线段——通过箭头选择组内的线段。

添加新的线段——添加新的线段，选择线段然后选取欲添加的组。

选项——设置所有相等线段组的默认模式。

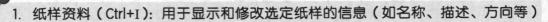

三、样板信息

样板的信息主要用纸样菜单来编辑和更改。

1. 纸样资料（Ctrl+I）：用于显示和修改选定纸样的信息（如名称、描述、方向等）

注：每个 DSN 文件包含组成一个款式文件的所有纸样和尺寸。也可双击纸样或使用快捷方式“Ctrl+I”，弹出“纸样资料”对话框。先在“总体纸样”中设置所有纸样默认的或常用的参数，然后使用“纸样资料”命令，分别对每个纸样进行更改。

操作步骤如下。

- 选择纸样。
- 选择“纸样”菜单下的“纸样资料”。
- 弹出“纸样资料”对话框，输入需要的信息。
- 点击“采用”。
- 选项：从纸样列表栏中选择另一个纸样，回到第三步然后继续。
- 点击“关闭”。

注：要使更改后的内容对衣板产生作用，要点击“应用”予以确认修改。

纸样资料对话框：

① 名称：设置所选纸样的名称，纸样名称在纸样列表信息栏里也有显示。

② 代码：纸样的代号。有的公司把同一系列的纸样用一个代号表示，当在 Marker 里打开纸样时，可根据纸样代号选择绘图或不绘图。

③ 尺码资料：显示每个纸样的区域。要了解其他尺码的区域和参数，下拉尺寸框菜单，选取相关尺寸，然后即可显示此尺寸区域。

④ 每件的数量：确定一个完整款式文件所需要的纸样。例如，男士衬衫款式通常包括 1 个后片、2 个前片、2 个袖子。但是，只需要制作或描 1 个前片和 1 个袖子，第二个前片和袖子，在数量输入框中输入 2 就可以了。当此文件导入到 Marker 后，每个尺寸都有 2 个袖子和 2 片前片。

注：如果此项为零，则马克文件里不显示纸样。

⑤ 方向：如果只需要左片和右片的纸样，选择左或右。

⑥ 相对纸样：此项只有选取 1 个以上纸样才可用，可用于排料、绘图列队和分散纸样操作。

当所选纸样有左侧和右侧，且翻转留量为零，或选择多个纸样时，此功能可以在排料时翻转纸样。

⑦ 更新缝份：选取此项，可以自动在纸样上添加缝份。

⑧ 更新牙口：选取此项，可以自动更新牙口。

⑨ 打印至文件：将纸样资料的简介打印出来。要改变字体，可选择“视图”菜单下的“字符”。

⑩ 采用：所有更改的参数都需要点击“采用”才有效果。

纸样说明：用于输入纸样说明或一些其他的重要信息。当打开 Marker 时，这些信息可供打印，它们对于手工裁剪非常有用。

布料：选定纸样的面料类型(里料、面料)。最好使用普通的字眼来描述，如基样、衬里、A 等，因为如果今年是用亚麻做的，而明年用的是羊毛，您仍然可以使用“基样”。

说明文字：可设置文本的字体大小，纸样上文本的角度。

排料图缓冲器种类：设置允许面料搭借的方位，也就是确定缓冲的类型，有周围、上、下、左、右等类型。

缓冲大小：排料时整个纸样周围的缓冲尺寸，如图 7-64 所示。此项通常用于裁剪时。Marker 里的尺寸列表中显示<B>，很容易就能辨别哪个纸样使用了缓冲。

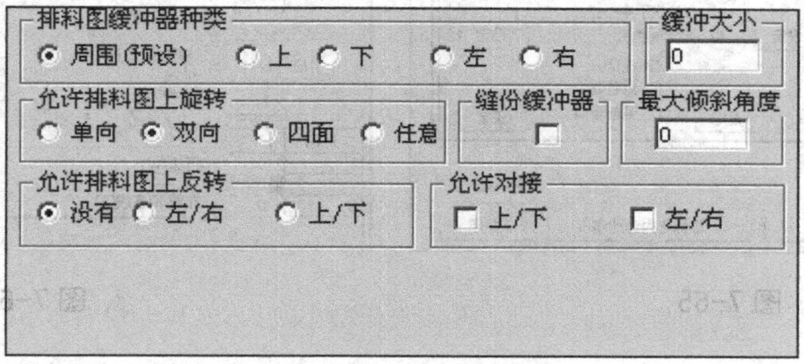

▲ 图 7-64

缓冲值确定后，纸样周围尺寸增加，但是当套排放码时，缓冲将被删除。纸样恢复其原来的尺寸时，纸样周围的缓冲仍然可见。

允许排料图上旋转：旋转方向控制马克里纸样的旋转情况。

- 单向：总是同一个方向，无旋转。
- 双向：按 180° 的倍数旋转。
- 四向：按 90° 的倍数旋转。
- 任意：任意方向。

最大倾斜角度：为了节省面料，“最大倾斜”确保排料时倾斜纸样的量。例如，0.5 表示纸样的倾斜量为 0.5° 。

允许排料图上的反转：使纸样朝上、下、左或右方向翻转。排料时，如果翻转后更好，则软件会自动翻转纸样以节省面料。使用 U\R 图标在马克区域里翻转纸样。当选定此项时，排料软件尺寸列表里显示<M>。

允许对接：当选取时，表示纸样在马克里可以折叠。通常，用于针织布的排料。

如果选取上/下折叠，则排料时，尺寸列表显示<U>。

如果选取左/右折叠，则排料时，尺寸列表显示<S>。

2. 设定总体纸样资料

选取【纸样】|【总体资料】命令，弹出“设定总体纸样资料”对话框（图 7-65），总体是指打开款式文件所有纸样。该对话框可以对所打开款式文件所有纸样的属性进行编辑修改。此对话框中的大多数选项和上面的“纸样资料”对话框是相同的。不同的选项，可参考上面的说明。

3. 一般

此选项中包括：设定原点、测试纸样名称、设计面积及周界、总体修改内部和总体牙口放码，如图 7-66 所示。

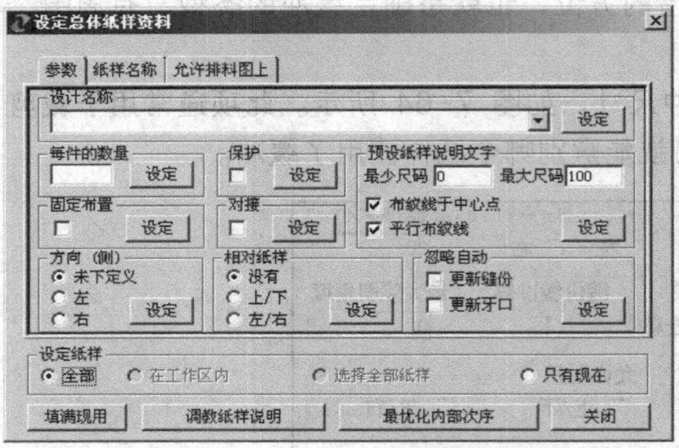

▲ 图 7-65

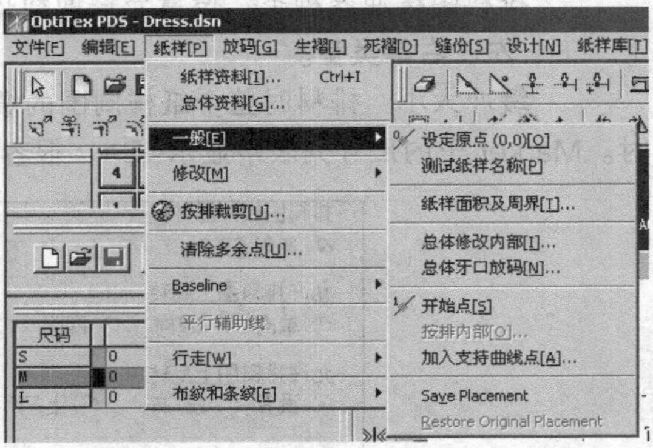

▲ 图 7-66

① 设定原点（0，0）：改变选定纸样的起始测量点。用于显示相对于坐标的鼠标的位置。

操作步骤如下。

- 选取一点作为新的起始点。
- 选择“放置点（0，0）”。

注：改变（0，0）点会引起格子排列发生改变，它会自动对齐（0，0）点（要查看格子底纹，需打开“视图”菜单下的“网格和条纹”）。

② 测试纸样名称：款式名称和纸样资料里的名字是不一样的，它是指款式的名称。款式名可打印在排料图纸样的每个纸样上，但是 DSN 文件名字不能打印在纸样上。

③ 纸样面积及周界：此对话框的资料可以打印出来，但是里面的信息是不能更改的，它只是实时报告纸样资料对话框里的情况，要想改变纸样信息需要在“纸样资料”和“总体资料”内改变。

布料——点击下拉菜单，选取材质，对话框会显示同一材质的纸样信息。

尺码——点击下拉菜单，选取尺码，对话框会显示同一尺码的纸样信息。

④ 总体改内部参数：此选项与排料里的“整体改变内部参数”类似，可以在这里改变各种内部参数，包括牙口、省道、文本、钻孔等，如图 7-67 所示。对话框左侧用于选取欲改变的内部物件，右侧是物件属性。例如，可以选择“牙口”和“全部”，然后选取右边框的“V”型，这样所有纸样的牙口都将变为“V”型。改变左上角纸样对话框里的参数，选取相应纸样。

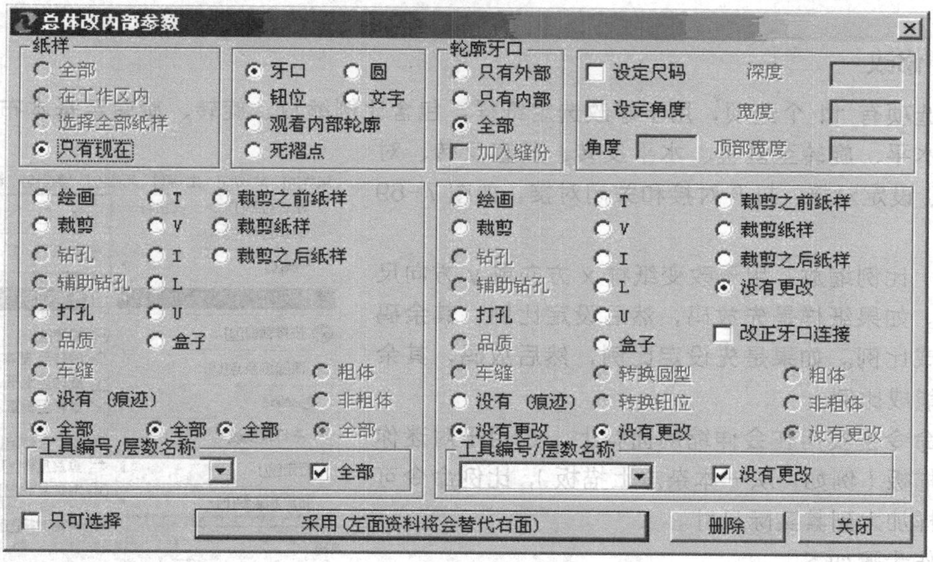

▲ 图 7-67

“全部”指所有纸样。

“在工作区内”指工作区域里的纸样。

“只有现在”指当前选定的纸样。

⑤ 总体牙口放码：用于对纸样的牙口进行放码，如图 7-68 所示。

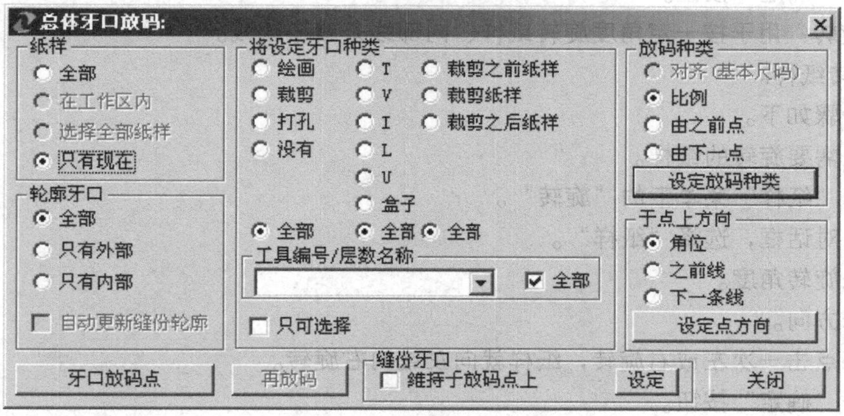

▲ 图 7-68

⑥ 开始点：确定哪一个放码点为开始点。在使用“所有点放码规则”时，第一个放码点和其他放码点的顺序是很重要的。要显示各点号码，按“F10”，选择显示点。

注：纸样的第一点也是默认的第一个描入的点。如果描板时，总是从纸样的左下角第一点开始，则此点也将总是作为第一点。

操作步骤如下。

- 选择一点作为第一点。
- 选择“放码”菜单下的“开始点”。

4. 修改

此选项有 11 个选项，用于修改选定纸样，包含比例缩放、旋转、旋转至基本布纹线、旋转至水平、旋转至垂直、水平反转、垂直反转、对称复制、设定对接、打开对接和关闭对接，如图 7-69 所示。

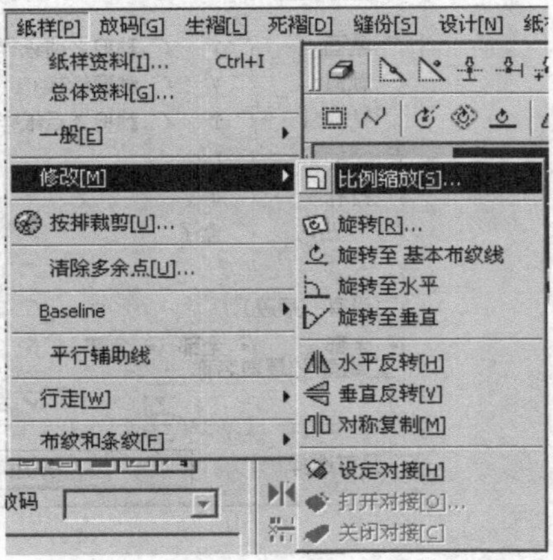

▲ 图 7-69

（1）比例缩放：用于改变纸样 x 方向或 y 方向尺寸比例。如果纸样是先放码，然后设定比例，其余码与基样成比例。如果是先设定比例，然后放码，其余码就不能成比例。

此命令主要用在会伸缩的面料上，也用于对迷你纸样的描板（例如，从一本杂志上描板），比例命令可以使纸样加大到其实际尺寸。

操作步骤如下。

- 选定纸样。
- 选择“纸样”菜单下的“比例缩放”。
- 弹出对话框，输入所需数值。

注：输入−50%，纸样变为原纸样的一半；若输入 50%，则纸样是原纸样的 2 倍。

- 选择合适的选项：所有纸样、所有激活的纸样等。
- 点击“确定”按钮。

（2）旋转：用于按一定角度旋转纸样、内部线条或布纹线。

① 旋转纸样。

操作步骤如下。

- 选定需要旋转的纸样。
- 选择“纸样”菜单下的“旋转”。
- 弹出对话框，选择“纸样”。
- 输入旋转角度。
- 选择方向。

注：每点击一次左或右旋转，纸样就向左或向右旋转。

- 点击“确定”按钮。

注：旋转时，纸样和布纹线是锁在一起旋转的，除非选择“Piece Over Base”选项。

② 旋转内部线条。

操作步骤如下。

- 选择内部轮廓（内部线、文本、圆等）。
- 选择“纸样”中的“旋转”。
- 弹出对话框，选择需要的选项。
- 输入旋转角度。
- 选择旋转方向。
- 点击“确定”按钮。

③ 纸样布纹线。

- 选择布纹线或纸样。
- 选择“纸样”中的“旋转”。
- 弹出对话框，选择“纸样”。
- 输入旋转角度。
- 选择旋转方向。
- 点击“确定”按钮。

（3）旋转至基本布纹线线：旋转纸样至其初始位置，布纹线或网格用于确定纸样在屏幕或唛架上的正确位置。

操作步骤如下。

- 选定纸样。
- 选择“旋转至基线”。

纸样回至其初始位置，所有的内部轮廓随纸样旋转。此命令还可将布纹线设置为水平位置。

（4）旋转至水平：使纸样绕 y 轴 180°旋转。

（5）旋转至垂直：使纸样绕 x 轴 180°旋转。

（6）水平反转：将选定纸样沿 y 轴反转。

（7）垂直反转：将选定纸样沿 x 轴反转。

（8）对称复制：创建一个与原来纸样对称的新纸样，该纸样包含原来的纸样，比如前裙片是一个整的大片，只需制作一半，然后通过该命令对称复制就可以得到一个完整的衣片，在纸样列表栏里会有新建的纸样。同时，原先的纸样也还存在。

操作步骤如下。

- 选择两个连续点（点击第一点，然后顺时针拖动鼠标至第二点）。
- 选择“对称复制”。

注：所有的尺码可使用同一个镜像线。如果基样已经放码，放码值也将复制。只有选定两点后才可以镜像。如果纸样的镜像线上有很多点，可以删除这些点。

（9）设定对接：设定所选线段做对接纸样，只对起始点和最终点相对接。

（10）打开对接：更改对接纸样，把对接纸样变成一个单独样，可以做不对称修改。

（11）关闭对接：将所选纸样还原。

5. 安排裁剪

此选项用于优化裁剪顺序。

（1）最近复印：表明纸样上的切口，在上面的例图里，只有一个切口，同时也是起始点。

（2）开始时可以用任意点：开始用于设置第一点，通常是左下角的第一点。如果可以从任何点开始裁剪，则选择“从任意点开始”。

（3）开始点/终结点：用于确定裁剪的起始点，要改变这些点，只需要点击“箭头”。

（4）裁剪方向：设定裁剪方向为顺时针或逆时针。

（5）工具：设定使用的工具类型。例如，纸样需要裁剪，则设定为“剪切”，如果只是需要画，则设定为“描画”。

6. 清除多余点

删除纸样上不需要的点。当输入或描入的纸样轮廓上点太多时，可以用这个工具将不需要的点删除掉。

操作步骤如下。

- 选定纸样。
- 选择“纸样”菜单下的“清除多余点”。
- 弹出对话框，输入误差值，这个值取决于纸样允许的尺寸误差。例如，纸样允许 0.125 的误差，则输入 0.125。
- 选择纸样。

7. Baseline

（1）布纹线和线段平行：重排布纹线，使之平行于内部线段或纸样的轮廓线。

操作步骤如下。

- 选取线段（可以是内部线段，也可以是轮廓线）上的两点。
- 选择【纸样】|【Baseline】|【布纹线和线段平行】命令。

此命令还可能用在旋转纸样使与网格平行。

（2）复位布纹线：此命令将布纹线移动到纸样的中间。应用“切割”工具或“布纹线和线段”平行命令后，基线可能会移动到纸样外面，用此命令可以使布纹线回归其正常位置及正常长度。

8. 平行辅助线

该命令用于做与所选线段相平行的绘图辅助线。

操作步骤如下。

- 选择某线段的两点。
- 选择【纸样】|【平行辅助线】命令。

9. 织物和条纹

织物和条纹用于在屏幕上显示面料样式，这样样板师就可以根据面料实际特性来改进样板。可以处理 BMP 等格式的图像文件。

按下列操作可显示面料。

首先，选择面料。然后，在屏幕上创建条纹（使用“选项”菜单下的“网格和条纹”）。第三步是点击“将纸样旋转至条纹”。

10. 布纹和条纹

第一步是创建面料文件。

- 选择【纸样】|【布料图像】命令。
- 弹出对话框，点击“加入”按钮，如图 7-70 所示。

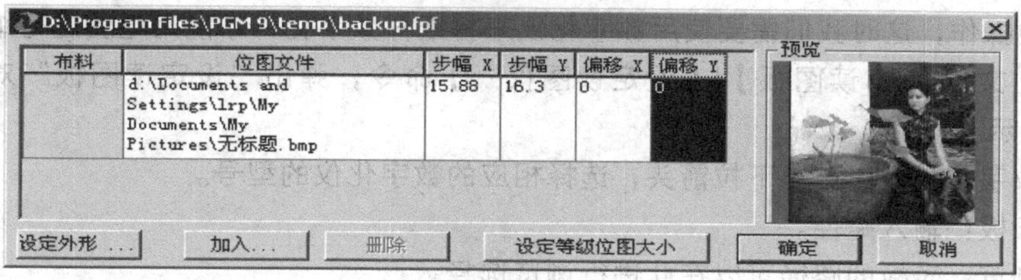

▲ 图 7-70

- 输入面料类型名称或从列表中选取。
- 点击“确定”按钮。

新面料即添加至对话框中。

第二步是在新面料上添加图案。

- 点击“位图文件”。
- 出现一个小箭头。
- 点击此箭头，选择需要的面料图案。
- 选择 BMP、JPG、PSD 等格式种类。
- 点击需要的文件。
- 右边的对话框可以预览此图案。
- 点击“确定”按钮。
- 弹出面料存储框。
- 输入文件格式。
- 点击“储存”。
- 最后改变面料类型。
- 打开“纸样”菜单下的“内部”。
- 从“原料”列表中选择新的面料。
- 点击“应用”。

第三节　描　　板

描板是将已有的母板进行数字化的一项工作，特别是在引进 CAD 的初期使用得更多。描板有下面一些应用方式：①当前衣板与之前的某个衣板有较大相似，只需进行少数部位的修改，可以将之前手工制作的衣板进行数字化，再进行推档、排料，可以大大提高生产效率；②对计算机打板还未熟练掌握，可以手工打板，再进行推档、排料，亦可较大地提高生产效率；③在有些外贸来单中，已有母板的纸样，可以对其数字化，再进行推档、排料，可以减轻人工劳动。

一、数字化仪安装

在与服装制板相关的行业里，常常需要将已有的纸样需要输入电脑，再使用 CAD 软件来进行其他操作，这时我们需要使用数字化仪来将纸样数字化，才能用电脑进行编辑。

选取【文件】|【读图板】|【设定读图仪...】命令，弹出“设定读图板”对话框，如图7-71所示。

（1）数字化类型：点击下拉箭头，选择相应的数字化仪的型号。

（2）表板：输入路径。

（3）浏览：表板的路径可以在此进行浏览选择。

（4）编辑表板：此表板可用来编辑纸样的名字等文字，在读图时，直接输入。

（5）通讯端口：在这里选择连接埠。

（6）分辨率：输入读图板的分辨率，以像素为单位。例如，Calcomp 34480型号的读图板的分辨率为2540lpi。

（7）16按键光标：打“√”即为16按键光标，不打“√”即为4键光标。

（8）工作面积大小：在设定处打上钩，即可设定表板的大小。

（9）将数字化移动至0/0点：是指原点，即读图板有效范围区的左下角位置。

（10）相关参数：点击后会出现“通讯连接端口”对话框，如图7-72所示。

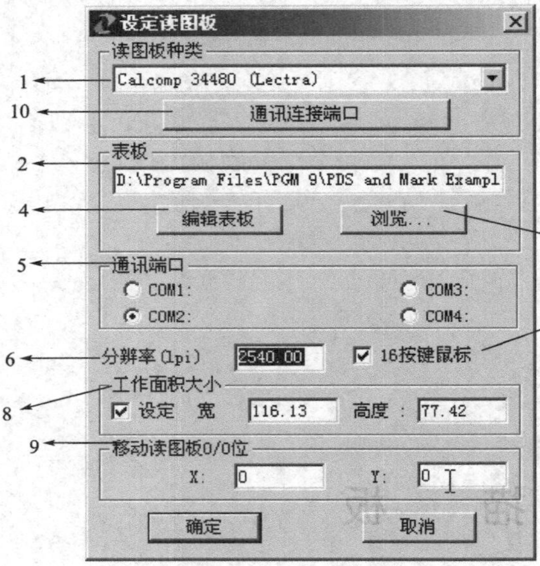

▲ 图7-71

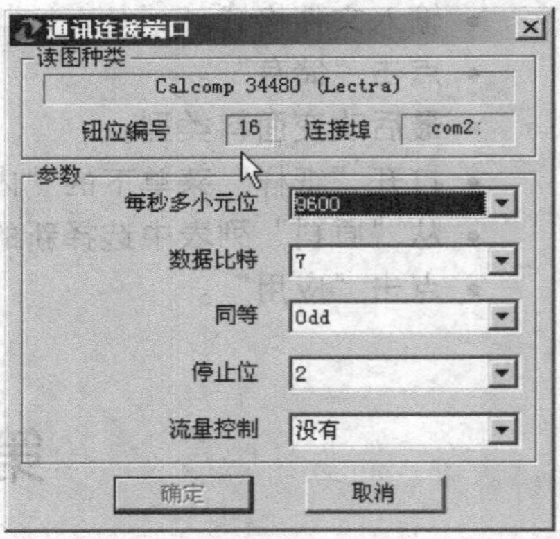

▲ 图7-72

将此对话框中的参数记下来，然后在桌面上“我的电脑”的图标上点击右键，选择“属性”，出现如图对话框，选择“设备管理器”，双击com端口的连接埠，选择“端口设置”，将“端口设置”中的参数修改成和“相关参数”中一致，点击“确定”，完成“数字化”安装。

二、单位的选择

在我们的实际生产中，我们常会遇到不同的单位，比如厘米和英寸，这时就需要设置单位切换。

选取【选项】|【设定单位】命令，弹出“工作单位”对话框，选择所需要的单位和允许误差值，如图 7-73 所示。

另：如果切换到“英寸”上时，在“十进制英寸格式”处，可以选择十进制或八进制的英寸，一般在服装上较多用的是八进制的英寸，选择好了之后，点击“确定”按钮。

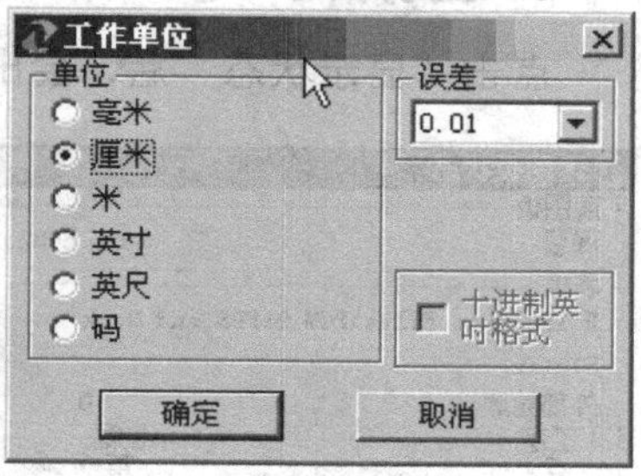

▲ 图 7-73

三、数字化仪的使用

选取【文件】|【读图板】|【读图…】命令，或点击图标，都会出现“读图板”对话框，如图 7-74 所示。

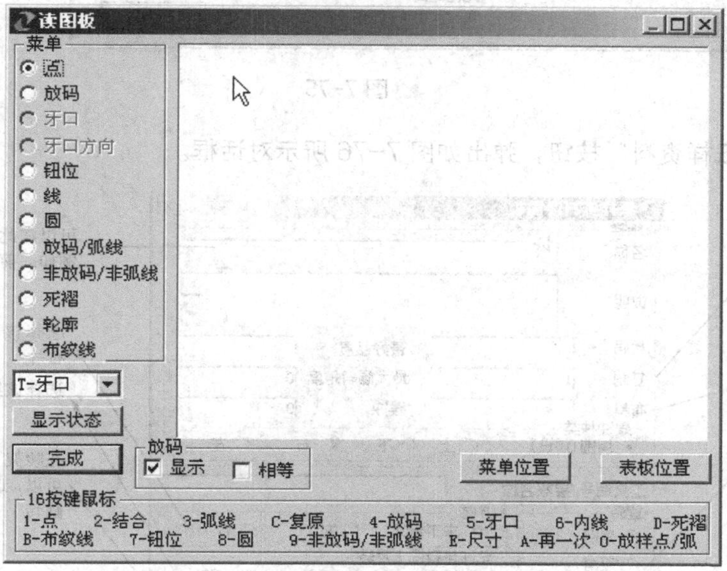

▲ 图 7-74

首次使用：初次使用的时候，在空白区域的左下角会有 2 个网格，一个是菜单；另一个是表板。其颜色可以在“选项”的“颜色和线条类型”中的“常规”中进行修改。

解除的方法：点击“菜单位置”，在空白区域的左下角，双击 2 次；然后，点击“表板位置”，在空白区域的左下角，双击 2 次。

1. “按键 1”的使用

可以用鼠标来模拟使用描版，同时要使用“按键 1”中的选项来切换配合使用。

另：自动封闭是使用“Shift”加上鼠标左键，即可。

2. 牙口类型

牙口就是我们常说的刀口位，在系统中有多种牙口类型。

3. 显示状态

点击“显示状态”后，会出现“读图板状态”对话框，如图 7-75 所示。

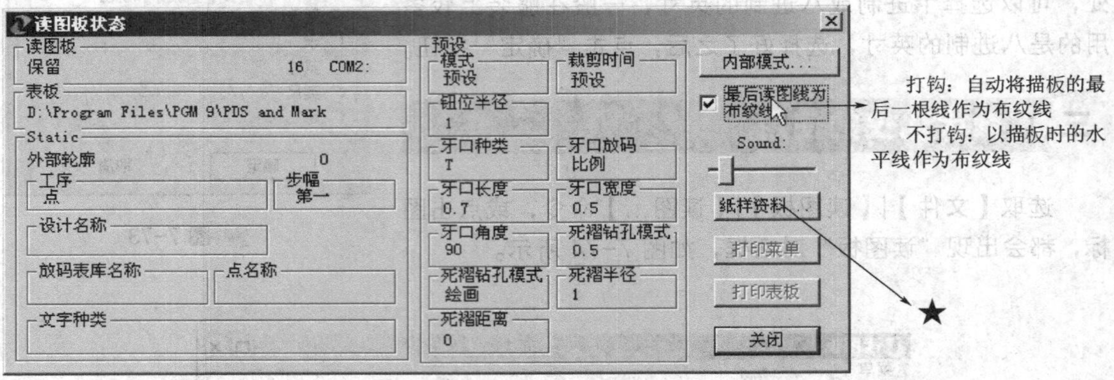

▲ 图 7-75

★ 点击“纸样资料”按钮，弹出如图 7-76 所示对话框。

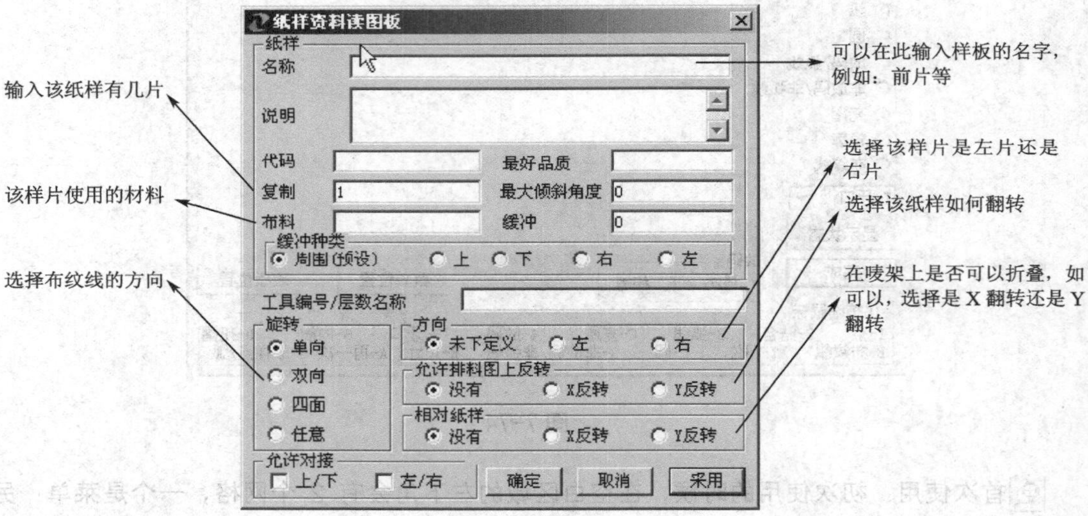

▲ 图 7-76

4. 应用

点击过“应用”后，就将此样片完成，置放于纸样列表里。

四、描板操作

在读图的时候，我们需要使用 16 键的定位器，定位器上各按键的意义如下：

➢ 1：放码的转角点；

➢ 9：不放码的转角点；
➢ 3：不放码的曲线点；
➢ 0：放码的曲线点；
➢ 2：封闭纸样；
➢ 5：牙口；
➢ 6：线条，描内部直线（不需使用 F 键切换）；
➢ 7：做记号，即钻孔位（不需使用 F 键切换）；
➢ 8：圆（起点为圆心，终点为圆边上的一点）；
➢ D：省（在描省道的时候一定要在放码的转角点上，并且一定要和描入样板时的顺序一致）；
➢ C：撤销（可以无数次的使用，连续删除最后描点）；
➢ A：重做，与上次相同的操作（重复上一个点的属性）；
➢ E：不规则推档；
➢ 4：描叠图时使用；
➢ B：可以输入基线；
➢ F：在使用外部轮廓线描内部物件时，需使用此键切换。

第四节 推 档

推档是服装工业里非常重要的一项工作。

PGM 系统的放码基于平面直角坐标系统，每个放码点都有其 X 值和 Y 值，所有的放码命令都可以在图形上显示出来。

选取一个放码点时，它的值就会显示在放码表中。放码值也可用于内部物件，如钮位和线条的放码。

一、设置尺码

衣板在没有设置尺码之前，只有一个尺码（如图 7-77），在推档之前要设置好尺码。

选取【放码】|【尺码...】命令，弹出“尺码”对话框。通过插入、附加、删除和更改尺码次序对尺码表进行编辑，例如，输入 SS、S、M、L、XL 等号码，点击颜色框，为不同尺码确定颜色，确定所使用的线的类型、厚度（粗细），得到如图 7-78 所示的尺码表。

接下来是选择一个尺码作为基码，可以选择最大码，也可以选择最小码，不过为了减小误差，一般是选取中间号为基码。

1. 附加

在现有尺码后添加一个尺码（现在选取的尺码）。

操作步骤如下。

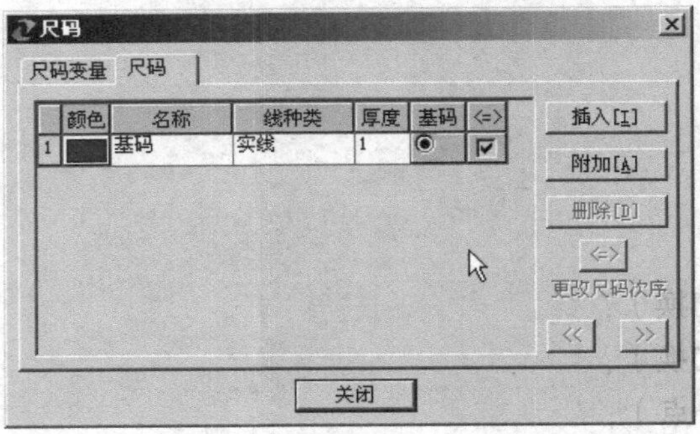

▲ 图 7-77

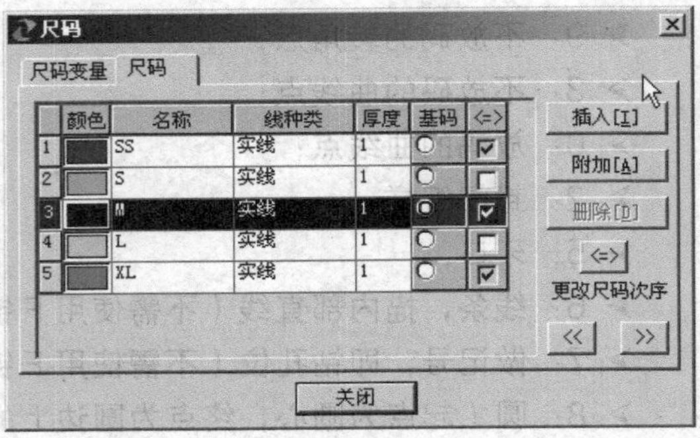

▲ 图 7-78

- 点击欲添加尺码的上一个尺码。
- 点击“附加”。
- 添加新建尺码的名称。

2. 插入

在选定的尺码前添加一个尺码。

3. 删除

从现有尺寸列表中删除一个尺码。

4. 更改尺码次序

改变尺码的顺序。

二、放码

1. 设置档差

点击选中放码点，若该点还不是放码点，需双击该点，弹出“点特性”对话框，将该点选中为放码点，才可以设置它的放码值。使用“Ctrl+F4”快捷键，弹出“放码表”对话框，如图 7-79 所示。

若该点的档差 x 轴方向为 3、y 轴方向为 0.5，则需要在最小码的 dx 列框中输入 3、dy 列框中输入 0.5，然后选中整个 dx 列，点击鼠标右键，根据实际需要在弹出的菜单中选择“全部相等”等命令，对 dy 列同样如此。这样即可完成该点的档差的设置。

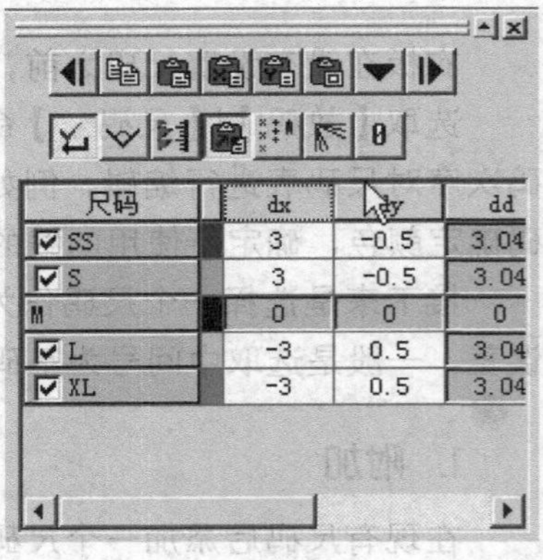

▲ 图 7-79

2. 档差值的操作

（1）复制放码数值：用于将某放码值复制到选定的点上。此放码先被复制到剪贴板上，然后可以被粘贴到其他放码点上面。

（2）粘贴放码数值：包含以下 5 种选项，需要在复制后才可以使用。

① 粘贴相关点：使用粘贴命令时，自动对点放码。在放码菜单旁边的标记表示相关点选项是开启的，如图 7-80 所示。

② 粘贴放码数值：将剪贴板上的放码值，粘贴到某点上。

③ 粘贴 x 方向放码值：只是将剪贴板上点的 x 方向的放码值粘贴到某点上。

④ 粘贴 y 方向放码值：只是将剪贴板上点的 y 方向的放码值粘贴到某点上。

⑤ 贴入边线周围。

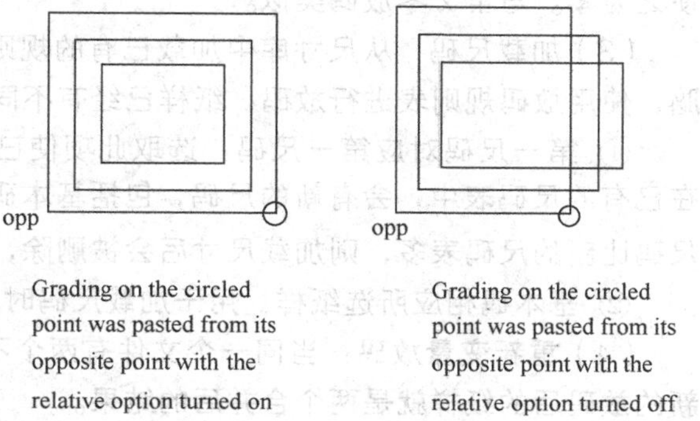
opp
Grading on the circled point was pasted from its opposite point with the relative option turned on
opp
Grading on the circled point was pasted from its opposite point with the relative option turned off

▲图 7-80

操作步骤如下。

- 选取需要放码的点。
- 选择“复制放码”工具。
- 选取需要粘贴的点。
- 选择“整体放码”工具，“dx”和“dy”的值自动被赋到上面的点上。

⑥ 反转放码。

包含 2 个选项：反转 x 放码和反转 y 放码。

改变 x 放码的方向：如果每一放码点的 x 值放大+1，此命令使之成为−1。

改变 y 放码的方向：如果每一放码点的 y 值放大+1，此命令使之成为−1。

⑦ 相等放码。

包含 2 个选项：等于 x 放码和等于 y 放码。

操作步骤如下。

- 输入 x（或 y）方向的较之基本码的增量。
- 将光标移动到放码表 x（或 y）栏的顶端。
- 点击鼠标左键，使 x（或 y）栏突出为黑色。
- 选取“等于 x（或 y）方向放码点”。
- 所有尺码现在等量放码。

⑧ 至零放码：包括以下 4 种选项。

a. 全部至零放码：将某个衣板或所有衣板中的所有放码点同时归零。

b. 至零放码：使所有码的放码点 x 和 y 方向零放码。此命令用于删除特定点的放码值，使之为零。

c. 至 x 零放码：使所有尺码的 x 方向零放码。此命令用于删除特定点的 x 方向放码值，使之为零。

操作步骤如下。

- 改变 x 放码值为零。
- 将光标移动到放码表 x 栏顶端。
- 鼠标左键点击 x 栏，使突出为黑色。

- 选择“x 方向零放码”。
- 所有尺码 x 方向零放码。

d. 至 y 零放码：使所有尺码的 y 方向零放码。此命令用于删除特定点的 y 方向放码值，使之为零。与至 x 零放码类似。

（3）加载尺码：从尺寸库中加载已有的规则表。此命令可用于下列情况：将基样描入电脑，使用放码规则表进行放码；纸样已经有不同的放码表。

① 第一尺码对应第一尺码：选取此项使已有的尺寸对应新的尺寸，从第一尺码开始，在已有的尺码表中，会有新的尺码，包括基本码（*号标注的为基本码），若已有的尺码表的尺码比新的尺码表多，则加载尺寸后会被删除，如图 7-81 所示。

② 基本码相应所选纸样：用于加载尺码时，确定哪一个为基本码。

（4）重新变量放码：当同一个文件有两个不同的放码时，此命令使两套放码结合起来，新的放码后的纸样就是两个合并后的结果。

选取【放码】|【尺码...】命令，弹出“尺码”对话框，如图 7-82 所示，在“尺码”选项中，通过“插入”或“附加”等命令添加尺码，并命名，例如 SS、S、M、L、XL，点击颜色框，为不同尺码确定颜色。

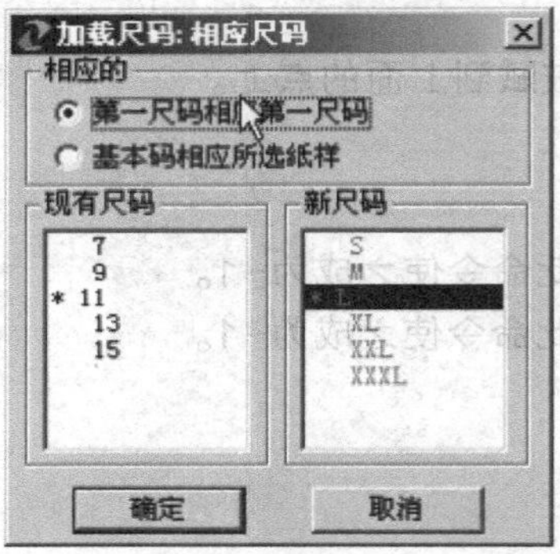

▲ 图 7-81

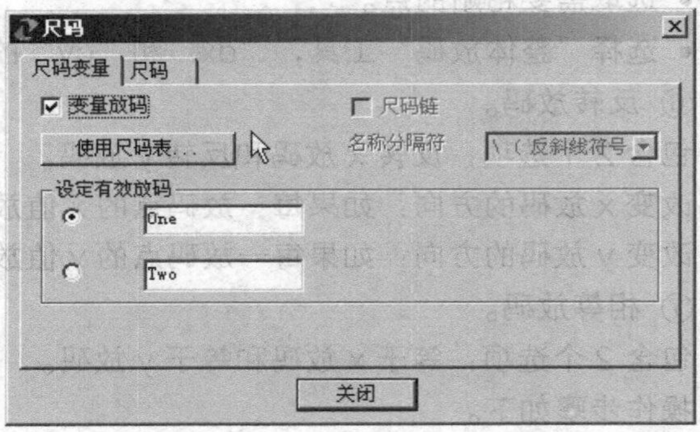

▲ 图 7-82

选取“尺码变量”栏，设定有效放码中第一栏是已确定的尺码，输入其名称。激活第二栏，并命名。再次点击“尺码”，添加尺寸，定义第二套放码系统，例如短、普通、长。

选取【放码】|【从新变量放码】命令，两套放码系统都显示在纸样上。此命令多用在一号多型或一型多号上。

（5）分开每个尺码：将所有版形中的所有尺码，以单独的形式分开并展现在纸样放置区内。

（6）网状放码：录取其他 CAD 系统的 DXF 或 AAMA 文件或放码值，纸样之间的联系丢失后，进行套排放码。例如，录取一男衬衫的马克文件，包括 S、M、L 码，所有录取到 PGS 软件中的纸样都是独立的，尺码之间没有联系。“放码套排”可以使这些没有联系的纸样放码套排。

操作步骤如下。

- 首先，选取【放码】|【尺码...】命令，确定基码和其他码。
- 打开“视图”菜单下纸样属性对话框中的“点的编号”，确定每个尺码的零号点是同一点。

- 点击“套排放码”工具，屏幕底下的状态栏提示操作者选择基本码。
- 点击 M 码上的 1 号点（基本码）。
- 点击 S 码上的 1 号点。
- 点击 L 码上的 1 号点。
- 口袋纸样套排放码，如果看不见套排放码，则按键盘上的 F4。

（7）比例放码：按比例放码用于纸样曲线边的放码，例如，圆摆边、荷叶边的放码，如图 7-83 所示。

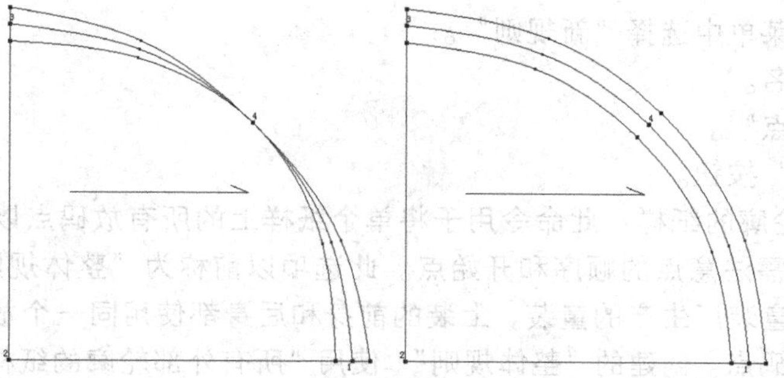

▲ 图 7-83

操作步骤如下。

- 选择“按比例放码”工具。
- 点击按比例的第一点，在上面的例图中，点击 3 号点。
- 点击按比例放码的最后一点，在上面的例图中，点击 1 号点。
- 点击欲按比例放码的点，在上面的例图中，点击 4 号点。

（8）规则放码。

① 创建新规则库：创建新的规则库。选择此项后，尺寸表显示在屏幕的左方。添加新的规则后，尺码表将不再为空。

② 打开规则库：打开一个已有的规则库。选择此项后，新的尺码表显示在屏幕的左边。

③ 输入 AAMA 规则表：从其他的 CAD 系统输入一个规则库。此规则库需是简单的 TXT 格式，否则系统不能识别。

④ 保存规则库为：以其他名字保存规则库。此命令可以为现有的规则库创建一个新的名字，并保存起来。而以前的规则库则不改变。

⑤ 关闭规则库：关闭打开的规则库。当打开一个 DSN 文件后，规则库打开显示在左边，如果保存此 DSN 文件并关闭后，即使打开一个新的 DSN 文件，此规则库仍处于开启状态，就可以用此命令关闭规则库。

⑥ 新规则：在打开的规则库中添加一个新的规则库。

操作步骤如下。

- 选择需要添加新规则的点。
- 选择“放码菜单”下的“规则”，然后选择“新规则”。
- 弹出“新放码规则”对话框后，输入名称（规则的名称字符在 1 到 13 个之间）。

• 点击“确定”按钮。

新放码规则对话框：

从一个或多个放码点中选取一个点创建新的放码规则，多个放码点可以用一个名字命名其放码规则。当选择此选项时，如下例所示：

某公司生产的长裤，一直都使用同一个规则对裆进行放码，裆上有几个放码点。他们将这些放码点都以“立裆”命名储存，而不是分别储存。当放码时，就只需都使用“立裆”规则，而不需要对每个点运用不同的放码规则。

操作步骤如下。

• 点击欲加入新规则的放码点第一点，然后顺时针拖动鼠标至最后一点。
• 从“规则”菜单中选择“新规则”。
• 为新规则命名。
• 选择“选定点”。
• 点击“确定”按钮。

⑦ 所有外部轮廓的纸样：此命令用于将单个纸样上的所有放码点以一个名称保存。要正确使用此选项，需注意点的顺序和开始点。此选项以前称为“整体规则”。当选择此选项时，如下例所示：童装厂生产的童装，上装的前身和后身都使用同一个放码规则。所有上身纸样也是同一个放码点。创建的“整体规则”（使用“所有外部轮廓的纸样”）叫做 100TF 和 200TB。当制作新的上身纸样时，只需要对纸样运用整体规则而不是每个点放码。

操作步骤如下。

• 点击第一点。
• 选择“规则”菜单里的“新规则”。
• 命名新规则。
• 选择“所有外部轮廓的纸样”。
• 点击“确定”按钮。

⑧ 固定规则：用于创建等量放码。

操作步骤如下。

• 打开或创建一个放码规则表。
• 选择“放码”菜单里的“规则”下的“新规则”。
• 弹出对话框，为新规则命名，并点击“固定规则”。
• 弹出对话框，输入 x、y 方向的增量。
• 点击“确定”按钮，所有尺码都将等量放码，不必每个码都输入各自的 X 值和 Y 值。

⑨ 应用规则：使用已有的规则，对某一个点，几个点或整个纸样放码。先点击使用此规则的点，选择“规则”菜单下的“应用规则”。

⑩ 输出规则库：此命令生成一个独立的规则库 TXT 文件，此文件可以单独处理。

放码规则库：PDS 里现有的规则库用于说明怎么使用，只是用于基本的放码，基于标准的放码方式。当使用现有的规则库时，可以看到一些重要的信息：工作单元、每个放码点的规则名称等。

使用规则库放码，如下所述。

• 点击鼠标右键，选择“打开规则库”。
• 弹出对话框，选择需要的放码规则，点击“打开”。

注：如果打开的文件已有尺寸，则将被规则库里的尺寸取代。

- 打开放码菜单下的“加载尺码”。
- 使用放码规则库中的下拉菜单，选择规则名称以对选定点进行放码。例如，裤子侧缝的放码点称为“hem+side seam”，底缝最低的放码点称为“hem+in seam”。
- 点击“应用规则”图标，进行放码。
- 或选择“放码”菜单下的“应用规则”。
- 重复上面两个步骤，直到整个纸样都放码完毕。

（9）排点

① 排点：排点将所有放码后的纸样按 x 轴或 y 轴方向叠在某参考点上，此点称为“叠图点”。此命令也可以用在内部点或钮位上。放码程序会计算每个放码点之间的相对距离，然后相应地移动纸样。

要回到初始位置，在使用“点叠图”之前时，选择一个点，然后在这个点上再使用“重叠”回到初始位置。如果没有这样的点，可以在纸样上添加一个钮位标记（非放码），这个特别的标记可以随后删掉。

操作步骤如下。

- 在纸样上选择叠图的点。
- 选择“排点”命令，弹出对话框。
- 选择希望的显示模式，x 轴或 y 轴点重叠。
- 点击“确定”按钮。

② 沿线上排点：使所有尺码的纸样按选定的线条叠图。

思考题

1. PGM 服装 CAD 打板描板推档系统的界面包含哪些部分？
2. PGM 服装 CAD 打板描板推档系统有哪些工具栏？
3. PGM 服装 CAD 有哪些捕捉方式？怎样合理设置捕捉方式？
4. PGM 服装 CAD 有哪些放码方式？该怎样选择，以及怎样操作？
5. 如何制作省道及进行省道旋转？
6. 如何制作形形色色的褶裥？
7. 当衣片的缝份不是一样大小时，该如何设置衣片的缝份？
8. 怎样裁剪缝份角度？请举例说明。
9. 线上的点和空间的点有何区别，如何绘制这些点？
10. 怎样进行规则放码？
11. 怎样进行多型多号的放码？
12. 用什么工具进行对位设置？如何设置？

第八章 排料系统

- 第一节 计算机辅助排料
- 第二节 排料系统

学习目标

通过本章的学习，了解排料的基本要求和原则，了解计算机辅助排料的方法，了解计算机排料与传统排料的差别，熟练掌握服装 CAD 的排料工具，排出符合生产实际的排料图。

第一节 计算机辅助排料

排料，在服装 CAD 中又称为马克（Marking），是在预定的布料宽度与长度上根据排料规则摆放所要裁剪的衣片。放置裁片时，要根据服装的实际需要做出一定的限制，如丝缕方向的单一性、是否允许旋转、是否允许重叠、是否允许分割等。

传统排料是由人按照经验手工进行的，排料效率低、劳动强度大、易出差错，特别是在裁片多以及排新的款式时更是如此。而计算机排料是根据数学原理，利用计算机图形学设计而成的，且这项技术仍处于不断进步中，因此具有良好的发展前景。

计算机辅助排料与传统手工排料相比，有如下几个优点。

① 计算机排料在显示器屏幕上进行，操作方便、快捷，可以减少人工排料时的来回走动、需要裁片时的不断翻找。

② 计算机排料所需的空间与手工相比要小得多，可以节约场地，降低生产成本。

③ 计算机排料可以实时显示排料信息，不会漏排、多排，且其精确的信息有助于估料、成本核算等各方面的工作。

④ 计算机自动排料可以在较短的时间内得到较满意的排料效果，而且所排好的排料图可以保存下来供多次使用，可以大大降低人工的费用。

⑤ 计算机排料可以跟后续的自动裁剪以及自动缝制等工序无缝连接，实现服装生产的自动化。

采用电脑排料可以提高工作效率，降低成本，避免人工排料时常见的多排、漏排的错误，提高排料质量，减轻排料人员的劳动强度，提高劳动生产率。

一、排料规则

排料的目标是尽可能地提高面料使用率，降低生产成本。要达到这个目的，一般要遵循下面排料原则。

① 先大后小——先排大衣片，然后再排小衣片，小衣片尽量穿梭在大衣片之间的空隙处。

② 凹凸相对——直对直、斜对斜、弯对弯、凹对凸，或者凹对凹，加大凹部位范围，可以便于其他部位排放，减少衣片间的空隙。

③ 大小套排——大小搭配，若所排服装为大、中、小三种款型，可以大小号套排，中档排，使衣片间能取长补短，实现合理用料。

④ 防止倒顺——在对裁片进行翻转或旋转时要注意防止“顺片”或者“倒顺毛”。

⑤ 合理切割——根据实际需要进行合理切割，以提高面料使用率。

另外，还需调剂平衡，采取衣片之间的“借”与“还”，在保证部位尺寸不变的情况下，调整衣片缝合线相对位置，在客户允许的情况下，可在一定范围内倾斜一下丝缕，来提高排料利用率。

二、计算机辅助排料方法

计算机排料方法有多种，但归纳起来有以下三种。

1. 手工排料

利用服装 CAD 提供的排料工具将衣版从待排区拿出来，按照排料规则排到工作区里。

2. 自动排料

自动排料是计算机自动完成裁片的排料。先设置好排料参数，如排料的时间、排料的宽度、衣片的限制信息，然后由计算机自动完成排料。特别是近年发展起来的智能自动排料，采用模糊智能技术，结合专家排料经验，模仿曾经做过的排料方案进行优化排料，还可以进行无人在线操作，系统深夜持续运转可以处理大量排版任务，大大提高排料效率和减轻人工的繁重劳动。

3. 人机交互式排料

人机交互式排料是指按照人机交互的方式，由操作者利用鼠标根据排料的规则和自身排料的经验将裁片通过旋转、分割、平移等手段排成裁剪用的排料图。在操作过程中，系统实时提供已排放的裁片数、待排裁片数、面料幅宽、用料长度、用布率等，为排料提供参考。该方式是生产实际中最常用的方式。

第二节　排料系统

计算机服装排料是服装 CAD 应用于生产的主要方面，也是体现服装 CAD 优越性的关键技术。排料系统可以与绘图设备连接在一些，排好的马克图可以日夜不停的输出，大大减轻服装技术人员的工作负担，同时也降低了生产成本，提高了工作效率。

一、图标与工具栏

打开 PGM 的马克排版系统，出现如图 8-1 所示的界面。

1. 系统工具栏

该工具栏是关于文件操作的命令，包含新建、打开、合并排料图、保存、打印、绘图等工具图标，如图 8-2 所示。

2. 一般工具栏

该工具栏用于查看排料图、测量及做牙口和标文字等，如图 8-3 所示。

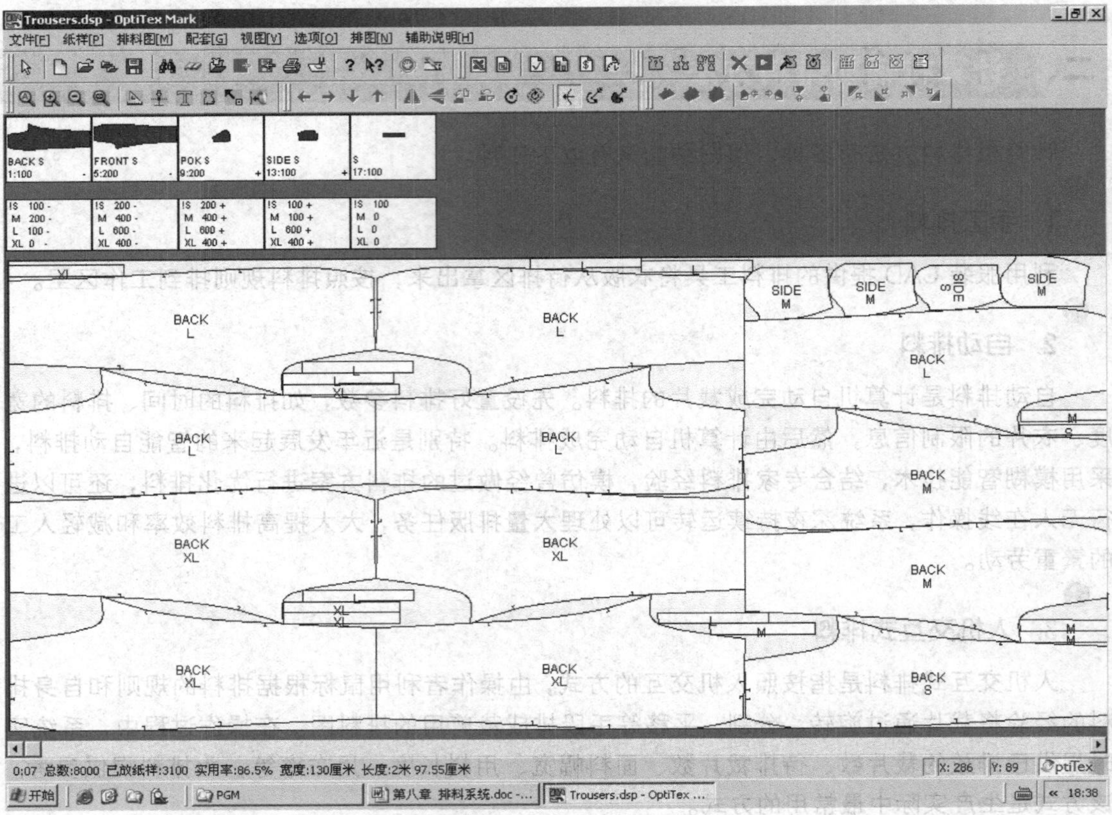

▲ 图 8-1

▲ 图 8-2

▲ 图 8-3

（1）查看所有纸样：查看所有工作区域中的纸样，在工作区尽可能大的显示所有纸样。

（2）缩放：选取缩放工具，在需放大的区域拖动拉出正方形选框，即可对选框内图形进行放大显示。

（3）还原：将放大的区域恢复至以前的比率。

（4）查看整个排料图：按合适的比率显示整个排料图区域里的纸样。

（5）撤销：使用撤销工具改变最新的对马克文件的修改。可以连续选取 20 次，直到将文件添加到排料图区域。

（6）重做：重做最新一次的操作。

（7）测量：测量任两点之间的距离。可以是水平的，垂直的或呈斜线的两点。x 方向和 y 方向上的距离以及整个线段的长都在屏幕底端的状态栏里显示。

点击开始测量的地方并拖动至结束处。

（8）牙口：用于添加、删除、编辑钮位或牙口。

（9）文本：文本工具可改变纸样描述信息的位置，尺寸和角度，如图 8-4 所示。纸样描述信息由“选项”菜单决定。也可以用文本工具在纸样上添加或编辑内部文本。

3. 纸样工具栏

纸样工具，如图 8-5 所示，可更改纸样信息和属性，更改后的属性可以采用于打开的马克文件。但是对于纸样信息和属性参数，最好在打板软件程序里编辑修改。

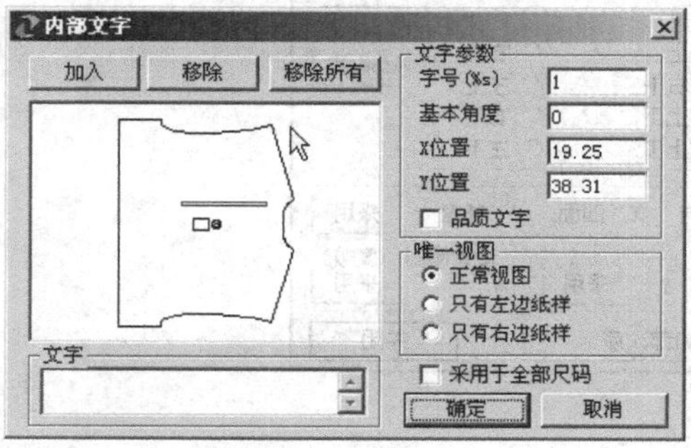

▲ 图 8-4

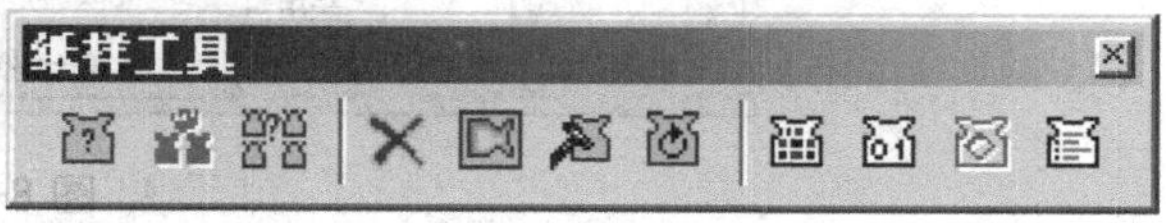

▲ 图 8-5

（1）纸样资料：此命令用于修改，更新选定纸样或尺码的信息和其他参数。纸样信息包括款式和纸样名、代码、描述、拷贝数、当前层数、剩余纸样、纸样方向、旋转限制、锁定纸样等，如图 8-6 所示。

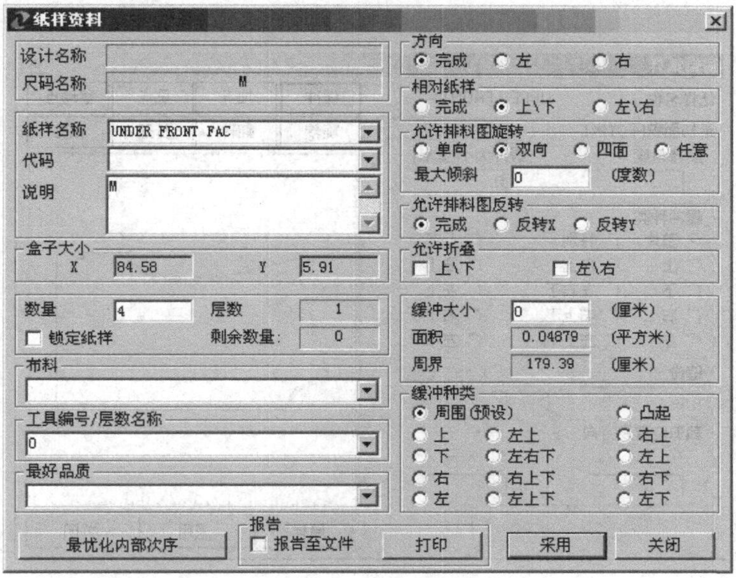

▲ 图 8-6

（2）总体纸样资料：总体信息控制排料图上所有尺码，纸样的总体信息。

（3）删除纸样：用于删除选中纸样，被删除的纸样回到纸样待排区，如图 8-7 所示。

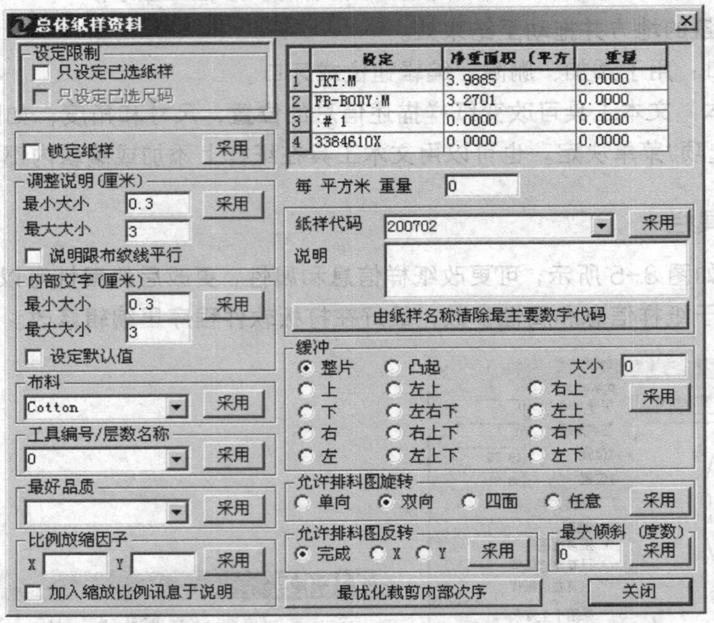

▲ 图 8-7

（4）纸样入孔洞。

（5）编辑纸样：编辑纸样命令提供一个特殊的编辑环境，如图 8-8 所示，所有的编辑只作用于选定纸样。该命令用于修改某些可以做一定特殊处理的衣片，例如，某衣片经过裁剪处理后可以提高排料效率而不会影响服装效果，则可以对此衣片进行裁剪处理。

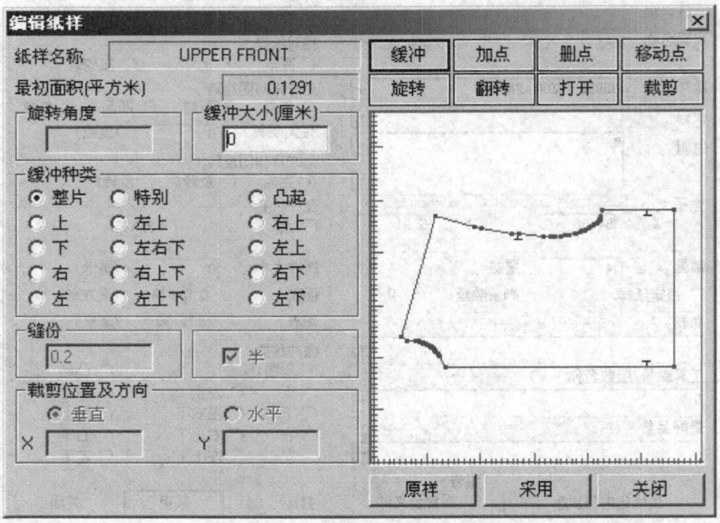

▲ 图 8-8

操作步骤如下。

- 选取要编辑的纸样。
- 点击该按钮。
- 设定选项。
- 点击“采用”，并“关闭”。

① 原样：恢复到纸样图形编辑操作前的原始状态。

② 翻转：点击“翻转”，并在下面的“垂直”，“水平”里选取翻转方向，点击“采用”。

③ 增加点：在纸样缓冲区域上添加点，但是不添加到原始尺寸上。点击“增加点”，然后再点击需要添加点处，点击“采用”。

④ 打开：添加选定纸样的对称纸样（该对称纸样包含原纸样，且原纸样依然存在）至排料图上。点击“打开”按钮，点击并拖动到打开线上，点击“采用”。

⑤ 旋转：旋转选定纸样。

⑥ 删除点：删除添加在纸样缓冲上的点。先选定“删除点”，点击欲删除的点，然后点击“采用”。

⑦ 裁剪：此命令用于按水平或垂直方向剪切一个纸样，将原来的裁片分割。当一个纸样裁剪成两部分，两个新的纸样将自动添加到纸样列表栏里。

操作步骤如下。

- 在“纸样图形编辑”对话框中选择“裁剪”按钮。
- 输入缝份留量值。
- 选择“垂直”或“水平”。
- 点击纸样侧边，按住鼠标左键，可以拉出一条裁剪线段至纸样上。
- 拖动鼠标至相应位置。
- 点击“采用”按钮。

⑧ 缓冲：在选定纸样上特定部位添加纸样，或在某尺寸上添加纸样。要在排料图上某一尺码的一个纸样上添加缓冲，可以拷贝一个新纸样并添加缓冲。

操作步骤如下。

- 点击“纸样图形编辑”对话框里的“缓冲”选项。
- 输入缓冲值。
- 选择添加缓冲的部位：围绕、向上、向下等。
- 点击“采用”按钮。

⑨ 移动点：移动纸样上的点。点击“移动点”，点击欲移动的点并拖动到新的位置，点击“采用”。

（6）内部：在“内部”对话框中可更改选定纸样的内部元件属性，包括钮位、线条、弧、轮廓、省道上的点或褶。点击对话框里的箭头可选取不同的内部元件。

（7）内部文字：编辑纸样内部文本。在“文本编辑”框里输入需要的文本，可以选取字符大小和角度。

（8）孔洞内部：改变内部轮廓属性，孔洞变为轮廓，轮廓变为孔洞。如果内部附件的属性为孔洞，自动排料时，软件将把纸样自动放置在孔洞里。

（9）总体改内部参数：命令用于一次性改变内部物件的属性，如类型、尺寸、是否裁剪等。

4. 手动工具栏

手动工具栏有移动及翻转等命令，如图 8-9 所示，用于对所选纸样做移动及翻转的操作。

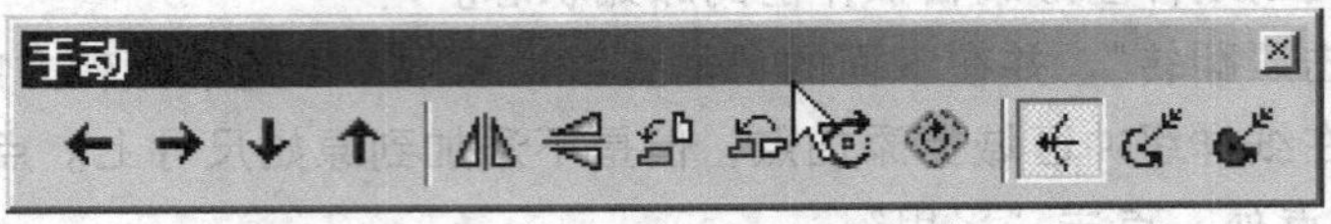

▲图 8-9

（1）左移(Alt+4)：将选定纸样左移直至另一纸样轮廓。

注：选定纸样每次可移动 10 个像素。

（2）右移(Alt+6)：将选定纸样右移直至另一纸样轮廓。

（3）下移（Alt+2)：将选定纸样下移直至另一纸样轮廓。

（4）上移（Alt+8)：将选定纸样上移直至另一纸样轮廓。

（5）沿 y 轴翻转：使纸样在排料图上沿 y 轴翻转。如果在纸样信息里设定的是一个方向，则不能沿 y 轴翻转。

（6）沿 x 轴翻转：使纸样在排料图上沿 x 轴翻转。

（7）90°翻转：选定纸样每次逆时针旋转 90°。

（8）180°翻转：选定纸样每次逆时针旋转 180°。

（9）绕中心旋转：选定纸样绕纸样中心旋转。如果选取了“选项”菜单里的“旋转后实样”，纸样会与最近的 90°角对齐。

- 点击“绕中心旋转图标”。
- 鼠标单击欲旋转的纸样的中心、或其他中心，纸样即绕此点旋转。

（10）旋转纸样：绕鼠标点击处的点旋转纸样。

- 点击“旋转纸样”工具。
- 点击纸样上欲旋转的中点，纸样绕选定点旋转。

（11）调整：将纸样放置在排料图上空白区域。

调整至临近纸样或排料图边缘：

- 点击“调整”工具（“调整”工具会一直处于激活状态，直至选取“调整旋转”或“插入孔洞”工具）。
- 拖动鼠标至需要放置纸样处。
- 纸样即移动到相应位置。

（12）调整旋转：此工具与“调整”工具类似，都是使排料图排列更紧密。如果选中“选项”菜单里的“旋转限制”工具，则需要在纸样信息对话框中设定旋转限制。纸样的尺寸、位置和纸样数目都会影响纸样排列的时间。

（13）插入到孔洞：此命令与“调整旋转”工具类似，跳过其他纸样并旋转选定纸样使排料图排列更紧密。

5. 对齐工具栏

该工具栏用于对齐所选中的裁片，有水平居中排列、水平排列、竖直排列，如图 8-10 所示。

（1）自定排栏：点击该按钮，弹出“对齐”对话框，设置方向及整理选项后即可完成对齐操作，如图 8-11 所示。

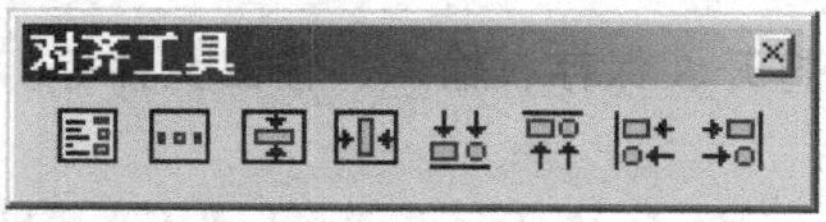

▲ 图 8-10

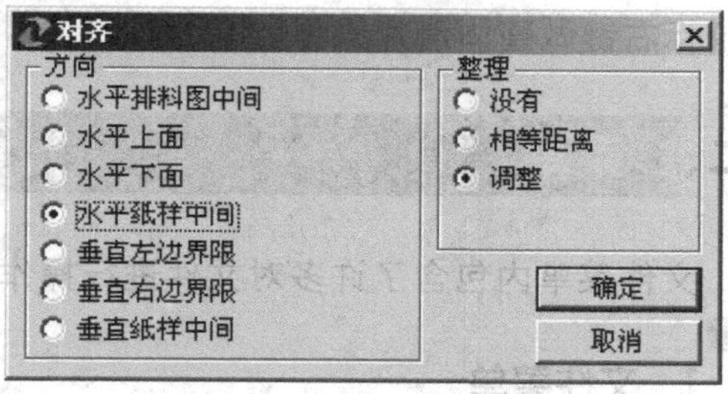

▲ 图 8-11

（2）排栏排料图中间：将所选衣版上下移动，做横向居中排列。

（3）排栏水平：将所选衣版上下移动，做横向排列，衣版的水平轴线在同一水平线上。

（4）排栏垂直：将所选衣版左右移动，做纵向排列，衣版的纵向轴线在同一竖直线上。

（5）排栏下面：将所选衣版上下移动，做横向排列，衣版的下边边界在同一水平线上。

（6）排栏上面：将所选衣版上下移动，做横向排列，衣版的上边边界在同一水平线上。

（7）排栏左边：将所选衣版左右移动，做纵向排列，衣版的左边边界在同一竖直线上。

（8）排栏右边：将所选衣版左右移动，做纵向排列，衣版的右边边界在同一竖直线上。

6. 排料图工具栏

该工具栏用于定义排料图、查看裁片在排料图中的位置、复制选中裁片等，如图 8-12 所示。

▲ 图 8-12

7. 其他操作

（1）衣版的取下与放回：用鼠标左键双击要取下的衣版的尺码（或衣版图标），可以将该衣版取到工作区中，也可以用鼠标拖放的方法将所需要的衣版取下来。

在工作区中用鼠标左键双击需放回衣版栏的衣版，可以将该衣版放回到衣版栏中去，对多取的衣版也可以通过此方法撤销。

（2）滑片：用鼠标右键点击预滑片衣版，并向所需滑动方向拖放即可。

（3）组群：将几片排放合理的衣片组成一组，整体移动，提高排料速度。

用鼠标左键框选预做组群的衣版，然后可以用鼠标左键对组群作整体移动操作，也可以用鼠标右键做整体滑片操作。

二、菜单

文件菜单内包含了许多对文件进行操作的命令，如打开、保存、输入、输出文件等。

1. 文件菜单

（1）新建：此命令重设屏幕，清空当前纸样，创建新的马克文件。

（2）打开：打开保存过的马克文件（DSP 文件）。马克文件通常都是款式文件（DSN），来自 PDS 或放码程序，也可以打开其他某些 CAD/CAM 系统的文件。

（3）合并排料文件：使两个马克文件排列在排料图上，每个排料图的侧边相临（这是默认的模式）。若两个马克文件的宽度和层数不一致，则选取两者中较宽的和选取当前文件层数 (而非当前加载马克文件层数)。

（4）打开款式文件："打开款式文件"可用于创建一个新的排料文件（马克文件），也可以添加或合并几个款式文件。

（5）输出 CAD/CAM 文件：将马克文件以其他的文件格式输出，如图 8-13 所示。支持的文件格式如下。

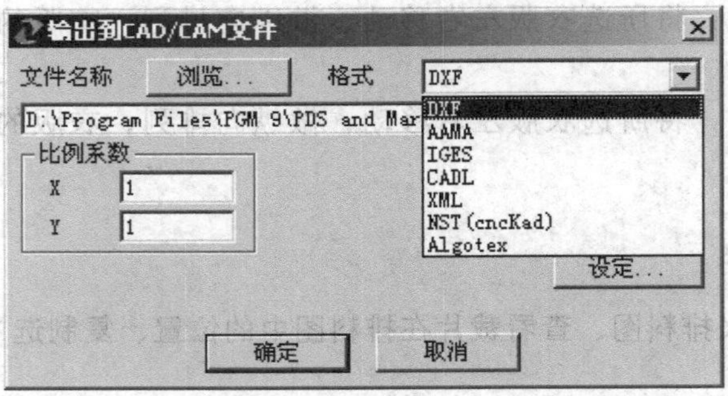

▲ 图 8-13

DXF—AutoDesk/AutoCADTM ASCII

AAMA—The American Apparel Manufacturing Association format is based on the AutoCAD DXF file format. It was confirmed and agreed by all large CAD/CAM manufacturers.

IGES—Initial Graphics Exchange Specification file format of NBSIR.

CADL—CADKEYTM ASCII file format.

XML—Extensible Markup Language，一种扩展性标识语言。

NST—cncKad CAD/CAM 自动编程软件的文件格式。

2. 排料图菜单

排料图菜单包含许多与排料图、套排功能相关的命令。在“排料图”菜单里可设定排料图尺寸、清除排料图、放置纸样、删除排料图上的纸样、检测重叠纸样等。通常准备一个马克文件有下列一些步骤。

- 在“文件”菜单里，选择“打开款式文件”。
- 在“排料图描述”对话框内设定面料类型。
- 在“排图”菜单下的“优化计算”对话框内设定“层的编号”数。
- 在“排料图描述”对话框中设定排料图宽度、长度和展开模式。
- 点击“开始自动排图”按钮将纸样在排料图上套排，也可使用各种图标工具或命令手工排料。
- 使用“文件”菜单内的命令绘图或切割排料图。

（1）排料图定义

① 排料图面积：最近一次设定的排料图参数作为默认的排料图尺寸。可输入新值改变排料图宽度和长度。其中宽度为面料的宽度，长度为面料的长度，如图 8-14 所示。长度值一般以当前裁床最大长度为参考，这个值可随时改变。

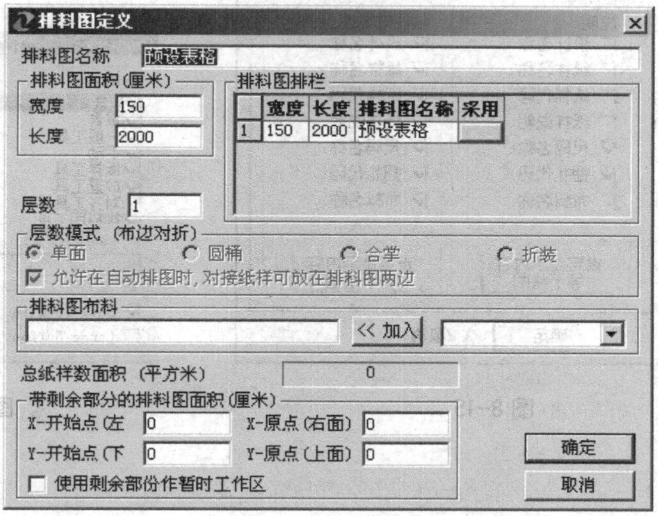

▲ 图 8-14

② 层数：排料图的层数。

③ 层数模式：有四种排料图的展开模式：单面、圆桶、合掌、折装。展开模式将影响排料图上纸样总量的计算。

④ 总纸样数面积：排料图上所有纸样的总体区域。其中 X－开始点指排料图左边的留量；X－原点指排料图右边的留量；Y－开始点指排料图底端的留量；Y－原点指排料图顶端的留量。

⑤ 排料图布料：输入面料类型，在排料图头上将显示面料。

（2）清除排料图：选取“清除排料图”，或按快捷键 Ctrl+C，弹出确认对话框。点击“确定”，清除排料图。此命令很常用，特别是在排料时推倒重来的情况时需用。

（3）移除所选纸样：删除排料图上选定纸样，并将其放至纸样列表栏内。

可以单击选中单片或点击并拖动鼠标选定所想删除的多片纸样。如果只需要删除一个纸样，双击此纸样即可。

（4）Copy Maker Image：将工作区已经排好的排料图拷贝到剪贴板中，然后粘贴到需要的地方，例如粘贴到工艺文件里。

（5）Sort Pieces：将待排区的裁片排序放好。共有3种方式：按英文字母排序、按衣片大小排序和按衣片类型排序。

3. 视图菜单

用于设置工具条的显示与否以及设定显示在屏幕上和打印输出的纸样信息。

（1）纸样于排料图上内容：设定显示在屏幕上和打印输出的纸样信息，如图8-15所示。

（2）工具栏：设置工具栏的显示与否。可采用大图标、小图标或“Cool Look”，一般在刚装完软件后设置常用的工具栏，如图8-16所示。

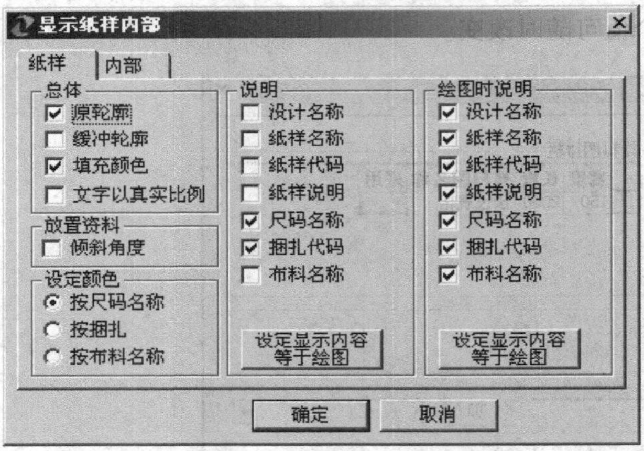

▲ 图8-15

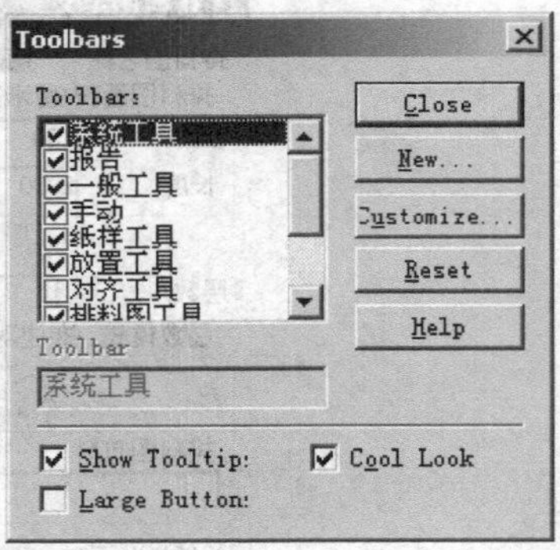

▲ 图8-16

4. 选项菜单

用于设置排料图、纸样栏、提示行等的字体，纸样和背景的颜色以及尺寸单位等。

（1）条纹调整：此命令可显示/不显示条纹、格子或印花面料。激活时，所有同类纸样都将调整使与排料图上第一片纸样匹配。匹配点是具编号的扼位或钮位。

（2）单纸样空间：用于显示选中的单个纸样空间。在“选项”菜单下的“其余设定”对话框内可以设定单个纸样空间。单纸样空间是指一片纸样周围的间隙与其他纸样之间的距离，而不是与排料图边缘之间的距离。

（3）量度单位：设置长度单位和面积单位，如图8-17所示。

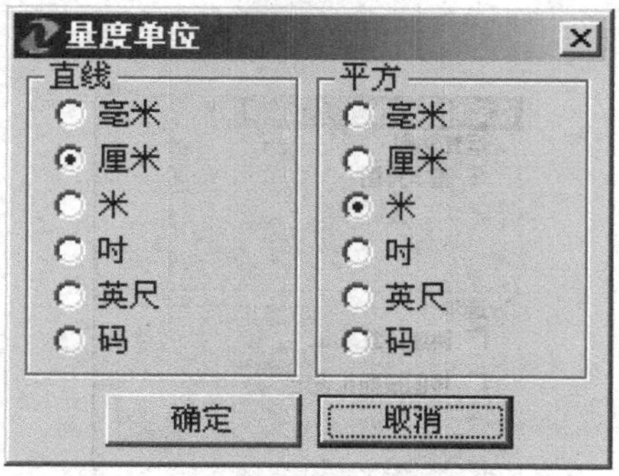

▲ 图 8-17

（4）其余设定。

① 状态行：在屏幕底端状态行显示的信息。

② 选项。

a. 自动摘录重叠：手工排料时，可避免纸样重叠。如果有重叠交点，纸样会自动跳开。

b. 扼位深度：设定使用 Marker 里扼位工具添加的扼位的深度。

c. 扼位宽度：设定使用 Marker 里扼位工具添加的扼位的宽度。

d. 钮位半径：纸样上所有钮位的尺寸。

e. 文本大小：设定使用 Marker 里文本工具添加的文本的宽度。

5. 排图菜单

排图菜单提供了多种自动排料的方案。

（1）停止：开始自动排料后，有一小时显示。选取“停止”可终止自动排料。只有当前一片纸样排料完毕，才可完全停止。如果当前纸样很复杂，可能需要一些时间停止自动排料。

（2）继续：此命令可允许操作者将剩余的纸样放在排料图上，继续自动排料程序。

（3）开始自动排料：排料图区域将排上所有纸样。要停止自动套排，点击“停止”。

（4）所选纸样自动排料图：要激活此命令，至少应选定纸样列表栏中两个尺码或纸样。只对这些选定纸样进行套排。

（5）特别自动排图模式。

① 自动排压：以最紧凑的方式在排料图上排列纸样。套排结束后点击通过此命令以获得更好的套排效果。

② 复制排料图：复制当前所有排料图上排好的纸样。

如果没有足够纸样排满排料图，此命令可增加纸样，但是纸样显示数值为负。

（6）设定自动排图：设定排图的法则和方式，如图 8-18 所示。

（7）自动保存排料图文件。

① 浏览：点击“浏览”选择原排料图文件。添加的 DSP 文件与其文件名相似。

② 储写至记录文件：每次保存排料图或绘图时，排料图信息将被写入日志文件。点击“更改记录”可为此 ASCII 日志文件命名。

③ 常见套排文件：NST 是“cncKad”系统的一种文件格式。每次保存 DSP 文件时，将

自动生成 NST 文件。

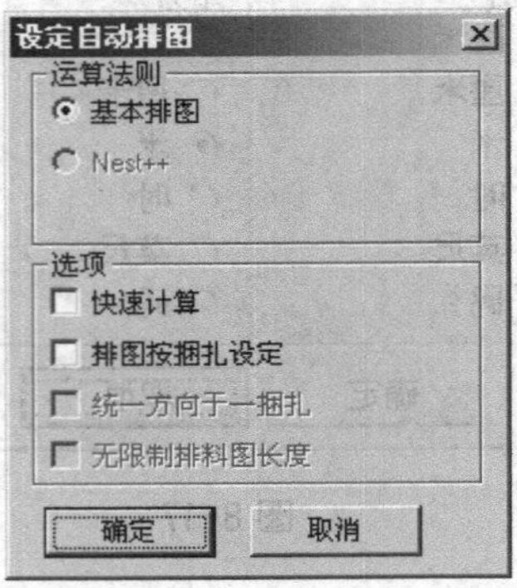

▲ 图 8-18

④ 只保存已排料图部分：只保存原排料图，并不保存剩余纸样，只在新排料图的纸样列表栏中排列剩余纸样。

思考题

1. 简述 PGM 服装 CAD 的排料流程。
2. 简述计算机辅助排料的优点。
3. 怎样进行对条对格的设置？
4. 怎样进行有选择性的排料？
5. 什么情况下需要对某些衣片做微调，怎样做？
6. 如何按要求输出任意比例的迷你排料图？
7. 简述排料规则。
8. 排料时可以进行缓冲的设置，为什么要进行缓冲的设置？怎样做？
9. 排料时有时为了省料，需要对某些衣片作切割，怎样切割？

第九章　工艺设计系统

- 第一节　工艺文件制作基础知识
- 第二节　CAD 工艺设计系统

学习目标

了解工艺文件所包含的内容及如何编写工艺文件，掌握使用服装 CAD 的工艺设计系统编写工艺文件、绘制工序流程图等。

第一节　工艺文件制作基础知识

工艺文件是一项最重要、最基本的生产技术文件之一，它反映了产品工艺过程的全部技术要求，是指导产品加工和工人操作的技术法规，是贯彻和执行生产工艺的重要手段，是产品质量检查及验收的主要依据。

工艺文件主要有三种类型。第一种是贸易部门向生产部门下达的工艺文件，重点布置生产部门需要做到的各项要求以及必须达到的技术指标。在一般情况下，这一类文件没有阐述工艺技术与操作技法，而只提出要求。第二种是生产企业为了保质保量、准时交货，在企业内部统一操作方法，组织工艺流程而设计的工艺文件。文件内容翔实，专门为完成某一客户合约而规定了具体的工艺要求，也称为专用工艺文件。第三种是基础工艺文件，即生产某一大类品种，如男衬衫、西裤、西服、夹克衫等产品必须掌握的全部生产工艺方法。它所涵盖的内容中有生产工人上岗前必须要掌握的基本技能和生产技术，它是生产工人上岗前进行培训的必备教材。

一、工艺文件内容

1. 适用范图

服装工艺文件，必须具备完整性、准确性、适应性及可操作性的要求，应明确其适用范围。

为避免工艺文件用错，工艺文本必须详细说明该工艺文件适应产品款式的全称、型号、色号、规格、销售地区、合约及订货单编号等。

2. 产品概述

产品概述包括：产品外形、产品结构、产品待征以及主要原辅材料等方面的简介。例如西服套装概述。上衣：西装领、平驳头、单排扣三粒钮，前门襟止口下面圆头，三开袋，大袋双嵌线装袋盖，前片收胸省，胁省收到底边，后背不开衩，袖口开衩钉纽扣三粒，全夹。裤子：上腰头前方角，装腰，暗钉裤串带七根，后裤片收双省，双后袋、双嵌线，左侧后袋开眼钉扣一粒，门襟装配色尼龙拉链，里襟装尖嘴拌。

3. 产品效果图

产品效果图是指导车间制作的样本，为此要求十分严谨，不仅比例要协调合理，而且要求各部位的标注准确无误，线条的长短及位置、宽窄的比例都要与实样相符。所以，效果图不宜用时装画稿代替，以防止由于认识上的差异造成差错。正确的效果图应该规范而端正，复杂部位以及关键工艺还应配有解剖图，以便能准确理解。

4. 样板制作要求

制作裁剪样板是工艺文件的主要内容之一。文件应该明确规定样板制作的要求，例如样板经纬向放多少的缩水率、每条缝的缝份大小、贴边宽窄、经纬方向的偏斜程度及单向限制等方面的技术要求。

5. 产品规格、测量方法及允许误差

产品规格及测量方法，客户提供规格的，应严格按照客户的规格来设计工艺文件，客户没有提供的或自产经营产品的规格可以自行设计。

6. 熨烫部位及允许承受的最高温度

在设计工艺文件时，对需要熨烫的部位，必须写明，并配以适当的熨烫工具设备及熨烫时间、压力、温度等熨烫参数。

7. 工夹具及专用设备的使用规定

为了提高生产工效，确保产品质量，工艺文件有必要规定使用统一的工夹具及专用设备。

8. 原辅材料的品种、规格、数量、颜色等规定

工艺文件对所指导的产品品种、规格、数量、颜色等应与合同单相符，并与原辅材料样卡相核对，确认无误，才允许投入使用。编写工艺文件时，对原辅材料的使用应有详细的说明。

9. 有关裁剪方法的规定

因产品款式风格、面辅料花形图案及门幅的不同，技术部门可以选择相对合理的裁剪操作工艺。就铺料方式可归纳为四种工艺：来回和合铺料、单层一个面向铺料、冲断翻身和合铺料和双幅对折铺料。这四种铺料方式作用不同，各有优、缺点，选择时应比较利弊关系，选择最适合的方式。

（1）来回和合铺料：指的是在一层材料铺到头后，折回再铺。这种方法不需每层冲断，可以在全部铺好以后再逐层冲断或用电刀开齐。

（2）单层一个面向铺料：指的是在一层面料铺到头以后冲断夹牢，再从头开始第二次排料。

（3）冲断翻身和合铺料：在一层材料到头以后，将原料冲断翻身铺上（一层翻身，一层不翻身），两层面子朝里和合铺。

（4）双幅对折铺料：门幅对折、正面朝里的铺料方式。

10. 产品折叠、搭配及包装方法

工艺文件必须写明产品的折叠方式和长与宽的折叠尺寸。

11. 有关部件及缝制方法的规定

工艺文件必须提出具体缝制要求，必要时配图示说明。

12. 配件及标志的有关规定

规定本产品采用的商标、号型、成分标示及洗涤说明等标志，并规定使用方法及钉的位置。

13. 产品各工序技术要求

各道工序的生产技术要求。

14. 缝纫型式与针距密度

写工艺文件时应认真执行 FZ 80003—94《纺织品与服装 缝纫型式 分类和术语》行业标准。

二、工艺文件编写要求

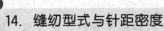

（1）根据客供样品及有关文字说明或者本企业试制的确认样。

（2）依据合约单指定的规格、款式、型号及生产批量。

（3）依据本企业现有的专用设备及可能使用的专用设备。

（4）依据客户提出的补充意见及销售地区的风土人情。

（5）产品技术标准规定的各项技术条件。

（6）样品试制（确认样、船样）记录及改进意见。

（7）原辅材料检验报告及其分析意见。

（8）原辅材料合格确认样卡。

三、工艺文件编写格式

1. 封面

（1）款号、合约号、销售地区、产品生产数量。

（2）产品平面款式效果图（正、背面）。

（3）制板人、工艺编制人、审核人。

（4）生产企业名称。

（5）日期。

2. 首页：规格表

（1）成品系列主要规格表（大规格）。

（2）成品系列细部规格表（小规格）。

（3）成品服装部位测量方法与要求。正常方法一般在成品规格表中说明，非正常方法应加以特别说明，一般以图文并茂的形式来加以描述。

3. 原辅料表

（1）原材料耗用及搭配表。

（2）辅助材料耗用及搭配表。

4. 样板使用说明

（1）裁剪样板使用说明。
（2）工艺样板使用说明。

5. 裁剪工艺说明

（1）原辅料性能情况。
（2）排料要求与特点。
（3）排料图与分床方案设计。
（4）铺料要求。
（5）开裁要求。
（6）分包与打号要求。
（7）粘衬要求。
（8）辅料裁剪要求。
（9）各工序质量控制与劳动定额情况。

6. 缝制工艺说明

（1）缝制工具、针距、线迹、基本缝型要求。
（2）缝制工序流畅的编排。
（3）粘衬部位与要求。
（4）中烫、半成品锁钉要求。
（5）工艺样板使用部位及方法。
（6）辅助工具与专用设备使用情况。
（7）商标、尺码、各种唛份及标记缝制部位。
（8）各主要工序的基本方法与要求。
（9）各工序的质量控制与劳动定额。

7. 后整理工艺说明

（1）锁钉工艺要求。
（2）整烫包装工艺要求。

8. 装箱与储运说明

（1）装箱搭配。
（2）装箱要求。
（3）储运要求。

9. 其他流水安排与工序额定说明

第二节　CAD 工艺设计系统

一、CAD 工艺设计系统设置

1. 页面设置

生产工艺单是企业用于指导生产的技术文件，制作完成之后需要打印出来，因此需要先进行页面设置。

选取【文件】|【页面设置】命令，弹出“页面设置”对话框，对纸张、方向以及页边距等选项进行设置。

2. 绘制工艺单的设置

选取【视图】|【选项】命令，弹出“选项”对话框，对显示、网格大小、捕捉半径、保存等选项进行设置，如图 9-1 所示。

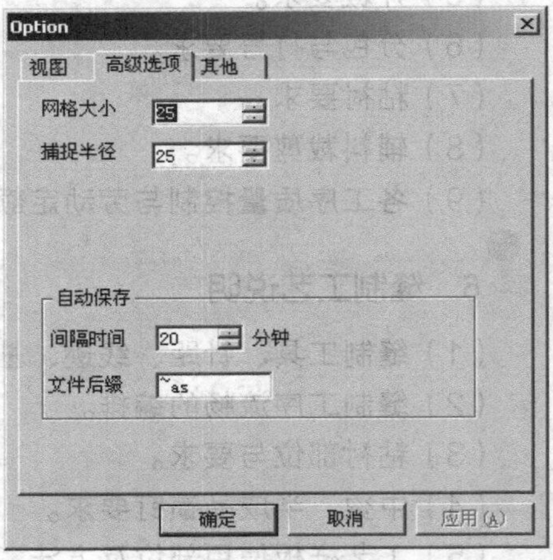

▲ 图 9-1

3. 其他内容的设置

包括页面背景、网格显示与否、状态栏是否显示、工具条的设置，这些设置在工艺设计系统的“视图”菜单中完成。

二、CAD 工艺设计系统使用介绍

1. 文件操作

对文件进行存取操作，包括文件的新建、打开、保存为模板、从模板打开、关闭、保存、另存为、保存为图元、保存为线型、导出为图块及其他图像文件和打印相关选项。

2. 线绘制工具

（1）矩形工具：矩形工具可以绘制出矩形，该矩形可以进行变长、变宽和旋转的编辑。

（2）直线工具：直线工具用来绘制直线。

（3）箭头工具：箭头工具用来绘制箭头。

（4）贝氏曲线工具：用于绘制贝氏曲线。

（5）圆形工具：圆形工具可以绘制正圆及椭圆，并可以调整。

（6）多义线工具：该工具可以绘制出多义线，并且可以用多义线编辑工具进行编辑修改，是绘制图形时最常使用的工具之一。

操作步骤如下。

- 选择多义线工具。
- 在需要绘制多义线位置，点击鼠标，作为多义线的起点。
- 动鼠标，会出现随鼠标移动的直线。
- 依次点击鼠标，绘制多义线的各节点。
- 绘制完成最后一点后，点击鼠标右键，会弹出右键菜单。

在右键菜单中选择封闭，或者完成来结束多义线绘制。

（7）插入图元工具：该命令可以插入保存在磁盘中的已做好的图元或图块，从而加快绘图速度。

（8）插入图像工具：该命令可以插入多种类型的光栅格式图像。方法如下：单击该命令图标，打开浏览对话框，选择所需插入的图像，然后在文件工作区拉出需要放置图像的区域即可。

（9）添加文字工具：该命令可以在文档的任何位置添加文字。方法如下：首先，单击选取该命令；然后，在所需添加文字的地方点击，弹出“修改文字”对话框；最后，在对话框中输入所需文字，单击“OK”按钮。

若需要对文字的大小、颜色及内容等信息修改，可以双击该文字并进行编辑修改。

（10）插入对象：选取【插入】|【插入对象】命令，弹出“插入”对话框，选择所要插入的对象，然后点击“确定”按钮。

用该命令可以插入来自其他软件的对象，如 Excel 表格、Word 文件、图片、视频、pdf 文档等。

3. 点绘制工具

用点绘制工具绘制出“参考点”，包含相对点等，如图 9-2 所示。

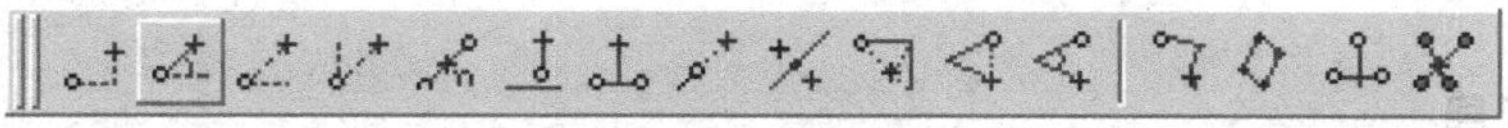

▲ 图 9-2

4. 多义线编辑工具

（1）插入点：在多义线上插入一点。

（2）删除点：在多义线上删除一点。

（3）点属性：修改多义线上的点的属性。

（4）任意填充：对封闭区域填充。

（5）沿线填充：沿轮廓线填充。

（6）修改填充：对上述两种工具得到的填充效果进行修改。

（7）倒圆角：对多义线的角进行倒圆角的处理。先选中该命令，再选取要做圆角处理的点，然后输入倒角半径即可对所选点进行倒圆角处理。

（8）连成多义线：将原本不是多义线的几根线条连在一起，并转变为多义线。

5. 对象控制条

控制直线、曲线、多义线、矩形、图元和对象的编辑状态。分为三种：锁定、冻结和隐藏。工具图标如图9-3所示。

▲ 图9-3

6. 修改工具

（1）移动对象：使用这个工具可以精确地将选中的对象移动到指定的位置。

（2）水平翻转：这个工具可以实现对选中对象的水平镜像。

（3）垂直翻转：这个工具可以实现对选中对象的垂直镜像。

（4）旋转对象：将选定对象以指定点为中心进行旋转。

（5）炸开对象：这个工具可以将组合在一起的对象组（图元、图块等）炸开，分解成单个的对象。

（6）图元转成图块：将图元转化为图块保存下来。

（7）组合到图块：将一些单独对象组合在一起，并成为一个图块整体。

（8）沿线阵列对象：该命令可以使所选对象沿曲线或多义线阵列。操作步骤如下：

① 选择一个对象，作为阵列单元；

② 选择沿线阵列工具；

③ 用鼠标点击曲线、或多义线上两点，作为阵列的起点和终点；

④ 在输入栏输入阵列单元的数量，回车。

（9）直线阵列对象：该命令可以使所选对象沿直线阵列，操作与（8）类似。

（10）延伸线条：将所选线条延伸到其前面的对象。

（11）剪切线条：将所选线条剪切。

7. 格式工具

（1）文字颜色：用于修改文字的颜色。

（2）线条颜色：用于修改线条的颜色。

（3）填充颜色：用于修改填充的颜色。

（4）次序工具：用于调整对象的前后次序。

（5）线宽：用于设置线条的粗细，其中数字越大，线条越粗。

（6）左箭头：用于设置线条左边有无箭头及箭头的形状。

（7）线型：用于设置线条的类型，指的是实线、虚线、点划线等。

（8）右箭头：用于设置线条右边有无箭头及箭头的形状。

思考题

1. 工艺文件的类型有哪些?

2. 简述工艺文件的编写格式。

3. 工艺文件的内容包含哪些?

4. PGM 服装 CAD 工艺设计系统中图元是什么？有何作用?

5. PGM 服装 CAD 工艺设计系统中多义线是一种常用的元素，请简要阐述绘制多义线的方法步骤。

第十章　三维服装设计系统

学习目标

了解三维服装 CAD 系统的发展概况，能够使用该系统绘制服装及服饰配件的三维效果图，了解人体的相关数据，能对人体模型进行适当的调节并进行三维试衣。

第一节 三维服装设计系统发展简介

一、三维服装设计的发展历史

三维服装设计是基于二维服装 CAD 设计的基础上发展起来的。服装 CAD 技术于 20 世纪 60 年代初首先在美国开始研发，目前美国、日本等发达国家的服装 CAD 普及率已达到 90%以上。我国的服装 CAD 技术起步较晚，虽然发展的速度很快，但是和国外技术相比还存在很大差距。服装 CAD 软件是现代服装行业的常用工具，也是服装企业提高生产效率和产品质量的首选手段之一。进入 WTO 后，我国的服装业必将会进一步飞速发展，因此，服装 CAD 软件的引进是我国服装业进一步发展的必然趋势。目前，服装 CAD 的普及、应用、推广是我国服装技术改造的重要内容和长期任务。

当前的国际制造业领域，制造技术正在从传统的制造方法向先进的制造技术方向发展，制造业的信息化已成为制造业发展的一个重要趋势。制造企业的数字化建设的核心是产品的数字化设计、制造及相关数字化技术的集成。三维数字化设计技术正逐渐成为企业设计运用的热点，也是企业深化运用所必要的工具。

二、三维服装设计的发展现状及趋势

随着计算机技术和社会经济的发展，人们对服装的质量和合体性、个性化的要求越来越高，现有的二维服装 CAD 技术已经不能满足纺织服装业的 CAD 应用要求，服装 CAD 迫切需要由目前的平面设计发展到立体三维设计。因此，近年来国内外均在三维服装 CAD、虚拟现实服装设计等方面开展理论研究和实践应用。

实际上，三维 CAD 在很多行业内已经在应用，但在服装领域，因为服装不像机械、电子行业的固态产品，它的质地是柔性的，会随着外界条件的不同发生改变，因此模拟难度很大，特别是服装 CAD 要实现从二维到三维的转化，需要解决织物质感和动感的表现、三维重建、逼真灵活的曲面造型等技术问题以及从三维服装设计模型转换生成二维平面衣片的技术问题。这些问题导致三维服装 CAD 的开发周期较长、技术难度较大。

三维服装 CAD 的基础是三维人体测量。目前三维人体测量系统在国外已经商品化，其技术已经较为成熟，其中法国、美国、日本等国利用自然光光栅原理，短时间内即可完成三维人体数据的测量。

三维人体测量通过获取的关键人体几何参数数据，生成虚拟的三维人体，建立静态和动态的人体模型，形成一整套具有虚拟人体显示和动态模拟功能的系统。三维服装 CAD 在此基础上生成服装布料的立体效果，在屏幕上逼真地显示穿着效果的三维彩色图像及将立体设计近似地展开为平面衣片。

现有服装的批量生产所依据的服装号型不能准确反映人群的体型特征，目前国内外都在进行各类人群人体数据库的建立。通过有针对性地对大数量的不同肤色、不同地区、不同年龄的各类人群进行三维人体测量，收集人体的各项体型尺寸数据，建立数据库，为制定服装规格、号型提供基础数据。

服装三维 CAD 有别于二维 CAD 的地方在于：它是在通过三维人体测量建立起的人体数据模型基础上，对模型的交互式三维立体设计，然后再生成二维的服装样片。它主要要解决人体三维尺寸模型的建立及局部修改，三维服装原型设计、三维服装覆盖及浓淡处理、三维服装效果显示特别是动态显示和三维服装与二维衣片的可逆转换等。

目前在国外市场上的三维服装 CAD 的应用主要有以下两类。

一是用于量身定做。针对特定客户人体的参数测量及其对服装款式的特定要求（如放松量、长度、宽度等方面的喜好信息），进行服装设计，再生成相应的平面服装样片，其产品可利用互联网进行远程控制实现。

二是用于模拟试衣系统。通过对顾客体型的三维测量，进行互动服装设计，再生成相应的平面服装样片。这类应用也可利用互联网进行电子商务的远程控制实现，如美国的 Land Send 公司在互联网上可建立顾客的人体虚拟模型，通过顾客的简单操作，可试穿该公司所推出的服装，还可进行立体互动设计，直到顾客满意为止。

现在国外的一些产品已基本能实现三维服装穿着、搭配设计并修改，反映服装穿着运动舒适性的动画效果，模拟不同布料的三维悬垂效果，实现多方向 360° 旋转等功能。其中美国、日本、瑞士等国家研究开发的三维服装 CAD 软件比较先进，如美国 CDI 公司推出的 CONCEPT 3D 服装设计系统、法国力克公司的 3D 系统、美国格伯公司的 AM-EE-SW 3D 系统和 PGM 系统等能实现较好的三维模拟效果。

我国是服装大国，但在服装的先进技术方面起步较晚，虽然在这一领域的研究已取得初步进展，实现了仿三维 CAD 设计，但离国外的技术水平还有较大距离。

第二节 三维服装设计系统

PGM 服装 CAD 自 9.0 版本开始推出三维试衣展示系统，之后陆续开发了 PGM10.0、11.0 及 12.0 版本。在三维表现方面，可以对模特做多方面的参数设置，以及可以进行色彩的设置、光线的渲染、动画模拟等，已显示出一定的实用价值，图 10-1 为 PGM11.0 三维模块 Modulate 的界面，图 10-2 为三维试衣的外观效果。

一、试衣模特参数设置

通过对系统内置的模特进行参数设置，得到符合企业需要的人体尺寸。

新建或打开纸样后，点击【3D】|【装载模型…】或者点击图标，弹出“打开”对话框，可以将系统内置的模特参数载入进来，模特文件的文件格式为*.mod，Optitex 的模特包括一个参数化的女性、男性、女孩、男孩和婴儿模特等（见图 10-2），且这些模特均可以自定义，但是每个模特都有它自己特有的变体设置。以模特伊娃为例介绍，选择 Eva.mod 文件，打开图 10-3 所示模特。

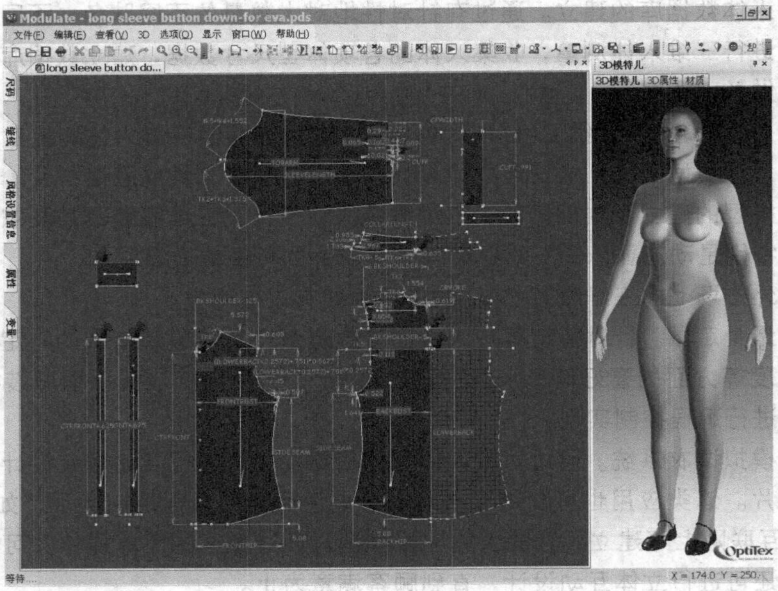

▲ 图 10-1

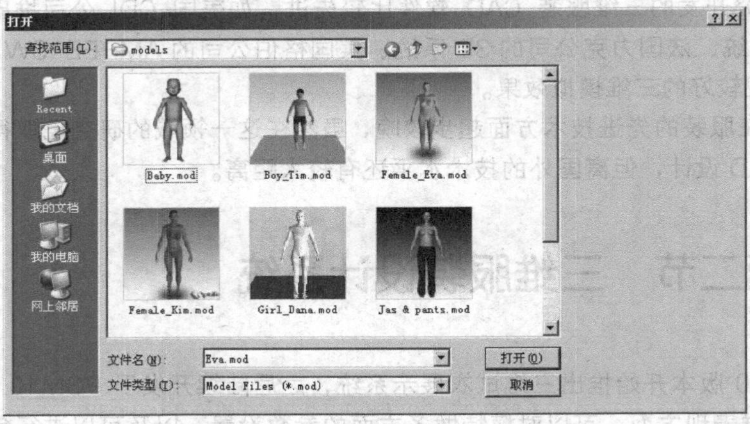

▲ 图 10-2

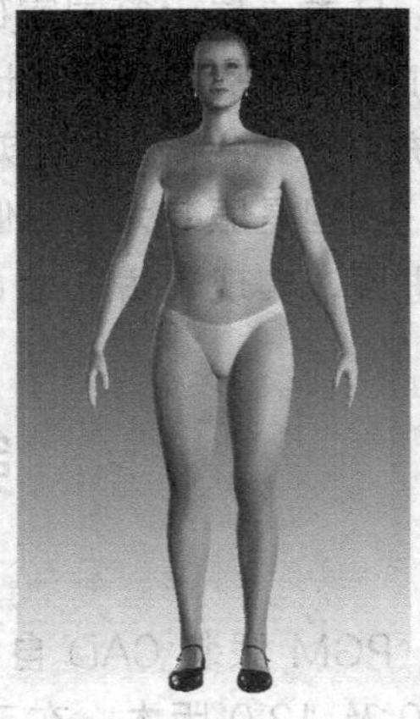

▲ 图 10-3

1. 参数设置

点击【3D】|【模型属性…】或者点击图标 ，弹出"变体"编辑窗，如图 10-4 所示。在【变体】编辑窗中，分为 Advance、Heights、Pose、Shape、Basic 5 个项目，每个项目下设有相应的部位可以调整。当点选某一参数时，模特相应位置显示蓝色提示线条；当对某一参数作调整时，模特形态将随修改的数值发生相应的动态变化，如图 10-5 所示。

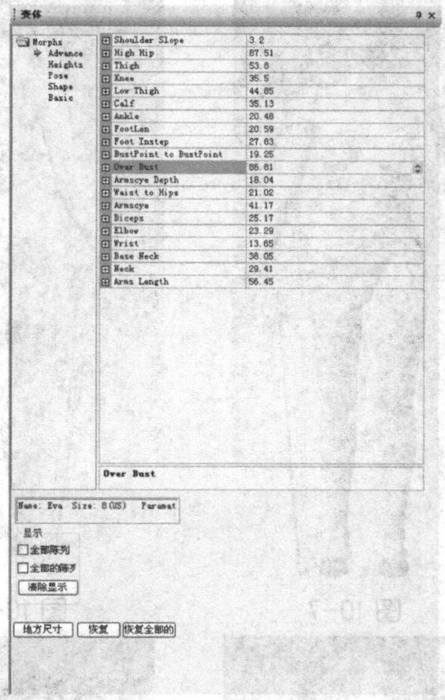

▲ 图 10-4

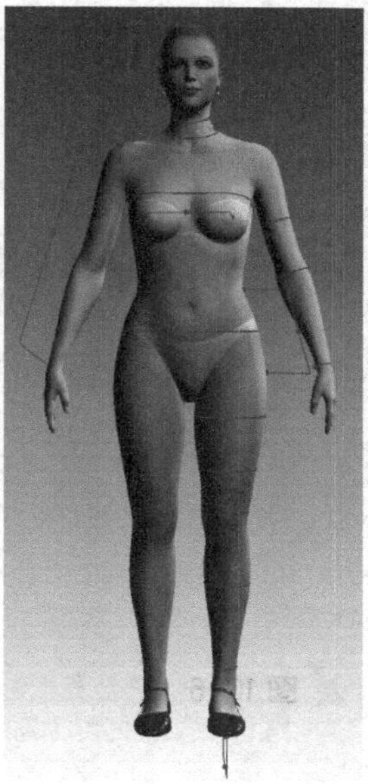

▲ 图 10-5

（1）Advance　该项目调整的是人体各个部位的造型，主要是肩斜（Shoulder Slope）、上臀围（High Hip）、大腿围（Thigh）、膝围（Knee）、中腿围（Low Thigh）、小腿围（Calf）、脚踝围度（Ankle）、脚长（FootLen）、脚背高度（Foot Instep）、乳间距（BustPoint to BustPoint）、上胸围（Over Bust）、袖窿深（Armscye Depth）、腰臀距（Waist to Hips）、臂根围（Armscye）、上臂围（Biceps）、肘围（Elbow）、腕围（Wrist）、基础领围（Base Neck）、领围（Neck）、臂长（Arms Length），如图 10-4 和图 10-5 所示。模特 Eva 设定的值为标准体，可以根据实际需要在数值栏中输入相应的数值，或者通过点击向上向下的三角符号增加或减少 1cm，以及在单击“+”号后出现的滑动条上移动滑块来实现数据的调整。

（2）Heights　该项目调整的是人体高度方向部位的尺寸，主要是颈点高度（Cervical Height）、上胸围高度（Bust Height）（胸高点至颈侧点距离）、下胸围高度（UnderBust Height）（胸高点至脚跟间距离）、臀围高度（Hip Height）（臀围线至脚跟间距离）、上臀围高度（High Hip Height）、膝盖高度（Knee Height）、大腿高度（Low Thigh Height）、小腿高度（Calf Height）、脚踝高度（Ankle Height），高度方向的调整会影响人体的身长比例，产生高挑或压扁的视觉效果，在调整时应注意调整的幅度，以建立一个完美对称、成比例的、符合审美度量的模特，如图 10-6～图 10-8 所示。数值调整方法与 Advance 项目的调整一样，图 10-6 所示为标准体的参考数值。

（3）Pose　该项目调整的是影响人体姿态的部位尺寸，包括鞋跟高度（Shoes Height）、手臂姿态（Arms Pose）、肘部曲度（Elbow Bend）、肩部姿态（Shoulders Pose）、脊椎姿态（Spine Pose）、姿态设置（Pose One）6 个小项目，对鞋跟的高度、手臂张合的程度、肩部肩斜的大小、脊椎形态是挺胸还是驼背以及两脚的姿势等进行调整，如图 10-9～图 10-11 所示。在 12.0 版本中还可以调整两腿间距离、走路姿态、跑步姿态等，并且设置了 4 种姿势，如图 10-12～图 10-14 所示。

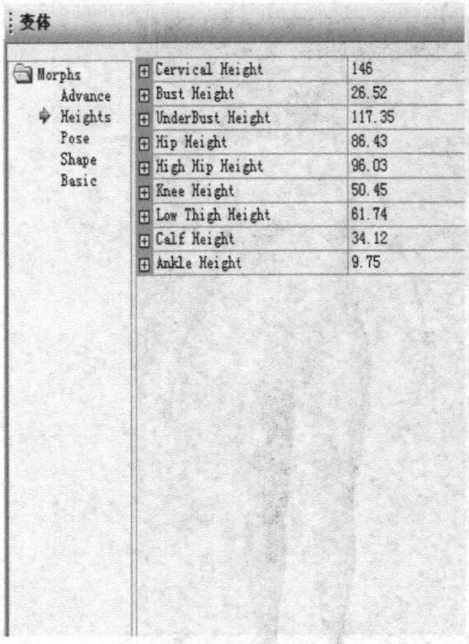

▲ 图 10-6

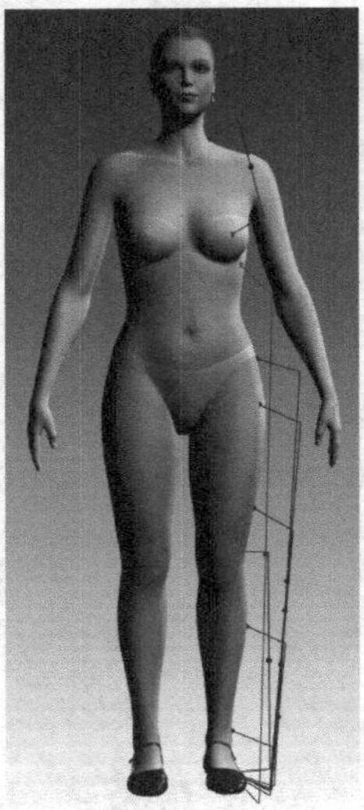

▲ 图 10-7

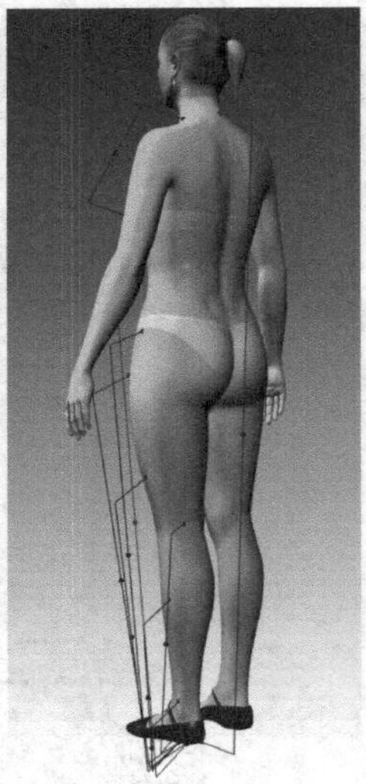

▲ 图 10-8

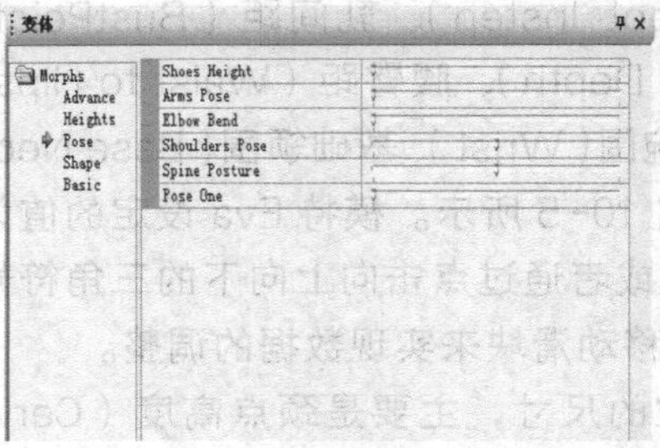

▲ 图 10-9

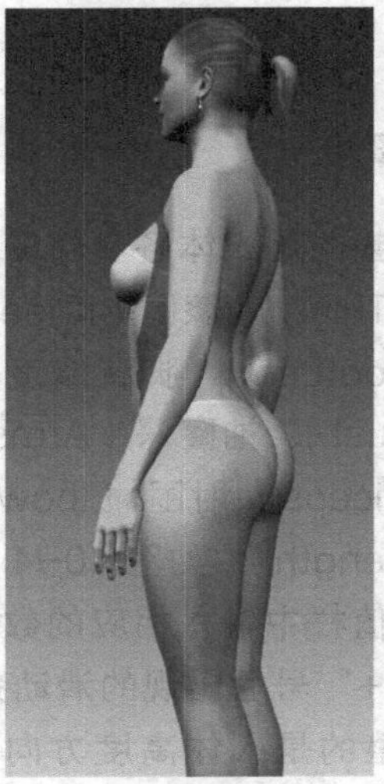

▲ 图 10-10

▲ 图 10-11

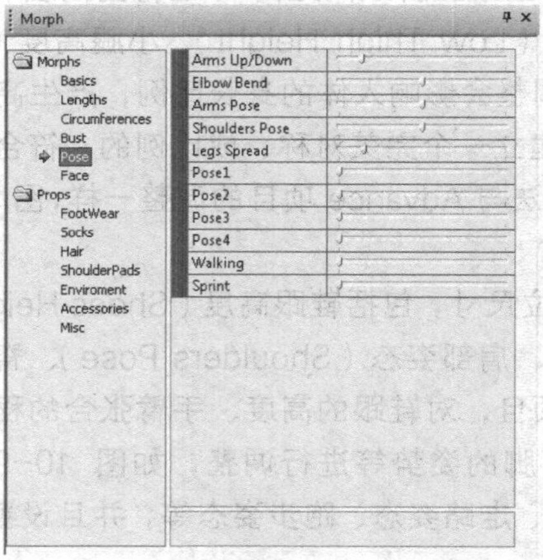

▲ 图 10-12

▲ 图 10-13

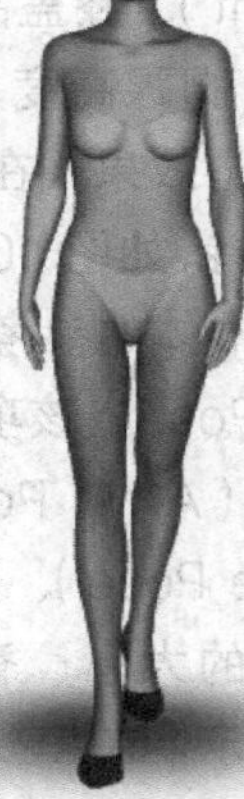

▲ 图 10-14

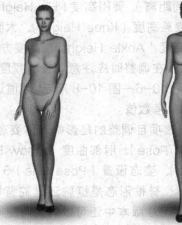

（4）Shape　该项目是控制模特的常规形状的分类，某些模特的变体可能包含：身体厚度（Body Depth）、腹部（Pregnancy）、肌肉清晰度（Muscles Definition）、乳杯形状（Cup Shape）、臀部凸起度、前后腰节长等，所有变体形状都是协助建立一个适合自己需要的模特，特别是像游泳衣、运动并贴身内衣这类对人体要求较高的服装非常有必要，如图 10-15 和图 10-16 所示。

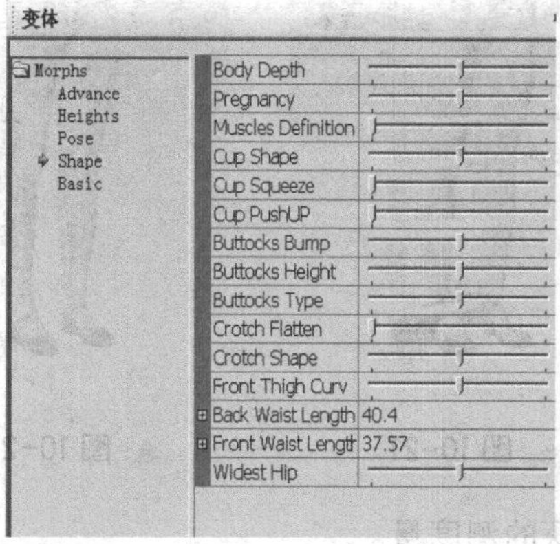

▲ 图 10-15

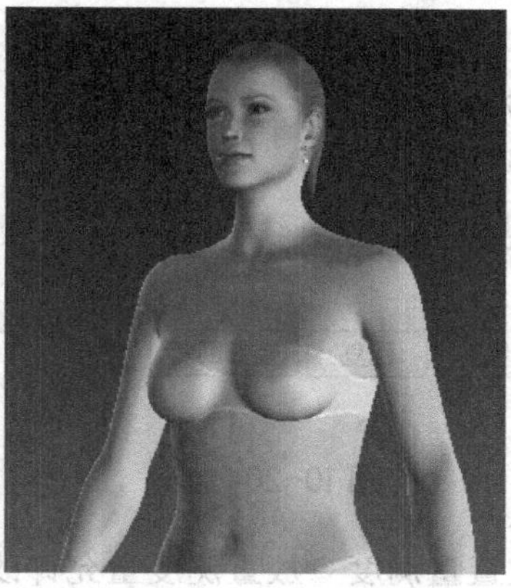

▲ 图 10-16

（5）Basic　所有模特都有“Basic”这个分类，它包含主要的身体度量，如下胸围（Size underbust）、身高、外长（裤长）、内长、肩宽（Cross Shoulders）、腰围、臀围及胸围等部位，如图 10-17～图 10-19 所示。

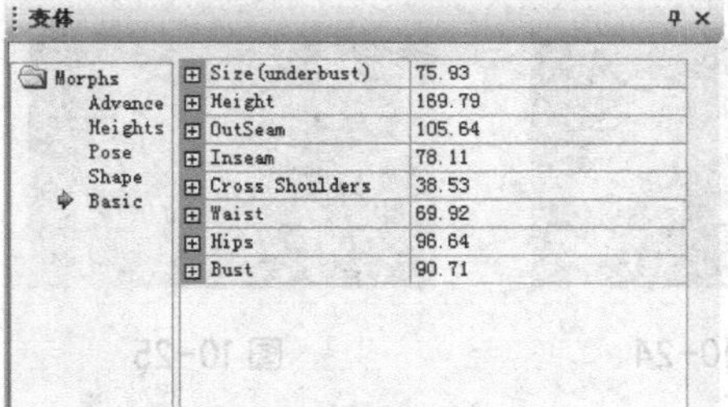

▲ 图 10-17

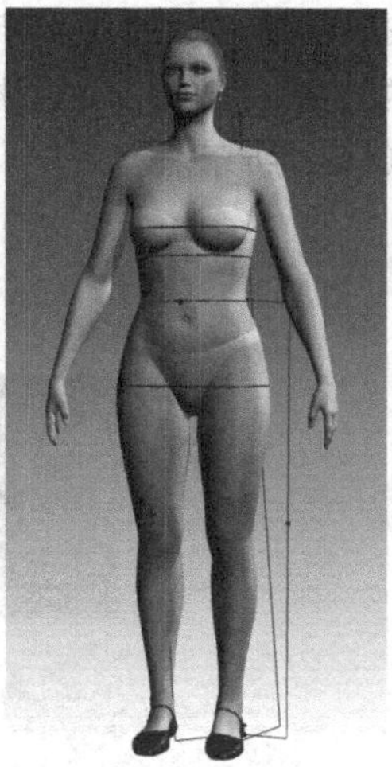

▲ 图 10-18

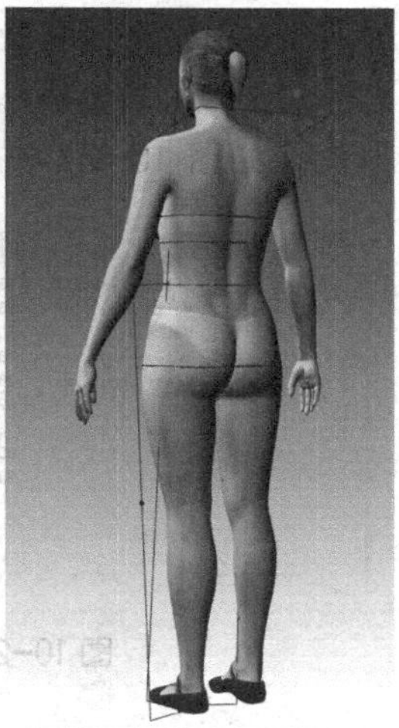

▲ 图 10-19

（6）显示　显示全部当前的度量放置在模特上的位置。

完整显示：显示全部度量及它们的数值，如图 10-20 和图 10-21 所示。

全部显示：显示全部放置的度量，如图 10-22 所示。

清除显示：清除全部度量。

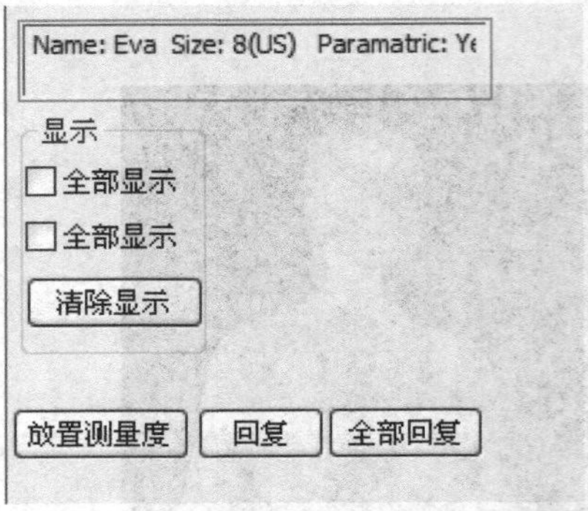

▲ 图 10-20

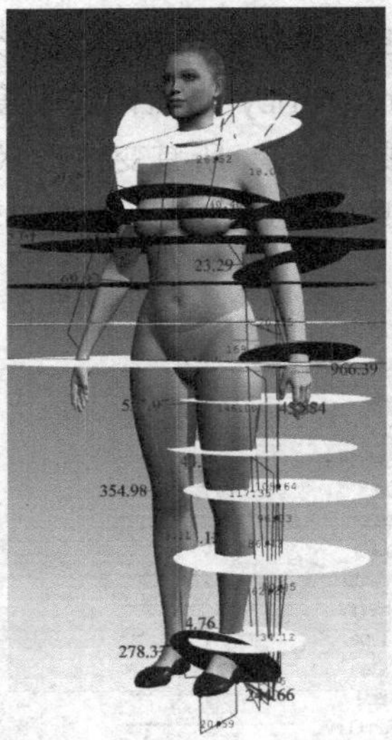

▲ 图 10-21

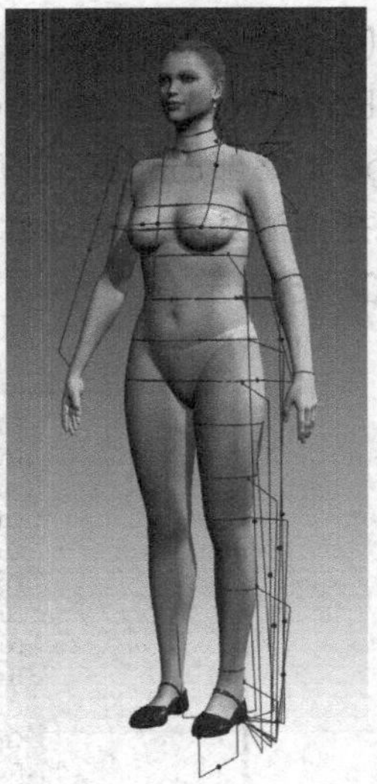

▲ 图 10-22

（7）放置量测度　放置测度量允许改变捕获的测度量。

① 选择要替换的测度量，如图 10-23 和图 10-24 所示，腰围大小为 69.92cm，且在图中以蓝色线条显示腰围所在位置，图 10-25 为未作选择时形态。

② 移动圆周测度量工具。点击模特儿属性按钮旁的三角符号，选择增加圆周尺寸命令，模特会增加一个圆周尺寸，按住【Ctrl】，用鼠标左键将该圆周移动到目标位置，移动过程中动态显示人体尺寸数据，如图 10-26 所示。

③ 在“放置测度量”按钮上单击，弹出提示对话框。

④ 腰围测度量将从新的位置被抓取，这个操作不会改变变体的位置，但腰围尺寸发生了改变，如图 10-27 和图 10-28 所示。

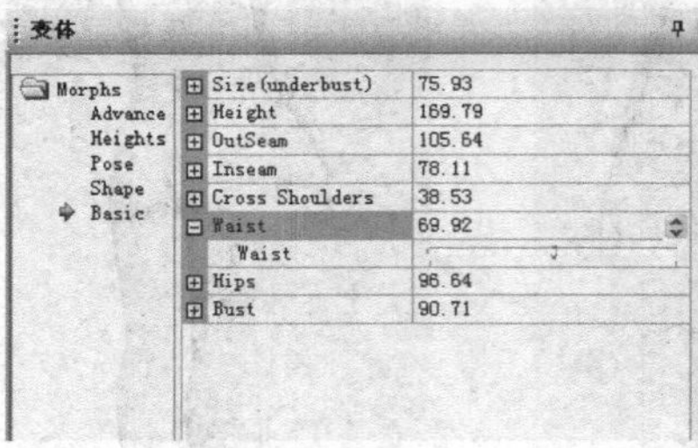

▲ 图 10-23

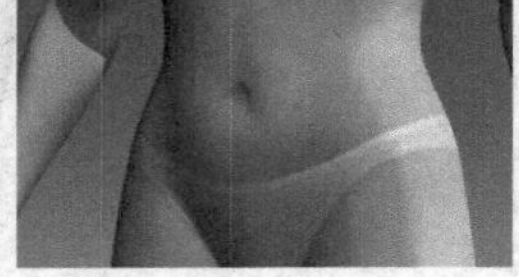

▲ 图 10-24

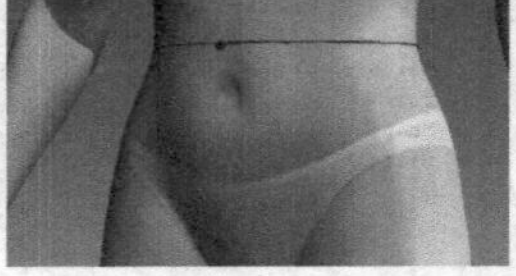

▲ 图 10-25

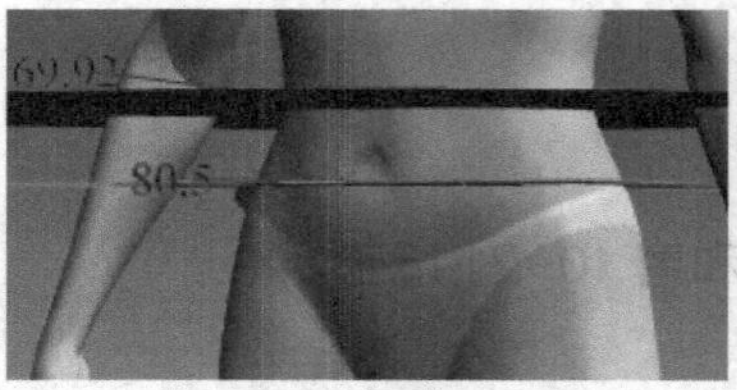

▲ 图 10-26

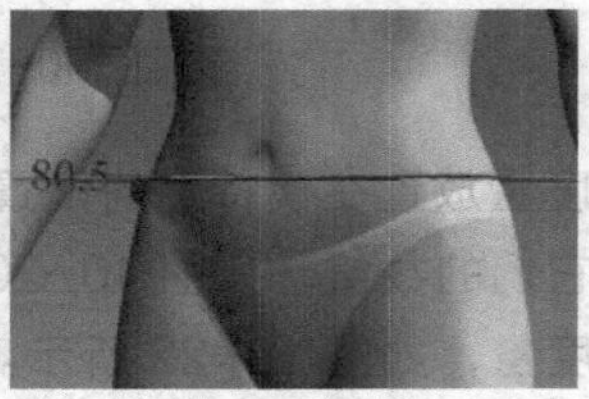

▲ 图 10-27

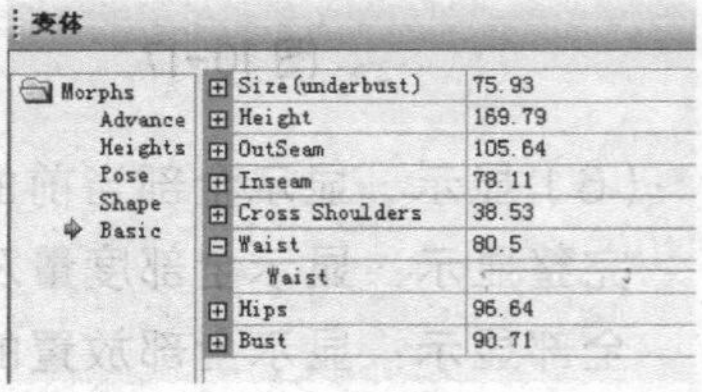

▲ 图 10-28

（8）回复　被选中的已修改的度量回复到预设度量。

（9）全部回复　全部被更改的度量都回复到预设度量。

2. 调整工具

（1）增加卷尺工具　使用“卷尺度量”工具，度量定义在 3D 模特窗口中两个点之间的距离，捕获的度量用直线、圆周线来标示，并且匹配模特的外形轮廓。

① 在 3D 工具栏上“3D 模特属性”图标旁的黑色下拉三角箭头上左键单击，这将展开度量工具的下拉列表，从列表中选择“添加卷尺度量”工具。

② 鼠标光标形状此时变成带直尺的形状，这象征卷尺度量工具被启用，使用这个工具捕获一个度量，你需要在 3D 模特窗口的模特身上单击两个点，首先在第一个点上单击，然后拖曳鼠标光标到另一个点单击，继续拖动鼠标，此时模特身上将显现表示卷尺度量的标识线，移动鼠标调整标识线的角度形状，直至满意后再单击左键。一旦完成添加卷尺度量操作，度量将被捕获并且它的数值也会显示。

③ 单击左键将设定卷尺度量的位置。

④ 要释放卷尺度量工具，右键在 3D 模特窗口任一地方单击，即可退出卷尺度量。

⑤ 要改变卷尺度量的位置，在选择工具下，按住【Ctrl】键在度量标识线（直线）上左键单击，这样就选择了这个卷尺度量，注意此时它将以红色突出显示，然后移动鼠标拖动标识线手柄调整位置，直至达到想要的位置。

⑥ 要删除卷尺度量，在选择工具下，按住【Ctrl】键在度量标识线（直线）上左键单击，这样就选择了这个卷尺度量，注意此时它将以红色突出显示，点击键盘上的【Delete】键即可删除所选的卷尺度量。

卷尺度量以三种线显示，并且它们都将匹配模特的外形轮廓。

直线——直线也有卷尺度量手柄的功能，其外形表现为直线，长度是数字行中第一个数字（黑色）。

圆周线——每个卷尺度量通常都有两种轮廓线标记在身体的外形上：一种标记为蓝色，另一种标记为红色。括号中的数字表示轮廓线的距离，而且它们的颜色与标记线的颜色是一样的。在括号中的第三个也就是最后一个数字是轮廓线的总数。

（2）增加圆周尺寸工具　使用圆周尺寸工具，度量在 3D 模特窗口的围长，捕获的度量用圆盘来标识身体的截面、圆周线及度量长度。

① 操作方法

a. 在 3D 工具栏中“模特属性”图标旁的黑色下拉三角箭头上单击，即可展开隐藏的下拉工具列表，从中选择“增加圆周尺寸”工具 。

b. 一个圆周尺寸工具出现在模特脚的附近，可以像移动纸样布料一样在 3D 视窗中移动圆周尺寸工具的位置，按住【Ctrl】或【Shift】键并用左键在标识圆周工具的圆盘上单击，就可以选择这个圆周尺寸工具。

c. 在按住【Ctrl】或【Shift】键的同时，使用鼠标的左键移动圆周工具的位置。

d. 当停止鼠标的移动，在圆盘位置就捕获了一个圆周度量，一条线将从圆周度量圆盘区域伸出并显示度量数值，这个工具同样也可以在模特被修改以后用来验证身体的尺寸。

e. 要删除圆周度量，按住【Ctrl】或【Shift】键，左键在圆周度量的圆盘上单击选择它，再点击键盘上的【Delete】键。

圆周度量可以随同模特一起被保存。

② 圆周尺寸对话框：在圆周度量的圆盘标识上双击左键，即可弹出圆周尺寸对话框。

a. 半径。为圆周圆盘的半径定义为 25cm，圆盘半径数值范围一般为 1～50cm。

b. 位置。为圆周圆盘定义位置，圆盘在 3D 模特窗口的坐标原点大约接近模特的脚，图中 Y 轴位置是 90cm，则圆盘将位于原点上方 90cm 处。

c. 旋转。环绕 X/Y/Z 轴旋转圆盘。

d. 更改度量轮廓为凸面。如果希望度量区域不紧贴身体，则需要选中该选项，图 10-29 为选中的效果，图 10-30 为非选中紧贴的效果。

e. 显示圆盘。显示或隐藏圆盘，隐藏后只显示蓝色提示线。

f. 锁定位置。

g. 圆盘最大数量。圆周圆盘可以显示大于 1 的多个围长，例如，大腿围和手指围，围长的最大数量即在一个圆周圆盘上显示的度量细节的数量，而且圆周工具将显示围长，如图 10-31 所示。不同的设置导致在同一个圆盘位置上出现不同数量的围长。

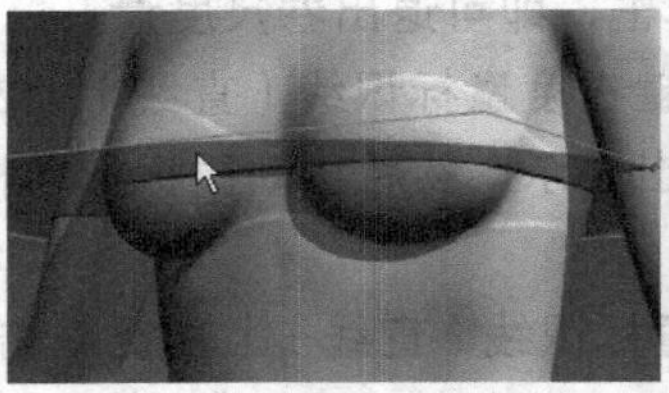

▲ 图 10-29

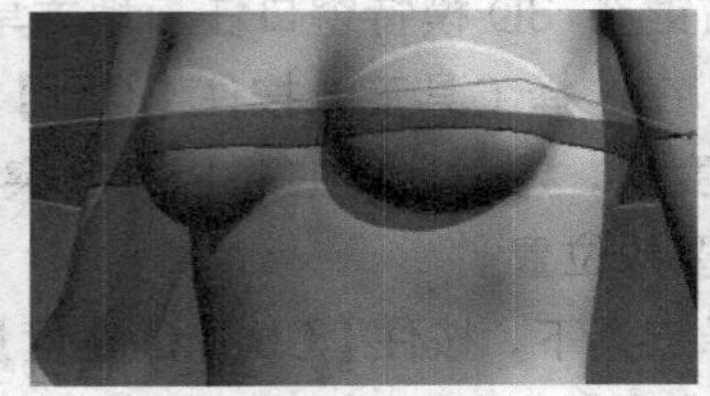

▲ 图 10-30

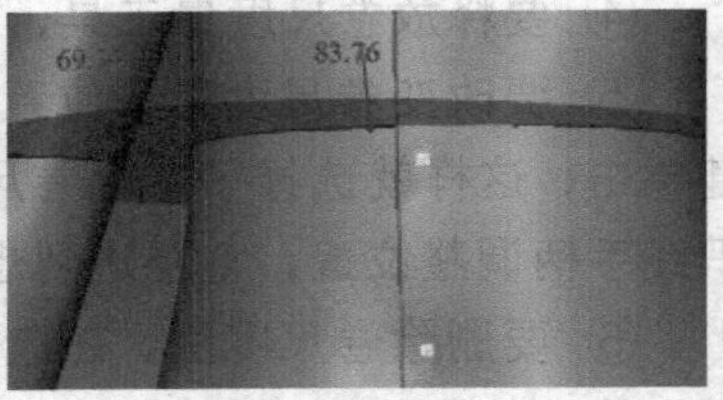

▲ 图 10-31

h. 度量服装及身体。在模拟穿衣时，圆周圆盘可以显示身体和服装。模拟穿衣在模特身上后，单击圆周度量工具，并按住【Ctrl】键，单击鼠标左键将圆周圆盘放置到预期位置，可以看到身体度量和服装度量两种度量标识，也可以在布料透明或弹性模式下查看服装的设计细节。

（3）3D 移动纸样工具　使用 3D 移动纸样工具，可以移动所选择的 3D 对象，如纸样布料、圆周圆盘、clt 对象、模特及垫肩类的模特部件等。

（4）3D 旋转纸样工具　使用 3D 旋转纸样工具，可以旋转被选中的 3D 对象。

（5）3D 缩放纸样工具　使用 3D 缩放纸样工具可以伸展或缩小所选择的 3D 对象。

（6）3D 模拟属性　3D 模拟属性对话框是对 3D 世界的物理属性、解算器选项及其他与模拟的布料有关的各种压力的属性进行设置的窗口，一些特殊的布料需要适当的设置它的模拟属性，才可以得到完美的模拟效果，如图 10-32 所示。

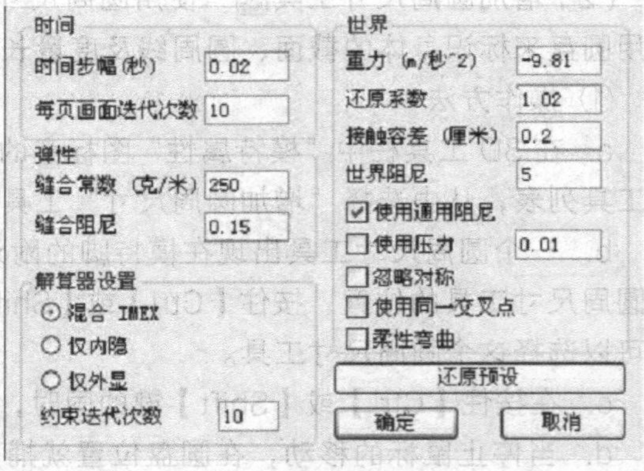

图 10-32

操作方法：

① 点击3D工具栏中的，或从3D菜单中选择“模拟属性”命令，打开“模拟属性”对话框。

② 在模拟穿衣进行时，也可以启动该对话框并调整模拟属性。

③ 点击【确定】认可更改并关闭对话框，选择【取消】将不保存更改。

（7）全图观看 使用全图观看功能，可以在3D模特窗口中查看全部3D对象。

（8）自动旋转工具 自动旋转功能，使模特围绕Y轴持续地转动，从而可以从各个角度查看3D对象。要让模特停下，再次点击该工具按钮即可。

（9）张力图工具 使用张力图工具，检查模拟的服装对象，用彩色图的形式总体描述服装和模特之间的伸展、张力及距离。

描述的不仅仅只是服装和模特之间的张力，而是张力U、张力V、伸展及距离等。

接近检验的服装区域，并查看在这些区域上方找到的张力/距离/伸展的准确数值。

操作方法：

① 在3D工具栏“模拟属性”图标旁的黑色下拉三角箭头上点击，展开工具下拉列表，显示隐藏工具，从列表中选择“张力图”。

② 3D模特窗口的显示将变成如图10-32所示。

③ 双击颜色显示栏调用布料颜色图选项对话框，从这里可以选择想要的图像类型进行检查。

④ 数值范围（最小值到最大值）是自动设定的，要改变这个范围见下面的布料颜色图选项对话框，要复位范围回到原先的自动数值按住[Shift]键单击颜色显示栏。

⑤ 在布料上移动图像检查工具，描述细节范围的数值。

⑥ 要旋转模特或在3D视窗中巡视，按住Ctrl键。

⑦ 要退出张力图模式，在3D视窗的任一地方右键单击。

（10）编辑照明工具 该工具用于编辑3D窗口的照明。

简单方式，是基础的照明，可以表现很清晰的图像。

柔和方式，预设的灯光类型，模拟明亮的房间。

阴影方式，是强烈的灯光，模拟强烈的日光，造成纵深的阴影。

（11）显示阴影工具 使用显示阴影功能，通过投射及阻隔灯光在3D模特窗口中描述深度。

显示阴影功能允许模特在它自己身上及在其他的对象上投影。在用快照创作一张照片时，使用显示阴影可以得到现实逼真的感觉。

（12）显示或隐藏模特工具 使用该工具，可以使3D模特窗口显示或隐藏模特，这在查看纸样在3D中的定位及缝线状态时很有用。

（13）保存模特工具 使用保存模特命令，保存OptiTex模特、服装、材质及测量，并且可以从OptiTex导出3D模特到其他格式的文件，适合各种不同的3D图形应用程序。

可以连同被模拟的服装一起保存模特，并且可以拖曳或脱下穿在模特身上的服装。

（14）使用快照工具 使用快照功能，从3D模特窗口生成当前模拟状态的图像文件。

二、三维模拟

1. 设置 3D 纸样位置

设置纸样的位置，确保每一片纸样名称的唯一性。

（1）打开 3D 属性对话框，如图 10-33 所示，每个位置都有初始 3D 形状的预设定义，都被预设为“前面”、“平面”，可以重新定义，如定义“袖子”为“左边的臂”、“圆筒”、“70%”，定义“前片”为“前面”、“圆筒”、“50%”，定义“后片”为“后面的”、“圆筒”、“50%”等。

（2）单击 3D 工具栏中的“放置布料”命令，可以看到图 10-34 和图 10-35 所示图像。

（3）为每个纸样设置在工作区中的恰当的定位，使用旋转工具对纸样进行旋转调整，将纸样放置到符合要求的位置。注意方向问题，屏幕上的左边实际上是身体的右边。

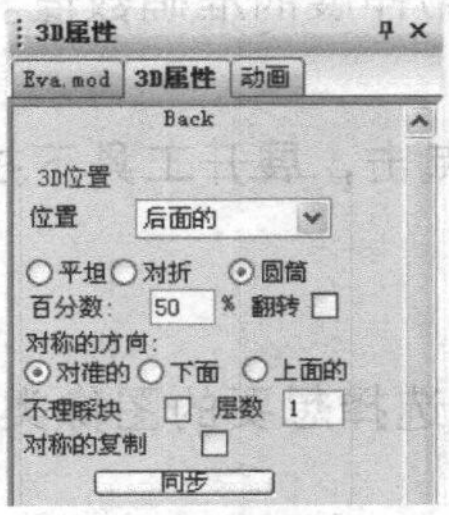

▲ 图 10-33

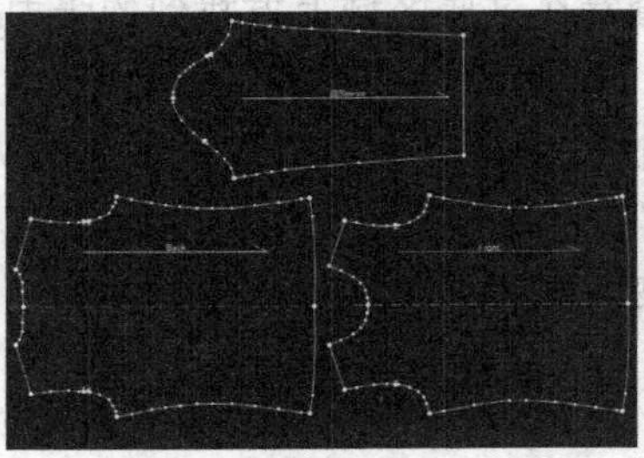

▲ 图 10-34

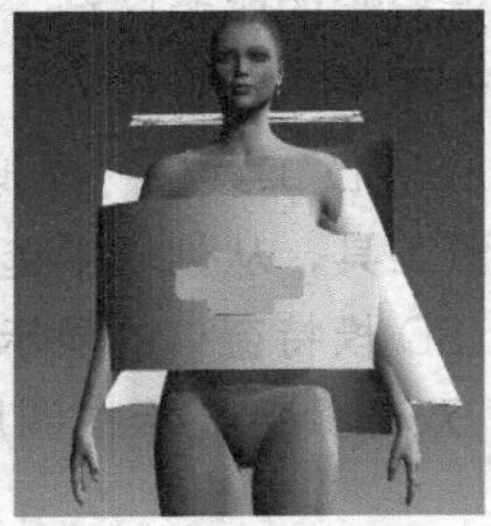

▲ 图 10-35

（4）选择所有纸样，单击“3D 属性”界面的【同步】按钮。

（5）要刷新视图，先点击“清除布料”图标，然后点击“放置布料”图标，出现如图 10-36 所示图像。

（6）编辑纸样位置。

要移动一个指定的纸样，按住【Ctrl】或【Shift】键不放，然后用鼠标左键点击纸样，纸样上出现一个绿色的矩形，表示纸样已经被选中。

① 按住【Ctrl】键，并用鼠标左键点击要移动的纸样，上下左右移动鼠标，纸样随着鼠标向上下左右移动。

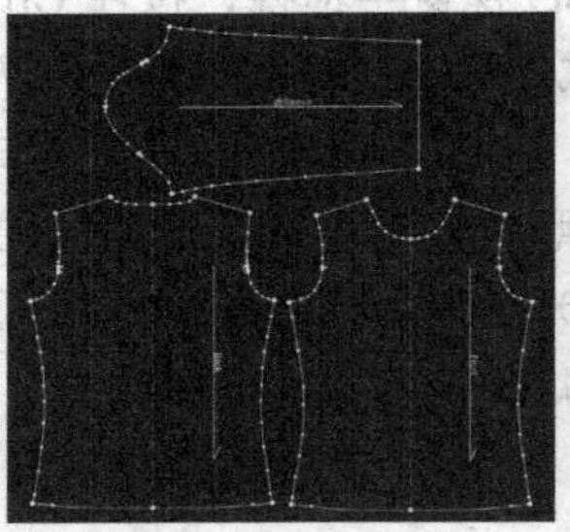

▲ 图 10-36

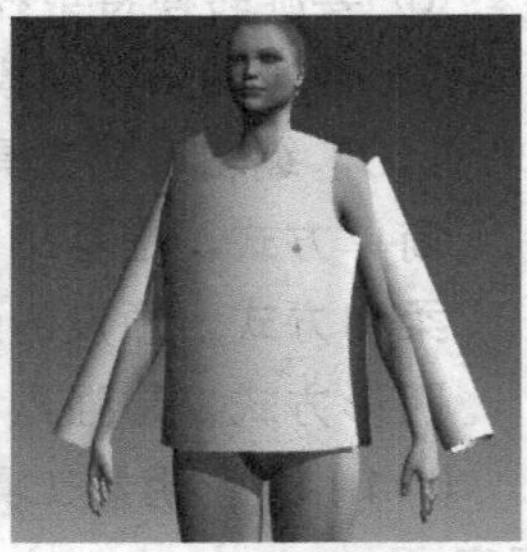

▲ 图 10-37

② 按住【Ctrl】键，并用鼠标右键点击要移动的纸样，上下移动鼠标，纸样向内或向外移动。

③ 按住【Shift】键不放，同时按住鼠标的左右两键，然后向上或向下移动鼠标，纸样将左右旋转。上下移动鼠标，纸样向左或向右旋转。

④ 按住【Ctrl】键不放，同时按住鼠标的左右两键，然后向左或向右移动鼠标，纸样向内或向外旋转。

⑤ 按住【Ctrl】键不放，同时按住鼠标的左右两键，然后向上或向下移动鼠标，纸样会围绕 Z 轴旋转。

判断纸样放置是否正确，可以旋转模特从多个角度观察，直到符合要求为止，如图 10-37 所示。

2. 缝合纸样

缝合纸样在 PDS 模块里完成。

① 点击“清除布料”工具，除去人体模特身上的布料，但布料的放置并不会丢失，直到下一步选择“同步”。

② 从 3D 工具栏中选择“缝合”工具，光标形状变为▣，开始缝合纸样。

③ 三种缝合方式

a. 线段到线段——在需要缝合的线上点击鼠标左键，被选中线段的颜色将突出显示，缝合工具的光标形状变成带 2 的缝纫机形状，表示下一条线段将与这条先选择的线段缝合，如图 10-38 和图 10-39 所示。

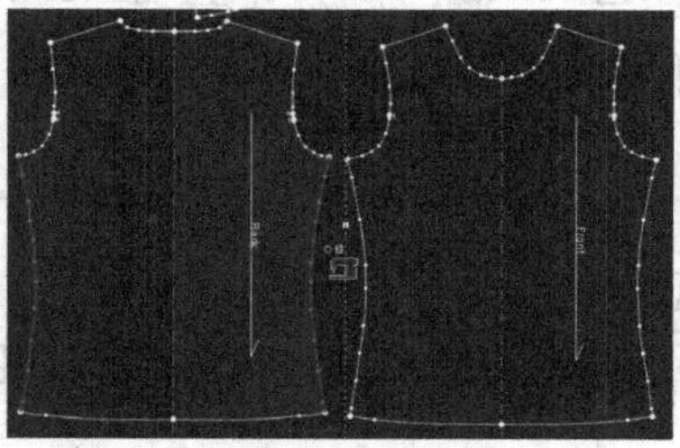

▲ 图 10-38

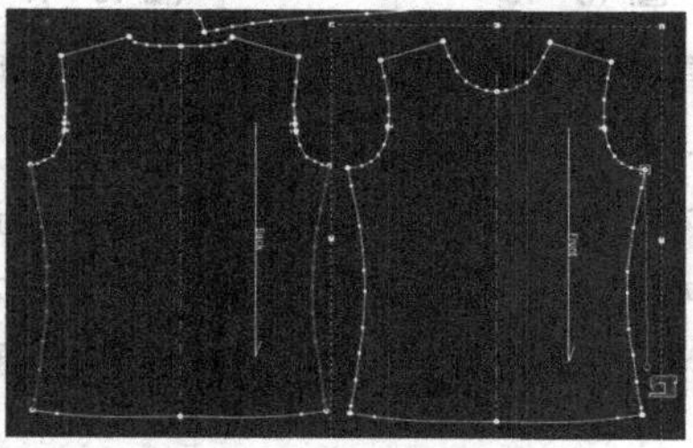

▲ 图 10-39

b. 点到点——鼠标左键在一个放码点上点击，然后沿顺时针方向在下一个放码点上点击，这就定义了缝合的第一个“一半”，此时光标形状变成带 2 的缝纫机形状。

c. 矩形选择——添加完整的缝合，或通过拖动矩形框选指定线段的终点，这个功能在缝合较小线段且难以放大时很有用。

拖动矩形，可以同时选择需要缝合的两条线段，也可以先选第一条线段，然后再选第二条线段。

添加缝合时，可以使用放大工具（矩形放大除外）、滚动条及鼠标中轮变换界面，然后继续缝合。

要删除完成的缝合，需先选择（红色表示被选中），然后点击键盘上的【Delete】键。要选择缝合线，需切换到“显示缝合模式”工具（Shift+U），或在选择之前释放缝合工具（在屏幕上任意空白区域内单击右键），单击左键选择要删除的线段，也可以拖动矩形框选择并删除。

3. 验证缝合

缝合全部部件之后，应检验确认缝线连接是否正确。

① 再次点击“放置布料”图标，3D 视窗中可以看见缝线连接情况，孤立的缝线此时是看不见的，如图 10-40 所示。

② 这时可能得到正确的缝合，也可能有的缝线是不正确的，还可能是颠倒的，如图 10-40 所示。

a. 若遗漏了某个部位的缝合，可以回到 2D 工作区，用缝合工具添加缝合。

b. 若缝线颠倒，可以从 3D 工具栏中选择“显示缝合模式”工具，选择颠倒的缝线，选中的缝线将突出显示（变为红色），然后在“3D属性”窗格缝合属性下，复选“翻转”选项进行调整，直至调整完成，如图10-41和图10-42所示。

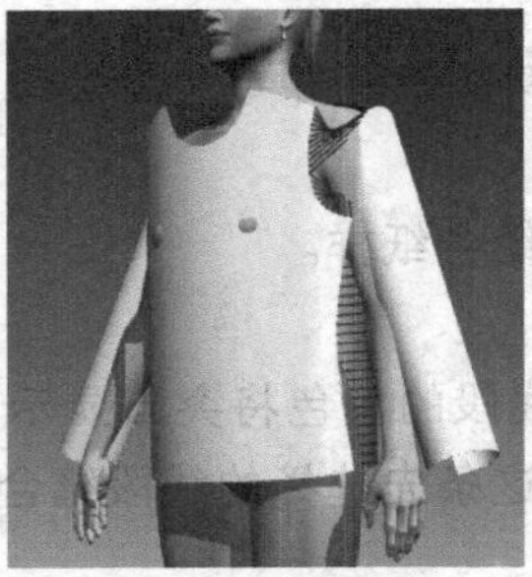
▲ 图10-40

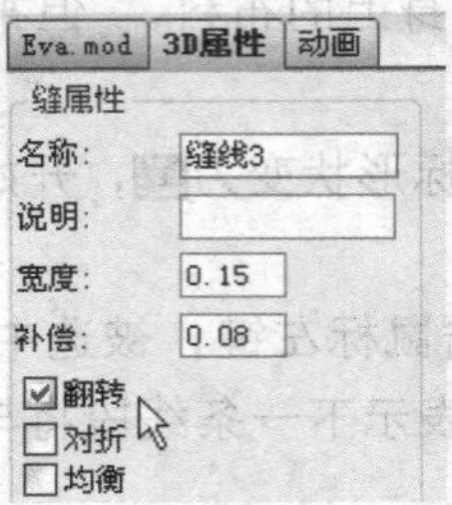

▲ 图10-41

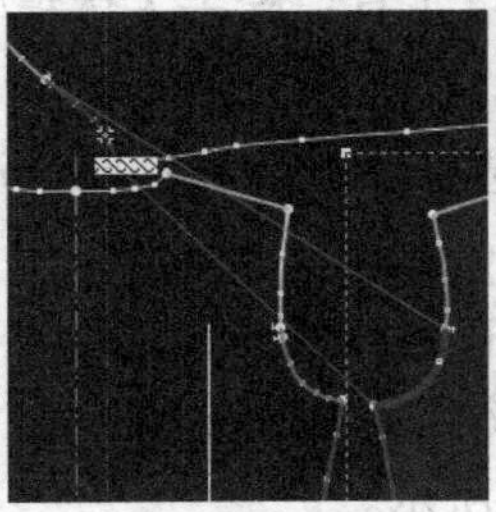
▲ 图10-42

▲ 图10-43

c. 重新放置布料并检验缝线，核实所有缝合都呈现为正确的位置，可以点击隐藏模特按钮，从各个角度查看缝合的连接情况。

移动模特——同时按住鼠标左右键后进行移动。

倾倒模特——按住鼠标右键后上下左右移动实现倾倒。

要显示或隐藏模特，可以从3D工具栏中选择“显示或隐藏模特”按钮，如图10-43所示。

4. 简单模拟试衣

在3D工具栏上鼠标左键点击“模拟穿衣”按钮，即可运行模拟穿衣。

模拟穿衣过程的速度与电脑性能相关，同时也涉及所模拟服装衣片的多少和模拟分辨率的大小等。一般来说，纸样数量较少的服装，模拟的速度较快。同样，分辨率高也需更多的模拟时间。

简单的模拟试衣过程及最终效果如图10-44~图10－48所示，而较完美的模拟还要依靠其他许多要素，包括布料参数及缝合属性等。

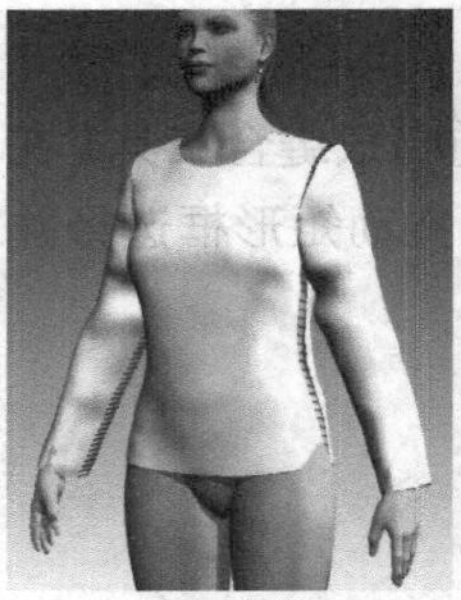
▲ 图10-44

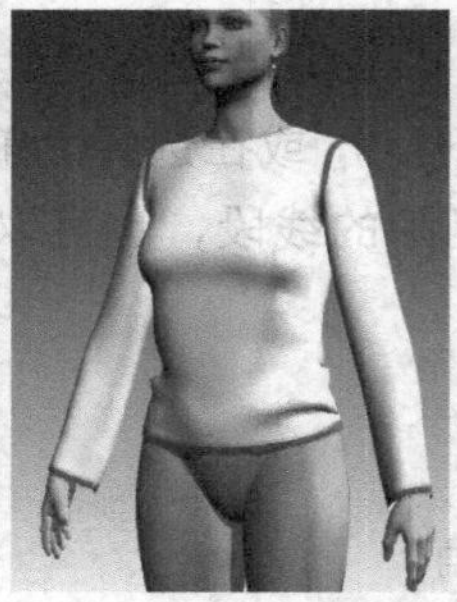
▲ 图10-45

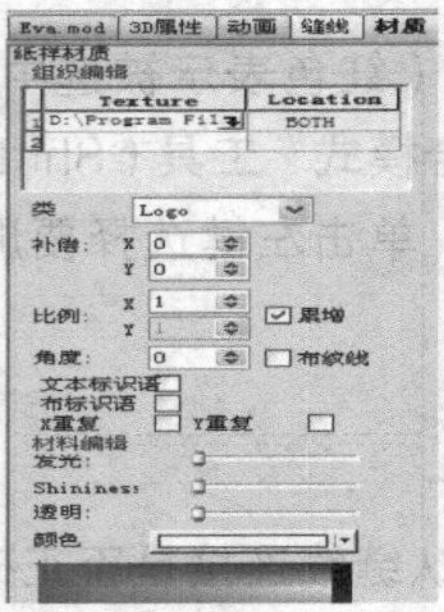

▲ 图10-46

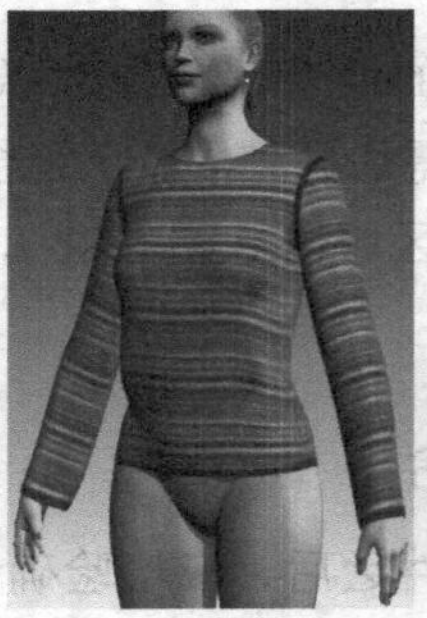
▲ 图10-47

▲ 图10-48

5. 布料材质

可以为全部纸样一次性定义一样的布料材质，也可以给每个衣片定义不同的布料材质。

（1）在PDS中选择【查看】|【3D窗口】|【性质】命令，弹出如图10-49所示的材质对话框，用来定义纸样的材质属性。

这个窗口与 3D 属性窗口一样都是动态窗口，当选择的对象是缝线时，就称为“缝线底纹”。

（2）从“组织编辑”中，点击黑色的向下箭头，弹出“打开”对话框即可定义材质 1。

（3）选择一个材质文件，支持的文件类型为 jpg、png、tif、bmp 格式的图像文件，例如，选择 stripes.jpg 文件后，出现图 10-50 所示效果。

（4）对于条纹面料，可以调整袖子的条纹，使之与前后身的条纹相匹配，选择袖子纸样，然后在底纹窗口“Y 偏移”信息栏中更改数值为从 0 到 6.2，这将移动材质，使条纹看起来更匹配，也可以使用信息栏旁边的向上或向下箭头来设定数值。

（5）添加印花图案

① 选择“前面”纸样；

② 在“材质”对话框中，点击材质 2 旁边的黑色向下箭头，弹出“打开文件”对话框；

③ 选择材质文件“woman.png”，图 10-51 是在材质类型被定义为“Pattern”时，印花图案将在条纹材质上面循环重复，成为连续图案，若定义为“logo”，则需勾选“X 重复”和“Y 重复”复选框，否则就是一个单独的图案。

④ 图案的缩放及位置调整。若需放大或缩小图案，可以通过调整 X、Y 的数值进行缩放。图案位置的移动可以通过补偿 X、Y 进行，如图 10-51 所示。

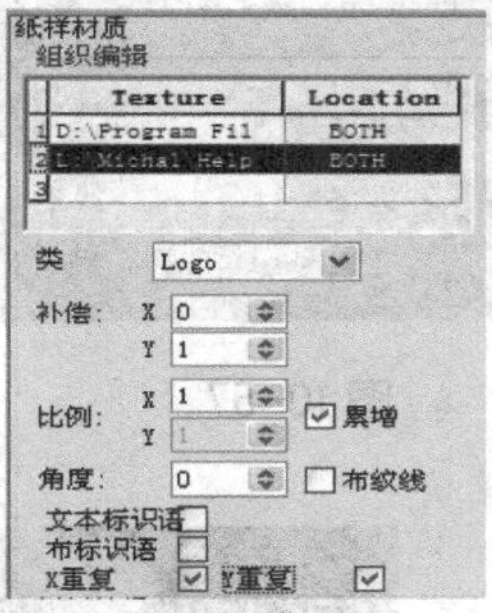

▲ 图 10-49

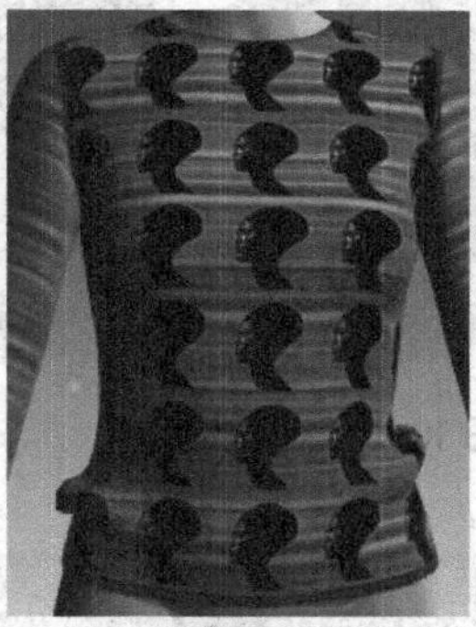

▲ 图 10-50

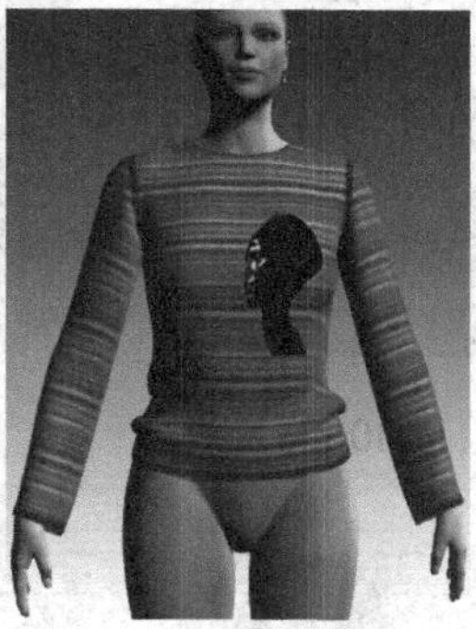

▲ 图 10-51

6. 缝线材质

缝线的材质可以在“材质”对话框进行定义。为了区别不同的缝纫方式，更真实地模拟现实的车缝效果，可以使用两种不同的缝线用于衬衫——Overlock 缝线用于边缘；Flatlock 缝线用于袖子。这两个缝线文件都是 OptiTex 系统自带的样本素材文件。

系统预设缝线为白色，宽度为 0.15cm。

（1）选择边缘缝线　通过单击“显示缝合模式”图标，或单击 Shift+U，鼠标将变成选择缝线的状态，单击缝线完成选择，按住【Shift】可以选择多条缝线。

（2）打开“材质”对话框编辑　打开“材质”对话框，从“组织编辑”中，点击“材质 1”旁边的黑色下拉箭头，弹出“打开文件”对话框，选择文件“Overlock.png”。

（3）在 3D 模特视窗中查看效果，如看不见缝线，则需调整。

① 在“3D 属性”窗口，缝线依然被选择时，缝合属性已经开始。

② 在“宽度”信息栏中将其数值改为 1cm。

③ 在“材质”窗口使用“偏移”编辑栏给缝合生成材质，直到包围边缘为止，将“偏移”编辑栏中的 X 数值改为 0.2cm，如图 10-52~图 10-54 所示。

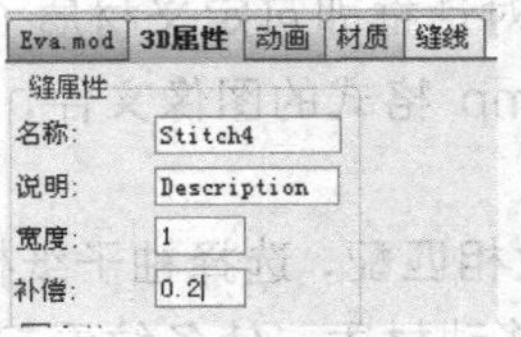

▲ 图 10-52

▲ 图 10-53

▲ 图 10-54

④ 其他部位缝线添加方法与此类似。

（4）修改缝线颜色

① 选择所需更改颜色的缝线。

② 在“材质”窗口“材料编辑”区段，在颜色面板中调整颜色，如图 10-55 所示，最终效果及细节如图 10-56 和图 10-57 所示，图 10-58 ~ 图 10-60 为其他试衣实例。

▲ 图 10-55

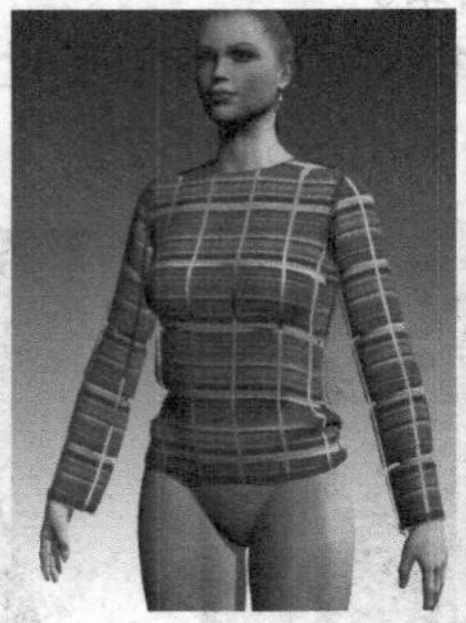

▲ 图 10-56

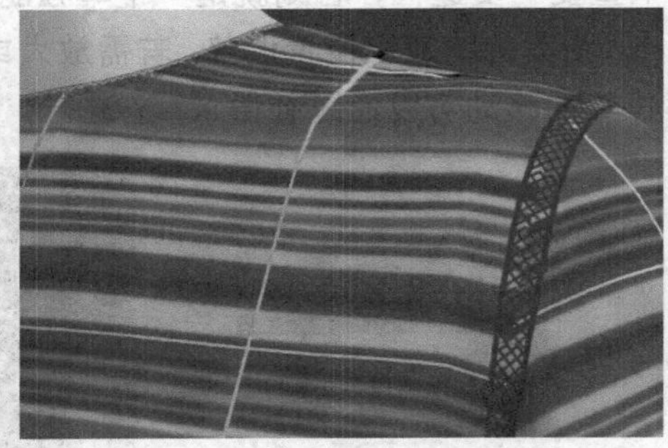

▲ 图 10-57

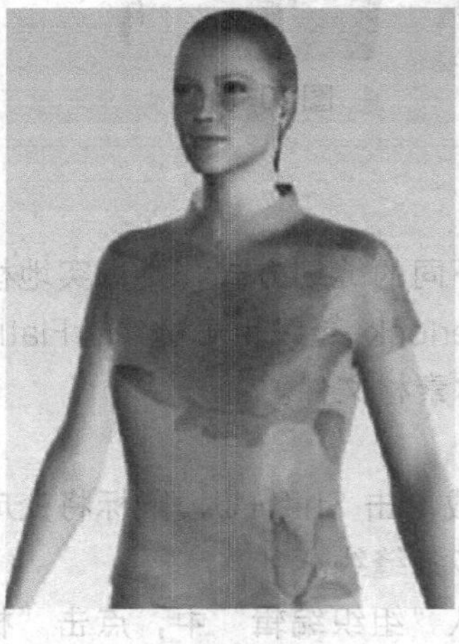

▲ 图 10-58

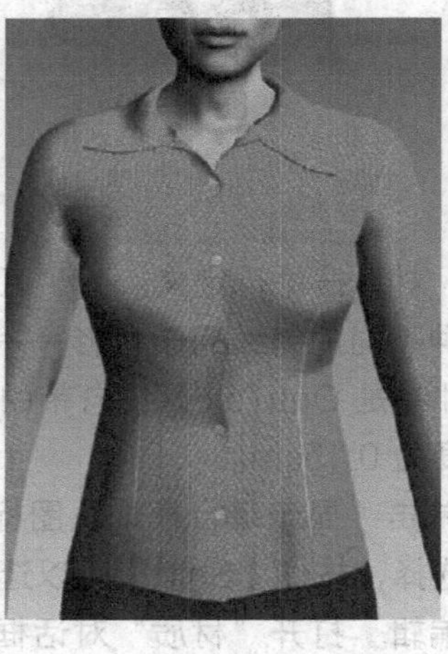

▲ 图 10-59

▲ 图 10-60

思考题

1. 简述三维服装 CAD 的应用领域。
2. 简述三维服装 CAD 的发展现状及存在的困难。
3. 简述 PGM 服装 CAD 三维设计系统初始化的项目及步骤。
4. 简述使用 PGM 服装 CAD 三维设计系统进行三维试衣的操作步骤。

第十一章　典型款式实例

学习目标

综合运用所学知识，熟练掌握西装裙、男衬衫、男西裤结构图的绘制、生产系列样板的制作和排料以及编制相应的工艺文件，为继续深入使用服装 CAD 绘制其他服装款式打下良好的基础。

第一节　西装裙实例

西装裙是职业女装的主要组成部分，能够表现女性下肢的优美曲线，是服装专业人员必须掌握的款式。

一、西装裙结构设计

西装裙号型规格、西装裙结构设计步骤分别如表 11-1 和表 11-2 所列。

表 11-1　西装裙号型规格　　单位：cm

号型	150/64	155/66	160/68	165/70	175/72	档差
腰围	64	66	68	70	72	2
裙长	55	57.5	60	62.5	65	2.5
臀围	90	92	94	96	98	2

表 11-2　西装裙结构设计步骤

图　　示	步　　骤	命　　令	操 作 方 法
	设定单位	设定单位	➢ 选取【选项】|【设定单位】，弹出“设定单位”对话框，单位选“厘米”，误差选“0.01”
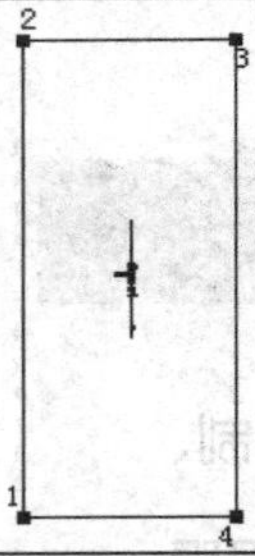	绘制前裙片大轮廓	新建	➢ 单击新建文件按钮，弹出“开长方形”对话框，长度输入 23.5，宽度输入 57
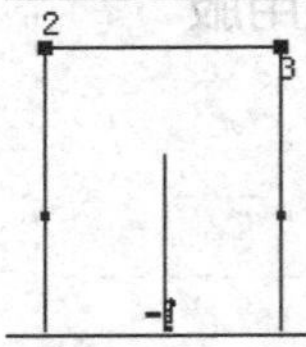	前裙片臀高线位置	线段加点	➢ 选取“线段加点”命令 ➢ 在左边线段上点击，弹出“移动点”对话框，在下一点输入框中输入 18 ➢ 在右边线段上点击，弹出“移动点”对话框，在上一点输入框中输入 18
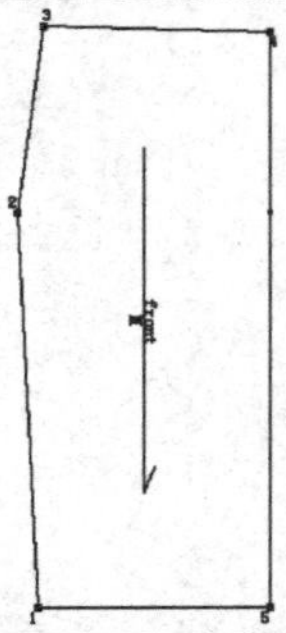	确定腰节线、下摆大小	多个移动 线段加点	➢ 选取“多个移动”命令，将#2 点上移 0.7 ➢ 做出过#2 点水平辅助线 ➢ 选取“圆形”命令，以#3 点为圆心，（70/4+3）为半径画圆，与水平线的交点即为腰围大点 ➢ 选取“线段加点”命令，确定腰围大（70/4+3），得到#6 点 ➢ 将#2 点删除 ➢ 选取“多个移动”命令，将#1 点右移 2.5，确定下摆大小

续表

图示	步骤	命令	操作方法
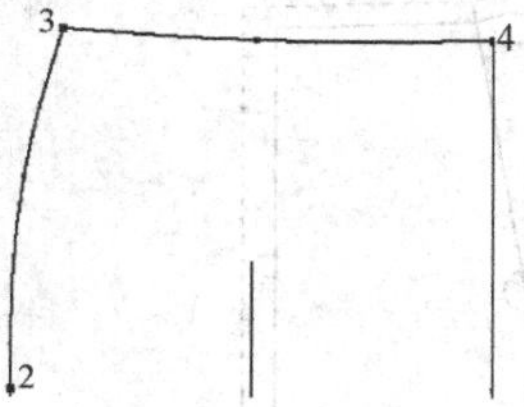	调整腰节线、侧缝线(腰长部分)	移动点	➤ 选取“移动点”命令，按住 Shift 键修改腰节线和侧缝线（腰长部分）
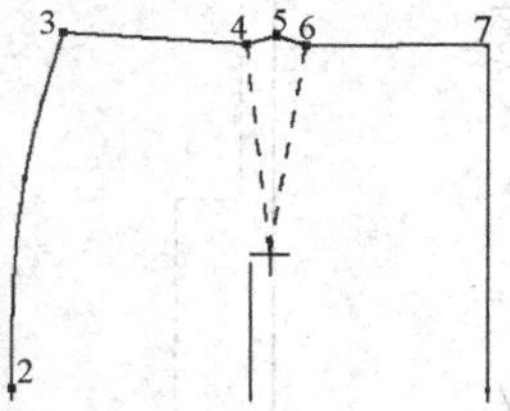	做腰省	死褶	➤ 选取“死褶”命令，在腰节线上点击，之前点输入框中输入 9.25；再次点击，之前点输入框中输入 3；省长输入 11
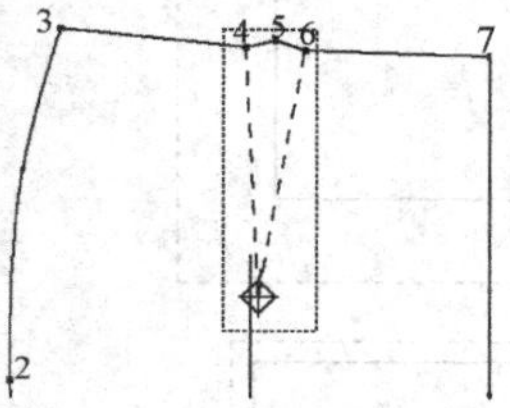	做后片	复制 粘贴 按比例拖曳	➤ 选中前衣片，选取“复制”命令 ➤ 单击“粘贴”命令，得到前衣片的复制品 ➤ 将省道长度改为 13 ➤ 单击“按比例拖曳”命令，将腰节线拖曳，其中后中点的下降值是−1
	做腰	新建矩形	➤ 选取【编辑】|【新建纸样】|【新建矩形】命令，弹出“开长方形”对话框，长输入 72，宽输入 3
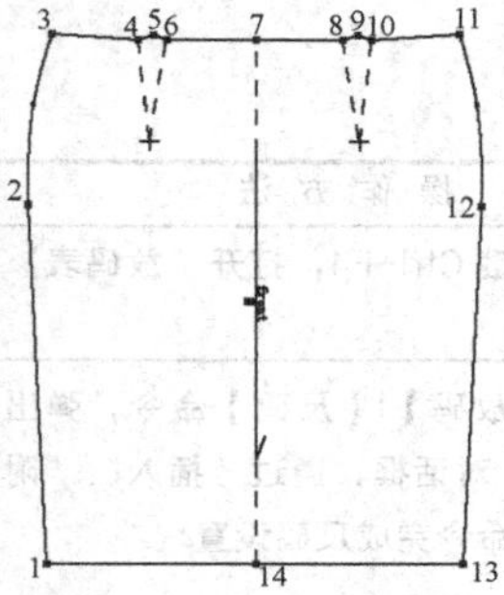	前片对称打开	镜像衣板	➤ 选中前中线 ➤ 单击“镜像衣板”工具
见下图	做缝份	缝份	➤ 选取“缝份”工具，逆时针选中衣板，弹出“缝份特性”对话框，缝份宽度输入 1 ➤ 选中后中，缝份宽度输入 1.5 ➤ 选中下摆，缝份宽度输入 4 ➤ 点击后中线，下一点框中输入 24，再选中后中线下摆点，缝份宽度输入 4，做段差

续表

图　示	步　骤	命　令	操作方法

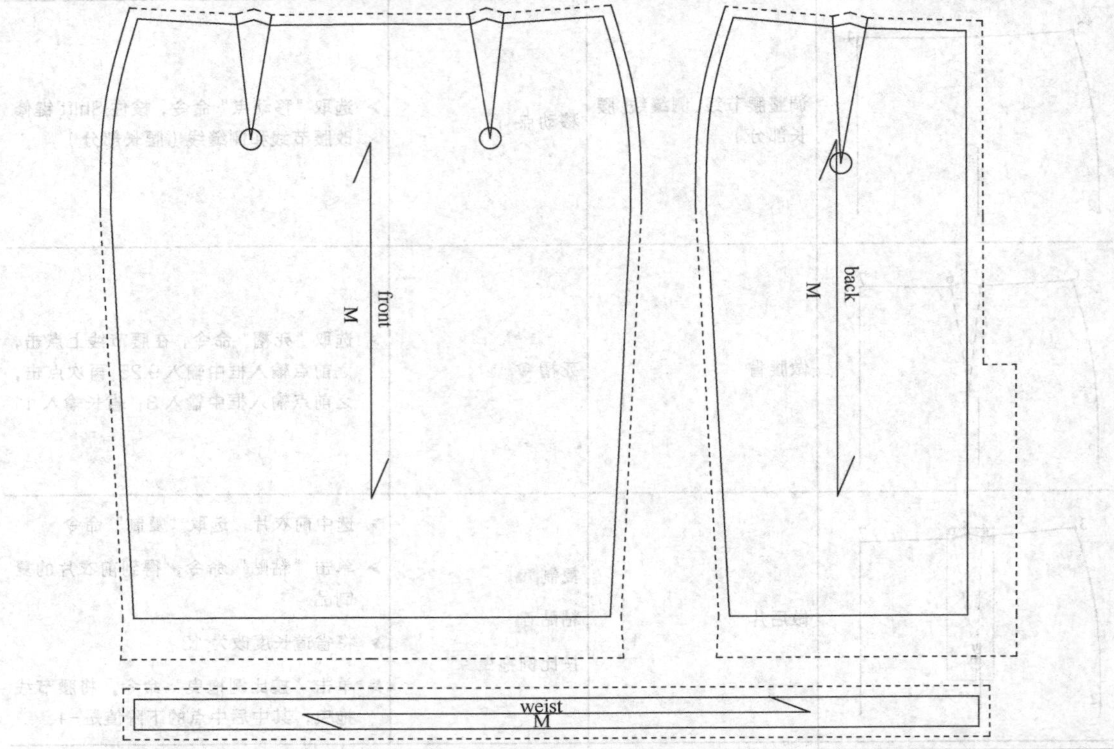

二、西装裙推档

西装裙推档如表 11-3 所列。

表 11-3　西装裙推档

图　示	步　骤	命　令	操作方法
	打开放码表	Ctrl+F4	➢ 按快捷键 Ctrl+F4，打开“放码表”对话框
	设置衣板的尺码	尺码	➢ 选取【放码】|【尺码】命令，弹出“尺码”对话框，通过“插入”、“附加”等命令完成尺码设置 ➢ 确定基本码
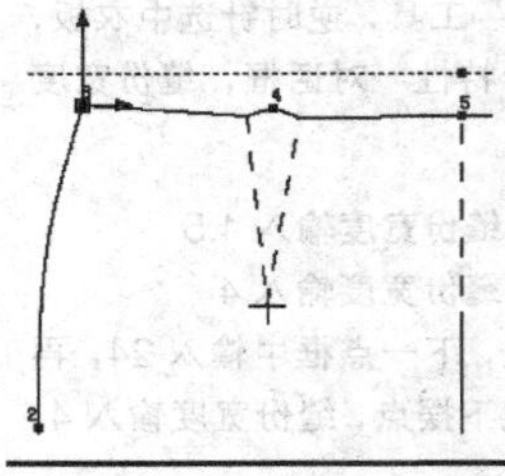	设置前裙片的放码值	复制、粘贴、粘贴 X 值、粘贴 Y 值  dx、dy 	选取某个放码点，出现直角坐标，以及该点的 dx、dy 值的输入框 ➢ 点取 3 号点，在最小号输入框中 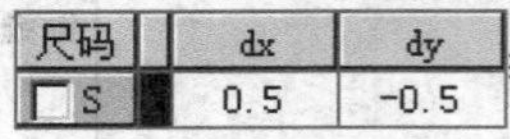 输入 dx=0.5，dy=−0.5

续表

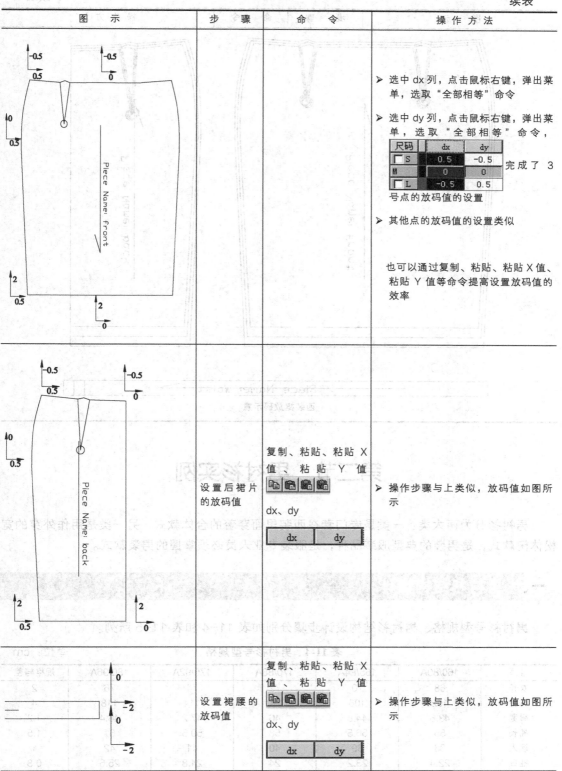

<table>
<tr><th>图　　示</th><th>步　骤</th><th>命　　令</th><th>操 作 方 法</th></tr>
<tr><td>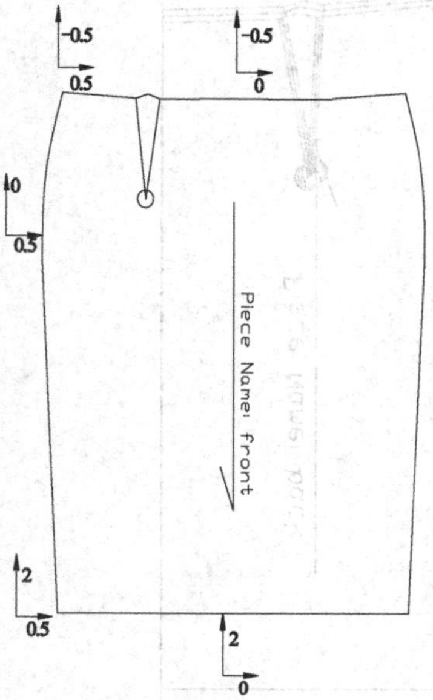
</td><td></td><td></td><td>➢ 选中 dx 列，点击鼠标右键，弹出菜单，选取“全部相等”命令
➢ 选中 dy 列，点击鼠标右键，弹出菜单，选取“全部相等”命令，<table><tr><th>尺码</th><th>dx</th><th>dy</th></tr><tr><td>S</td><td>0.5</td><td>-0.5</td></tr><tr><td>M</td><td>0</td><td>0</td></tr><tr><td>L</td><td>-0.5</td><td>0.5</td></tr></table>完成了 3 号点的放码值的设置
➢ 其他点的放码值的设置类似

也可以通过复制、粘贴、粘贴 X 值、粘贴 Y 值等命令提高设置放码值的效率</td></tr>
<tr><td>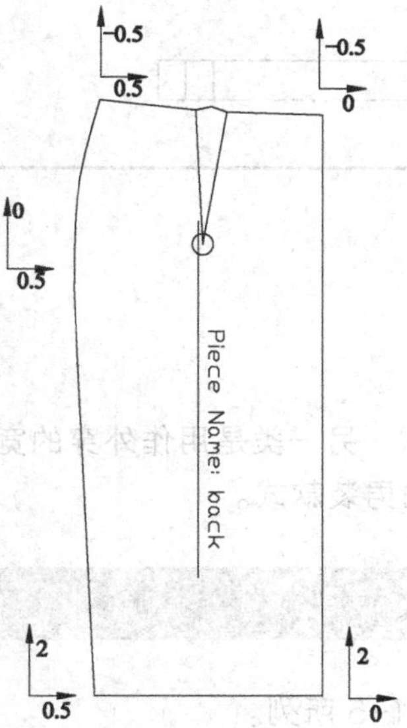
</td><td>设置后裙片的放码值</td><td>复制、粘贴、粘贴 X 值、粘贴 Y 值

dx、dy
dx　dy</td><td>➢ 操作步骤与上类似，放码值如图所示</td></tr>
<tr><td>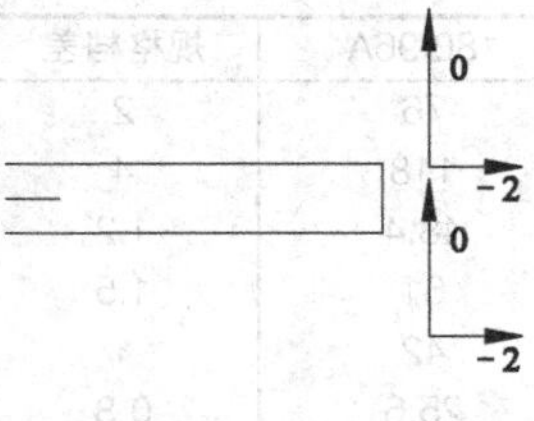
</td><td>设置裙腰的放码值</td><td>复制、粘贴、粘贴 X 值、粘贴 Y 值

dx、dy
dx　dy</td><td>➢ 操作步骤与上类似，放码值如图所示</td></tr>
</table>

续表

图 示	步 骤	命 令	操作方法
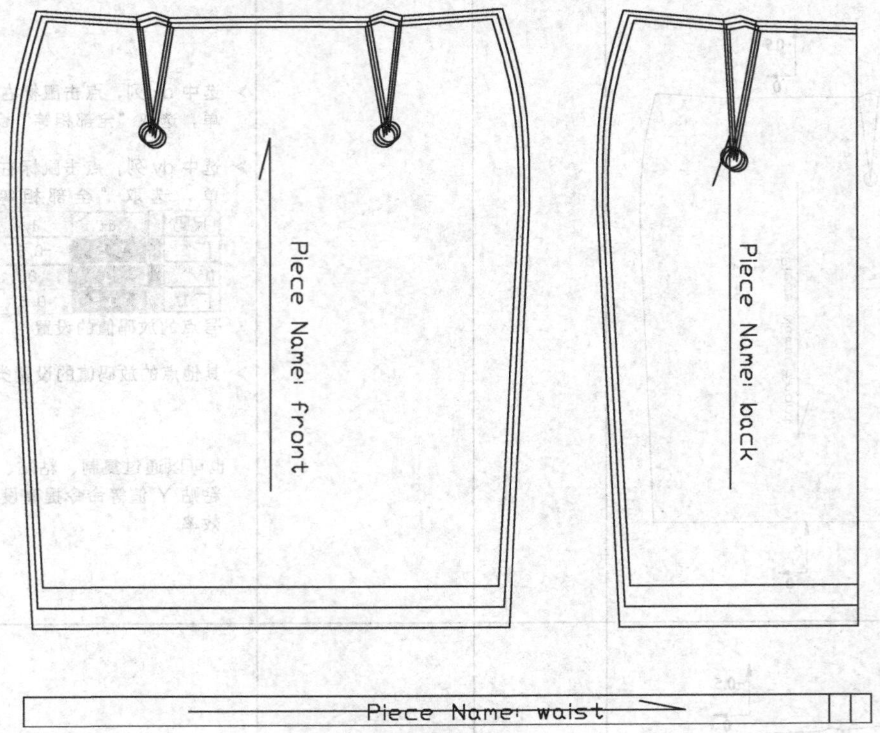			

西装裙放码示意

第二节 男衬衫实例

男衬衫分为两大类：一类是专门套在西装里面穿着的合体款式；另一类是用作外穿的宽松休闲款式，是男装的典型服装品种，是服装专业人员必须掌握的男装款式。

一、男衬衫结构设计

男衬衫号型规格、男衬衫结构设计步骤分别如表 11-4 和表 11-5 所列。

表 11-4 男衬衫号型规格 单位：cm

号型	160/80A	165/84A	170/88A	175/92A	180/96A	规格档差
衣长	68	70	72	74	76	2
胸围	102	106	110	114	118	4
肩宽	43.6	44.8	46	47.2	48.4	1.2
袖长	55	56.5	58	59.5	61	1.5
领大	38	39	40	41	42	1
袖口	22.4	23.2	24	24.8	25.6	0.8

表 11-5 男衬衫结构设计步骤

图示	步骤	命令	操作方法
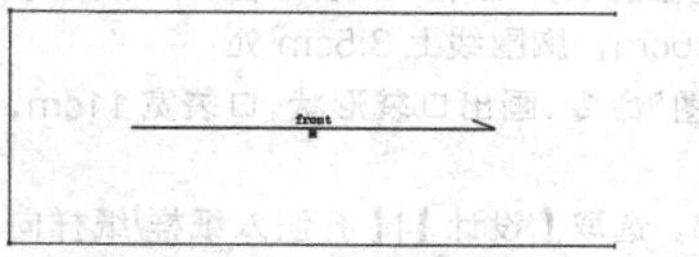	前衣片大轮廓	新建	➢ 单击新建文件按钮，弹出“开长方形”对话框，长度输入 69，宽度输入 27.5
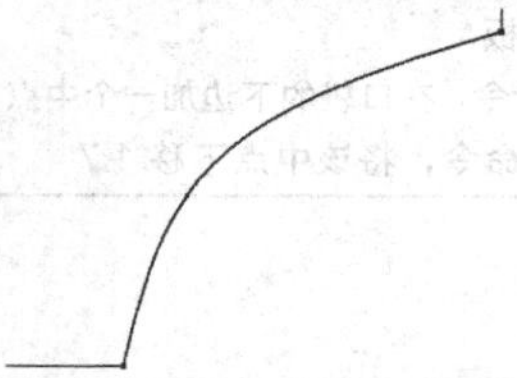	前领窝	线段加点 多个移动 移动点	➢ 选取“线段加点”命令，在前中线上点击，输入领深 N/5−1（7），选中放码点复选框 ➢ 选取“多个移动”命令，做出领宽 N/5−1.5（6.5） ➢ 选取“移动点”命令，按住 Shift 键，拉出领窝形状弧线
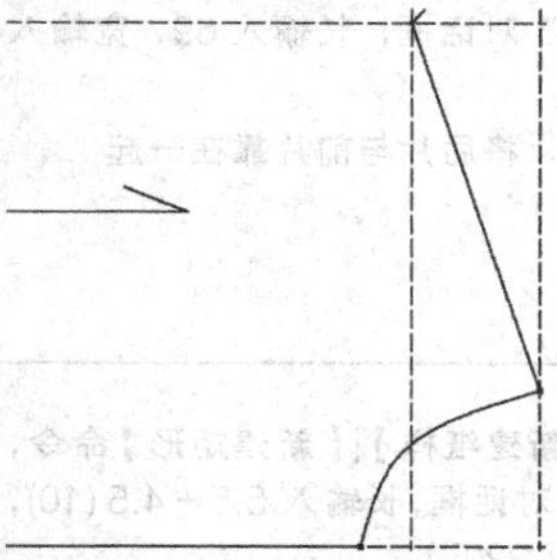	肩斜线	辅助线 移动点	➢ 用鼠标拉出水平辅助线，捕捉到领窝点；按住 Ctrl 键单击该线，输入水平距离 S/2−1.5（21.5），得到前肩宽 ➢ 用鼠标拉出竖直辅助线，捕捉到领宽点；按住 Ctrl 键单击该线，输入垂直距离 B/20−0.5（5），得到前落肩点 ➢ 选取“移动点”命令，在右边的线条上点击并移动到落肩点
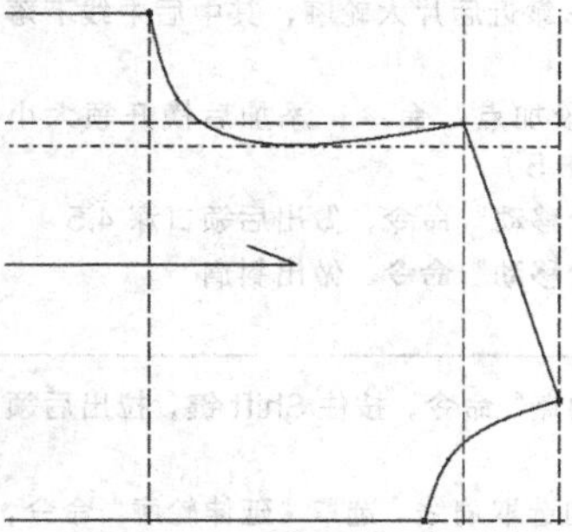	做前片袖窿弧线	辅助线 移动点	➢ 按住 Ctrl 键单击过 SP 点的竖直线，输入垂直距离 B/10+5.5（16.5），得到腋下点 ➢ 按住 Ctrl 键单击过 SP 点的水平线，输入垂直距离−1.3，得到冲肩量 ➢ 选取“移动点”命令，移动衣板上的点到腋下点位置 ➢ 选取“移动点”命令，按住 Shift 键，拉出袖窿弧线
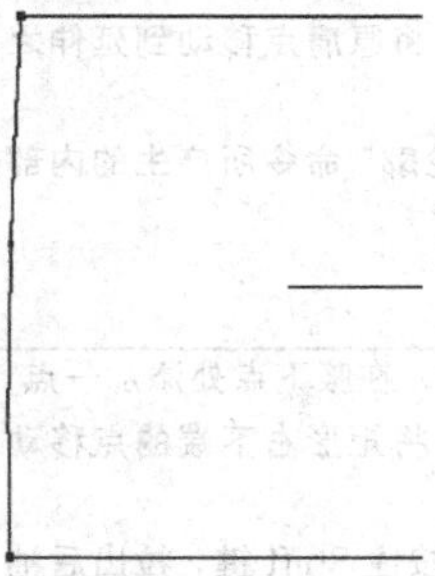	处理下摆	多个移动 移动点	➢ 选取“多点移动”命令，将侧缝下摆点往右移 0.6 ➢ 选取“移动点”命令，按住 Shift 键，拉出下摆弧线
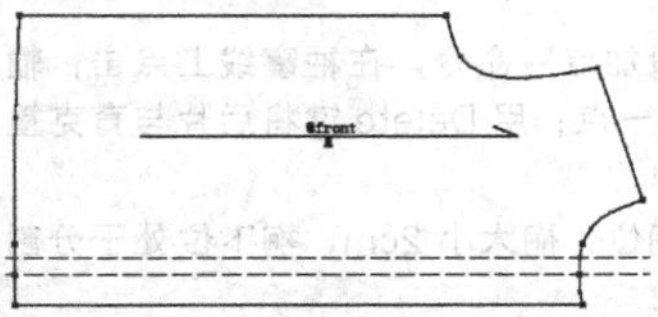	做叠门 做挂面	辅助线 移动点 草图 对接打开	➢ 用辅助线找出门襟止口线位置（2cm），用“移动点”命令把前中线移到门襟止口线位置 ➢ 用辅助线找出挂面折叠之后的位置（3.5cm）；并用“草图”工具在此位置画一条线 ➢ 选取“对接打开”命令，将折叠进去的挂面打开

续表

图示	步骤	命令	操作方法
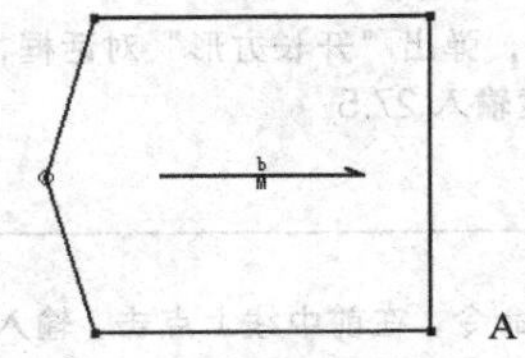	做口袋 口袋定位	辅助线 草图 复制内部图转至纸样 线段加点 多个移动	➢ 用辅助线在前衣片上作出口袋定位：A点位于前中线往里6cm，胸围线上3.5cm处； ➢ 选取"草图"命令，画出口袋形状，口袋宽11cm，深12cm； ➢ 选中内部，选取【设计】|【孔洞入纸样/纸样向孔洞】|【复制内部图转至纸样】命令，得到口袋的大体形状的衣板 ➢ 选取"线段加点"命令，在口袋的下边加一个中点 ➢ 选取"多个移动"命令，将该中点下移1.7
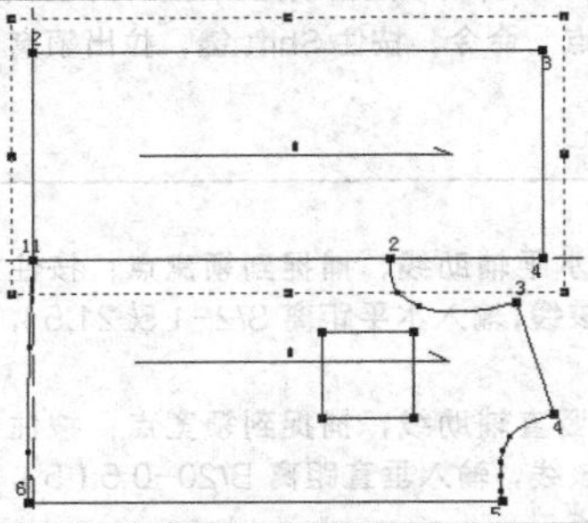	后衣片大轮廓	辅助线 多个移动	➢ 选取【编辑】|【新建纸样】|【新建矩形】命令，弹出"开长方形"对话框，长输入69，宽输入B/4+1(28.5) ➢ 用移动纸样工具，将后片与前片靠在一起
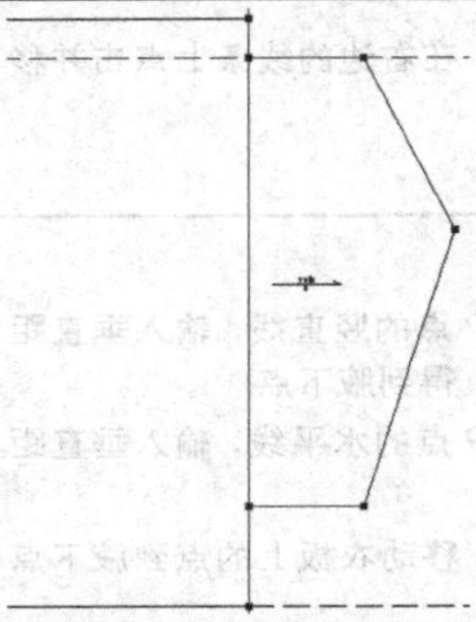	育克大轮廓	辅助线 线段加点 多个移动	➢ 选取【编辑】|【新建纸样】|【新建矩形】命令，弹出"开长方形"对话框，长输入5.5＋4.5(10)，宽输入S/2−0.5（22.5） ➢ 将此长方形靠近后片大轮廓，其中后中线下落2cm ➢ 选取"线段加点"命令，添加后横开领大小N/5+0.5（8.5） ➢ 选取"多个移动"命令，做出后领口深4.5 ➢ 选取"多个移动"命令，做出斜肩
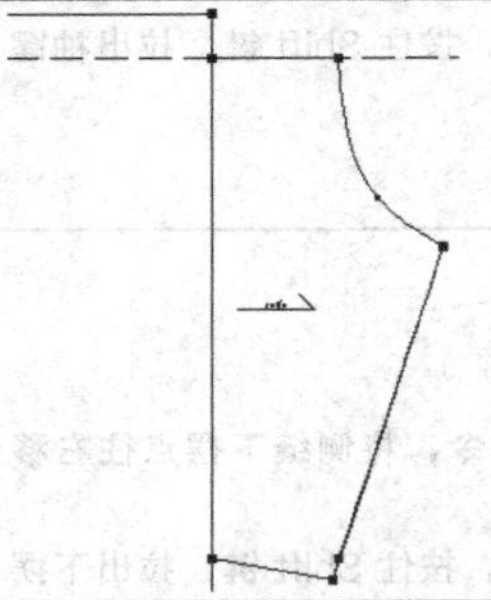	后领窝 后冲肩	移动点 延伸轮廓	➢ 选取"移动点"命令，按住Shift键，拉出后领窝形状 ➢ 顺时针方向选取肩线，选取"延伸轮廓"命令，输入1延伸1cm ➢ 选取"移动点"命令，将原肩点移动到延伸之后的点 ➢ 用Delete键将"延伸轮廓"命令所产生的内部线条删除掉 ➢ 调整过肩的布纹方向
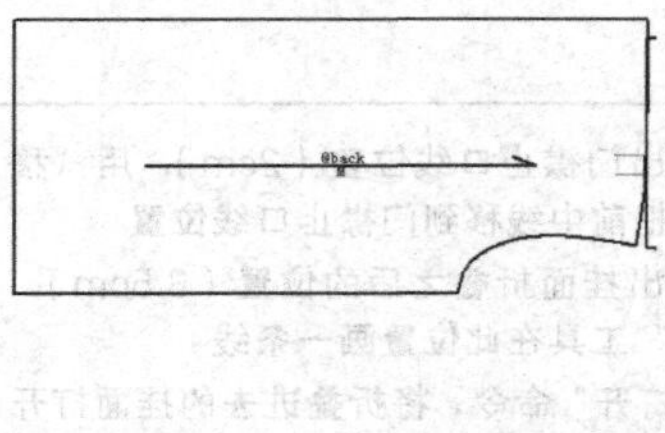	后片袖窿弧线 后片育克分割线	线段加点 移动点	➢ 选取"线段加点"命令，在腋下点处添加一点 ➢ 选取"移动点"命令，将矩形右下端的点移动到育克的左下点处 ➢ 选取"移动点"命令，按住Shift键，拉出后袖窿形状 ➢ 选取"线段加点"命令，在袖窿线上点击，输入1，得到一点；用Delete键将后片与育克重复点删除掉 ➢ 做出后片裥位：裥大小2cm，裥下位处于分割线长1/3处

续表

图 示	步 骤	命 令	操 作 方 法
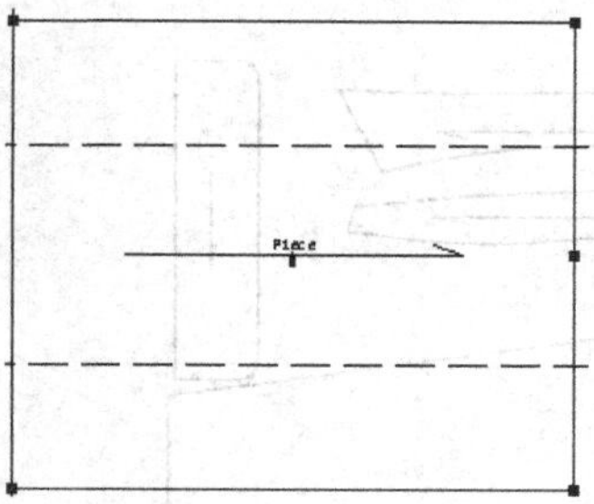	袖片大轮廓	新建	➢ 选取【编辑】|【新建纸样】|【新建矩形】命令，弹出“开长方形”对话框。长：输入袖长−袖克夫（6）=52；宽：输入袖肥 2*（1.5B/10+6）=45
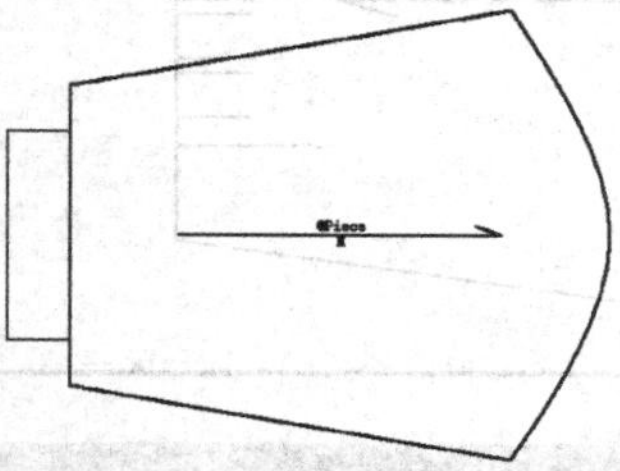	确定袖中线 确定袖山高 做袖克夫轮廓 确定袖口大小	线段加点 多个移动 草图	➢ 选取“线段加点”命令，找出袖山和袖口的中点 ➢ 选取“多个移动”命令，将袖肥点移动到袖山底线位置 B/10−1.5（9.5） ➢ 用辅助线画出袖克夫位置（6×24） ➢ 选取“草图”命令，画出袖克夫轮廓
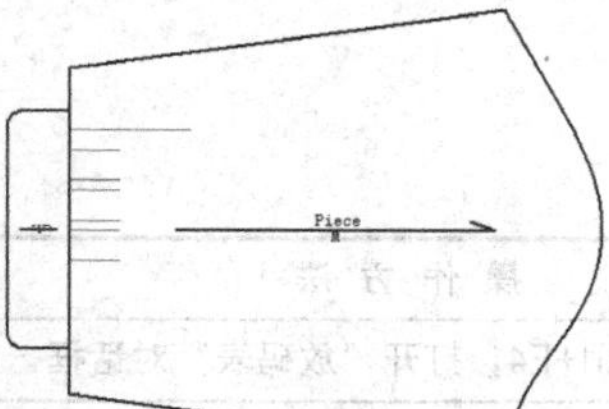	做好袖克夫 画好袖山线 做好袖裥位	孔洞入纸样 圆角 草图 移动点	➢ 选取【设计】|【孔洞入纸样/纸样向孔洞】|【Convert Hole to Piece】命令，将袖克夫的内部线条转换为纸样，并修正布纹线 ➢ 选中袖克夫要做圆角处理的端点，选取“圆角”命令，弹出“圆角半径”对话框，输入圆角半径 1.5 ➢ 选取“草图”工具，画出袖口褶裥位置 ➢ 选取“移动点”命令，拉出袖山弧线形态
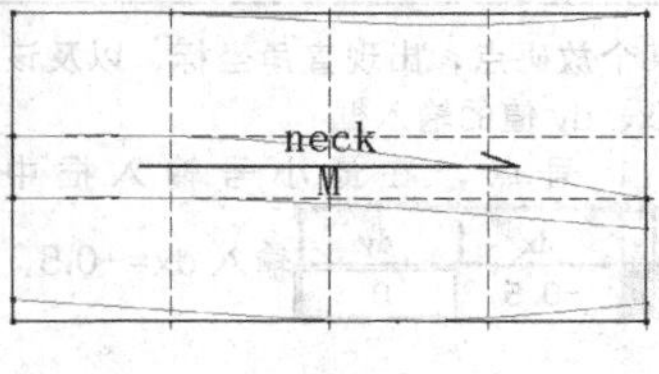	画出衣领大轮廓	新建矩形 加点/线于线上 线段加点 草图	➢ 选取【编辑】|【新建纸样】|【新建矩形】命令，长输入 N/2=20，宽输入 10 ➢ 顺时针选取下平线，选取【编辑】|【加入】|【加点/线于线上】命令，编号输入 3，得到 3 个等分点，并拖出等分辅助线 ➢ 选取“线段加点”命令，在后中线上找出 0.7cm、4cm、6cm 的点，并作出两条水平的辅助线 ➢ 选取“草图”命令，画出领座和翻领的形状。领座前中上抬 0.6cm，前中大小 2.5cm。领翻前中 6cm
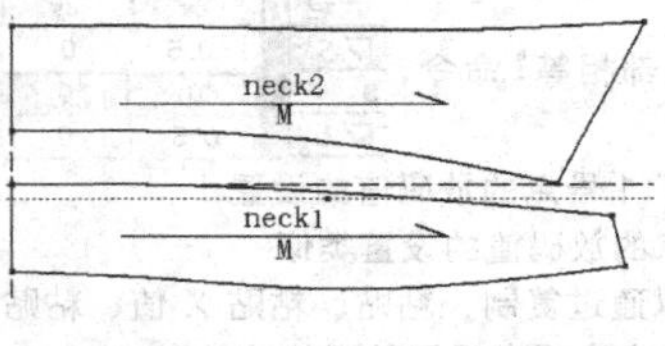	做出衣领衣板	复制内部图转至纸样 延伸轮廓	➢ 选中内部，选取【设计】|【孔洞入纸样/纸样向孔洞】|【复制内部图转至纸样】命令，得到衣领的大体形状 ➢ 顺时针方向选取线条，选取“延伸轮廓”命令，延伸出领尖和领子的前部。领座下口延伸 2cm；上口延伸 1.8cm，连线。领尖延伸 3cm

续表

图　示	步　骤	命　令	操作方法
衬衫衣板示意 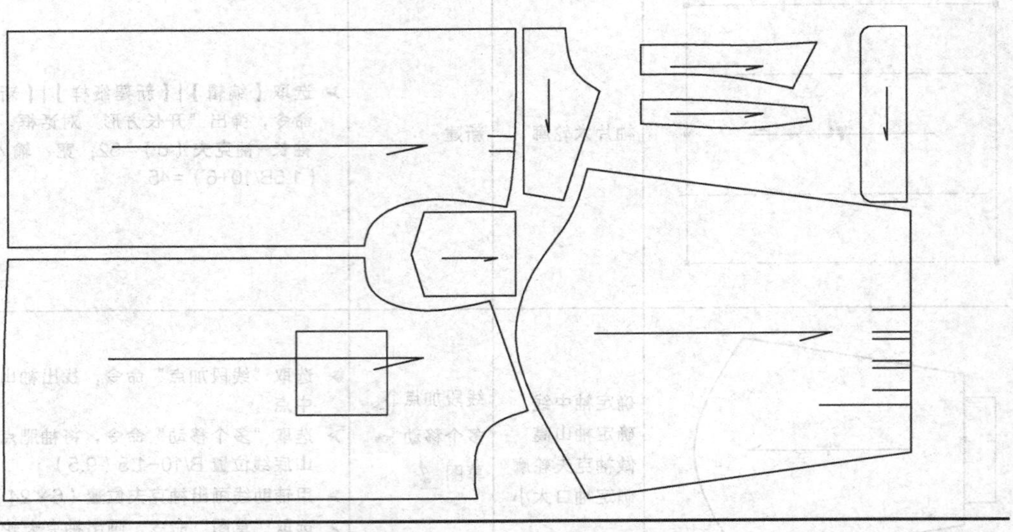			

二、男衬衫推档

男衬衫推档见表 11-6 所列。

表 11-6　男衬衫推档

图　示	步　骤	命　令	操作方法
	打开放码表	Ctrl+F4	按快捷键 Ctrl+F4，打开“放码表”对话框
	设置衣板的尺码	尺码	➢ 选取【放码】|【尺码】命令，弹出“尺码”对话框，通过“插入”、“附加”等命令完成尺码设置 ➢ 确定基本码
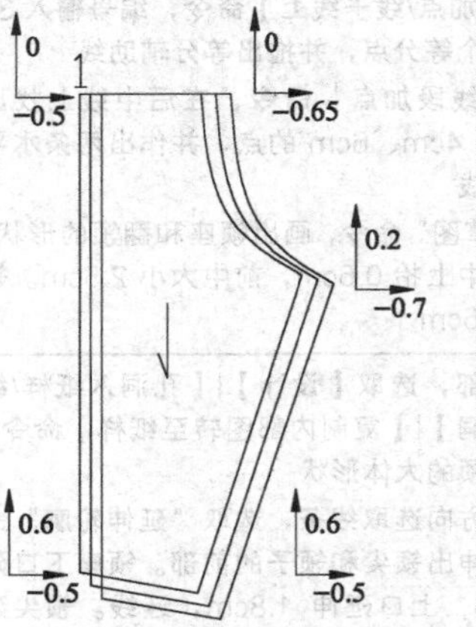	设置过肩的放码值	复制、粘贴、粘贴 X 值、粘贴 Y 值  dx、dy 	选取某个放码点，出现直角坐标，以及该点的 dx、dy 值的输入框 ➢ 点取 1 号点，在最小号输入框中 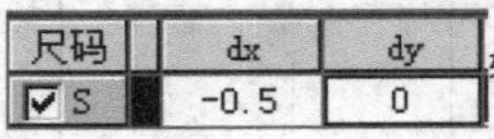输入 dx=-0.5，dy=0 ➢ 选中 dx 列，点击鼠标右键，弹出菜单，选取“全部相等”命令 ➢ 选中 dy 列，点击鼠标右键，弹出菜单，选取“全部相等”命令，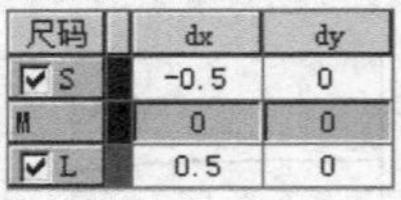 完成了 1 号点的放码值的设置 ➢ 其他点的放码值的设置类似 也可以通过复制、粘贴、粘贴 X 值、粘贴 Y 值等命令提高设置放码值的效率

续表

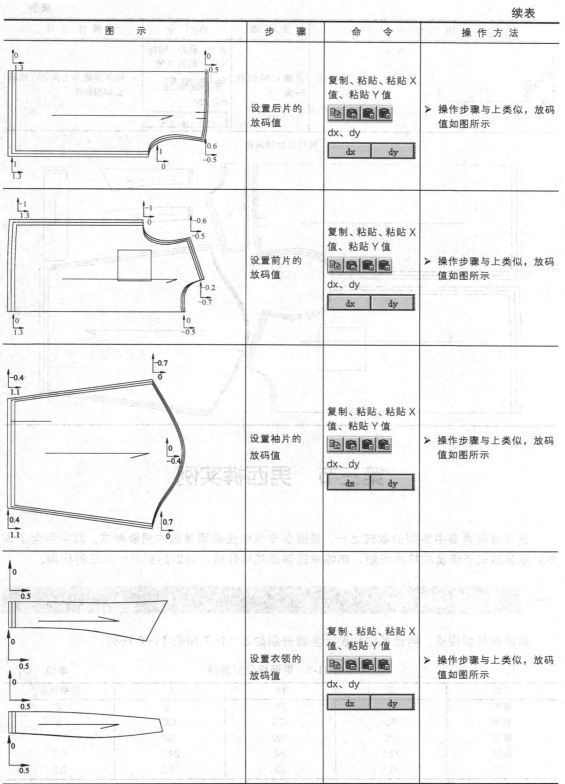

图　　示	步　骤	命　　令	操 作 方 法
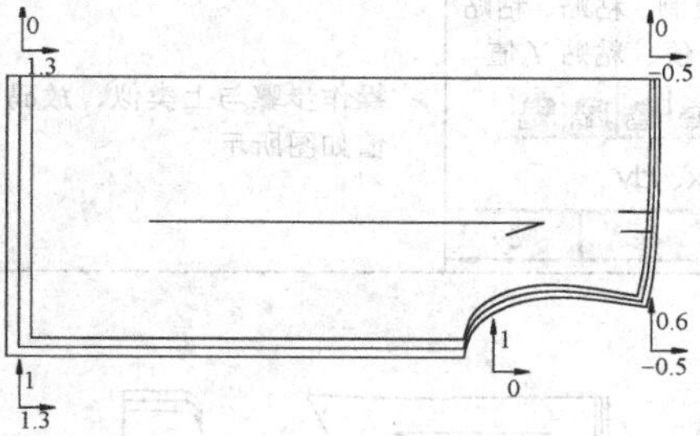	设置后片的放码值	复制、粘贴、粘贴X值、粘贴Y值  dx、dy 	➢ 操作步骤与上类似，放码值如图所示
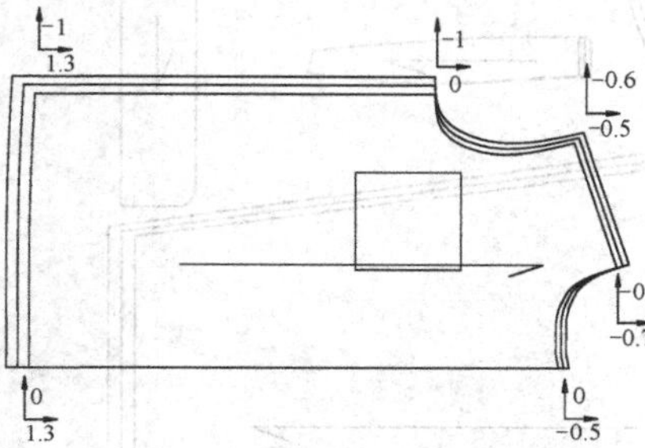	设置前片的放码值	复制、粘贴、粘贴X值、粘贴Y值  dx、dy 	➢ 操作步骤与上类似，放码值如图所示
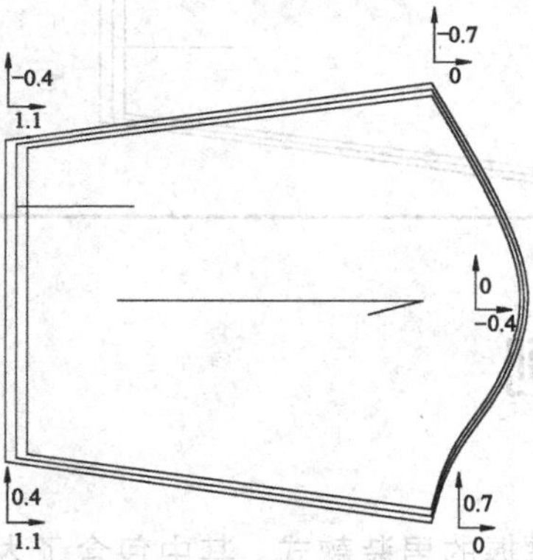	设置袖片的放码值	复制、粘贴、粘贴X值、粘贴Y值  dx、dy 	➢ 操作步骤与上类似，放码值如图所示
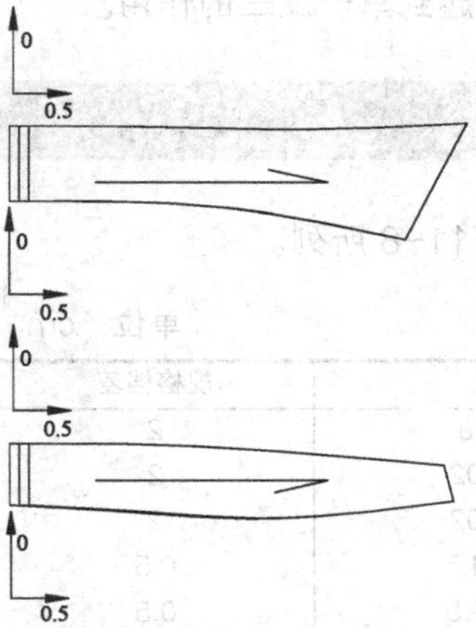	设置衣领的放码值	复制、粘贴、粘贴X值、粘贴Y值  dx、dy 	➢ 操作步骤与上类似，放码值如图所示

续表

图示	步骤	命令	操作方法
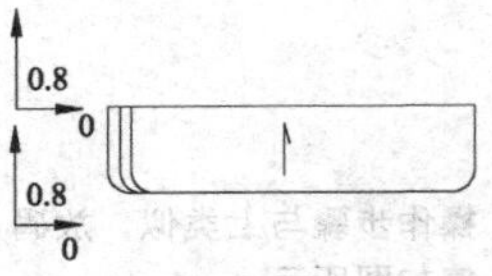	设置衣领的放码值	复制、粘贴、粘贴 X 值、粘贴 Y 值  dx、dy dx dy	➢ 操作步骤与上类似，放码值如图所示

男衬衫放码示意

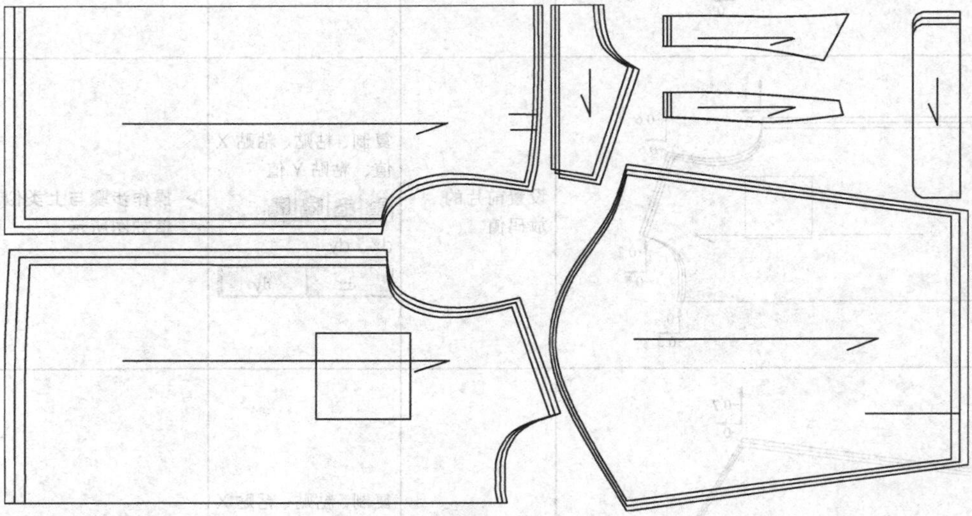

第三节　男西裤实例

男西裤是男装中典型的款式之一，是服装专业学生必须掌握的男装款式。其中包含了大多数服装款式所涉及的技术问题，熟练掌握该款式的处理，可以起到举一反三的作用。

一、男西裤结构设计

男西裤号型规格、男西裤结构设计步骤分别如表 11-7 和表 11-8 所列。

表 11-7　男西裤号型规格　　单位：cm

号型	S	M	L	规格档差
腰围	74	76	78	2
裤长	98	100	102	2
臀围	98	100	102	2
脚口	23.5	24	24.5	0.5
上裆	28.5	29	29.5	0.5

表 11-8　男西裤结构设计步骤

图　示	步　骤	命　令	操作方法
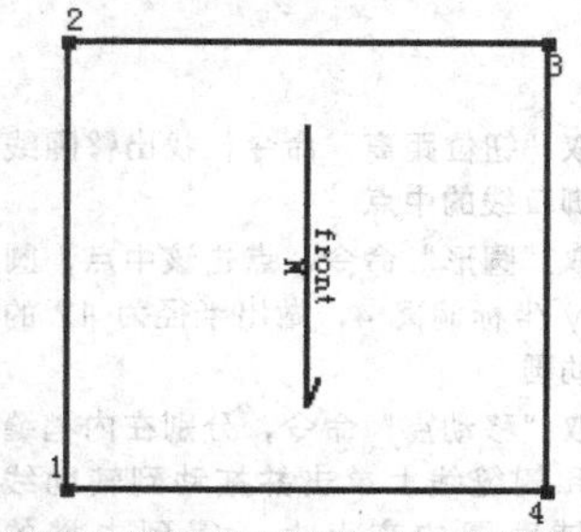	前裤片大轮廓	新建	➢ 单击新建文件按钮，弹出“开长方形”对话框，长度输入 24（H/4−1），宽度输入 24[（L−4）/4]
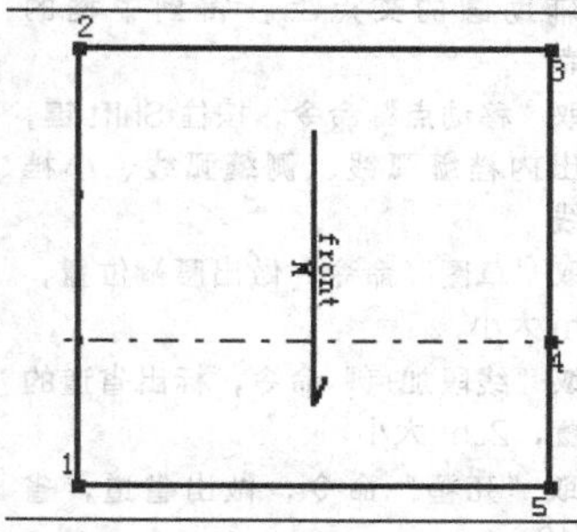	臀围线	选择 加点/线于线上 辅助线 线段加点 Delete 键	➢ 顺时针选中 1 号点、2 号点 ➢ 选取【编辑】|【加入】|【加点/线于线上】命令，弹出“加内部附件”对话框，附件种类选“点”，距离编号填入“2” ➢ 拉出过下面一个等分点的辅助线，并将上一个等分点删除 ➢ 选取“线段加点”命令，在辅助线与#3#4 线的交点处添加一点
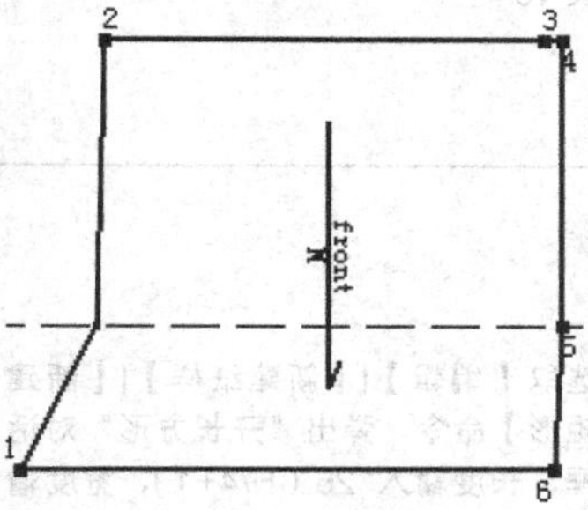	做小裆 横裆的侧缝点 做腰	多个移动 线段加点	➢ 选取“多个移动”命令，框住 1 号点，弹出“所选矩形移动点及内部”对话框，x 坐标框输入−4（0.4H/10） ➢ 选取“多个移动”命令，框住#5 点，弹出的对话框中，x 坐标框输入−0.5 ➢ 选取“多个移动”命令，框住 2 号点，弹出的对话框中，x 坐标框输入 0.5 ➢ 选取“线段加点”命令，在 2 号点 3 号点线段上单击，弹出“移动点”对话框，选中放码点复选框，之前点输入框里输入 22.5（W/4−1+1.5+3）
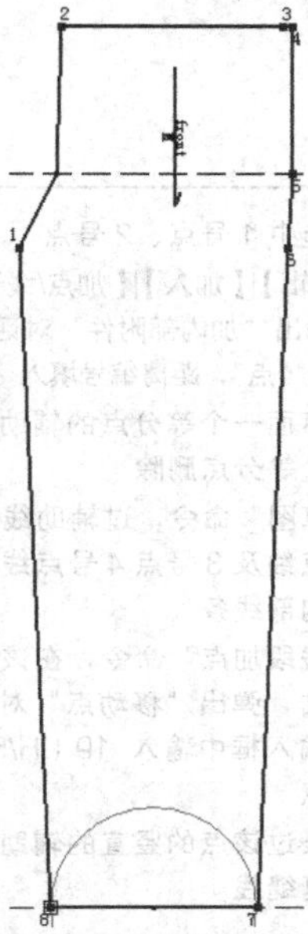	做挺缝线 做脚口	线段加点 多个移动 辅助线 圆形 移动点	➢ 选取“线段加点”命令，在 1 号点 6 号点线段上单击，弹出“移动点”对话框，在比例输入框中输入 0.5，得到挺缝线上的一点 ➢ 选取“多个移动”命令，将上步所得到的中点，下移 71（L−25−4） ➢ 拉出过脚口中点的横向的辅助线 ➢ 选取“圆形”命令，点击脚口中点，做出半径为 11 的辅助圆 ➢ 选取“移动点”命令，分别在内裆缝线和侧缝线上单击并拖动到辅助线与辅助圆的交点上，得到两点 ➢ 分别双击这两点，弹出“点特性”对话框，选中放码点复选框

续表

图　示	步　骤	命　令	操 作 方 法
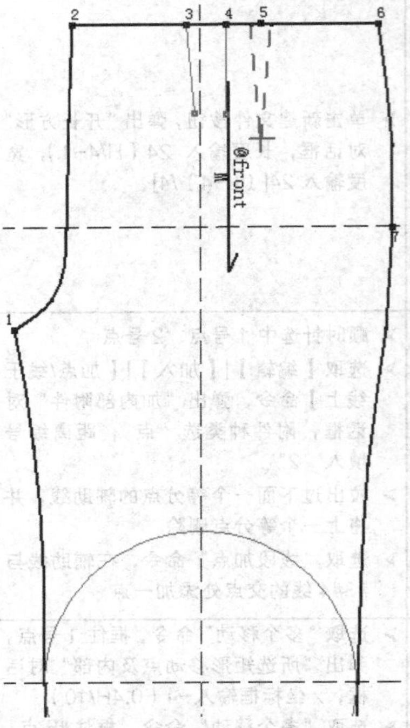	作中裆 内裆缝弧线 侧缝弧线 小裆弧线 腰省 腰裥	钮位距离 多个移动 圆形 移动点 草图 线段加点 死褶	➢ 选取“钮位距离”命令，找出臀围线与脚口线的中点 ➢ 选取“圆形”命令，点击该中点，圆心 y 坐标偏离 4，做出半径为 12 的辅助圆 ➢ 选取“移动点”命令，分别在内裆缝线和侧缝线上单击并拖动到辅助线与辅助圆的交点上，得到中裆的两点 ➢ 选取“移动点”命令，按住 Shift 键，拉出内裆缝弧线、侧缝弧线、小裆弧线 ➢ 选取“草图”命令，做出腰裥位置，3cm 大小 ➢ 选取“线段加点”命令，标出省道的位置，2cm 大小 ➢ 选取“死褶”命令，做出省道，省长 10
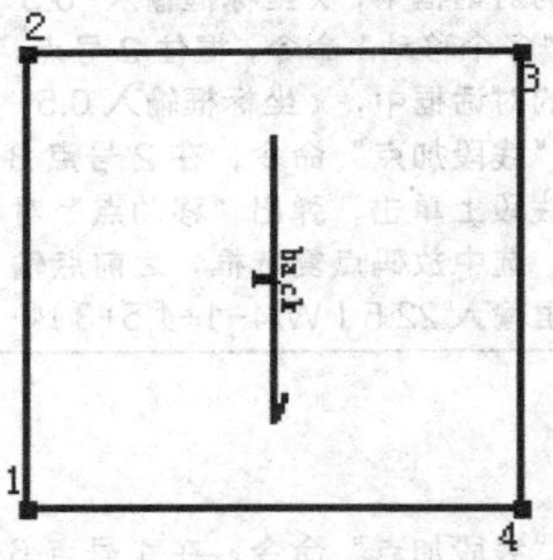	后裤片大轮廓	新建矩形	➢ 选取【编辑】|【新建纸样】|【新建矩形】命令，弹出“开长方形”对话框，长度输入 26（H/4+1），宽度输入 24[（L−4）/4]
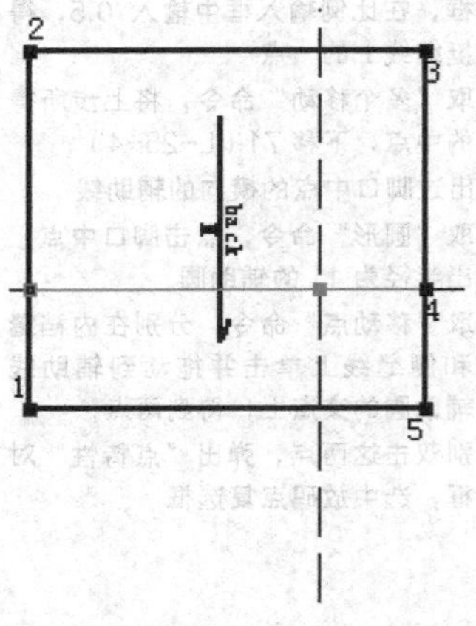	臀围线 挺缝线	选择 加点/线于线上 辅助线 草图 线段加点 Delete 键	➢ 顺时针选中 1 号点、2 号点 ➢ 选取【编辑】|【加入】|【加点/线于线上】命令，弹出“加内部附件”对话框，附件种类选“点”，距离编号填入“2” ➢ 拉出过下面一个等分点的辅助线，并将上一个等分点删除 ➢ 选取“草图”命令，过辅助线与 1 号点 2 号点线及 3 号点 4 号点线的交点画一条内部线条 ➢ 选取“线段加点”命令，在该内部线条上单击，弹出“移动点”对话框，之前点输入框中输入 19（H/5−1），得到一点 ➢ 拉出一条过该点的竖直的辅助线，即为后片挺缝线

续表

图 示	步 骤	命 令	操 作 方 法
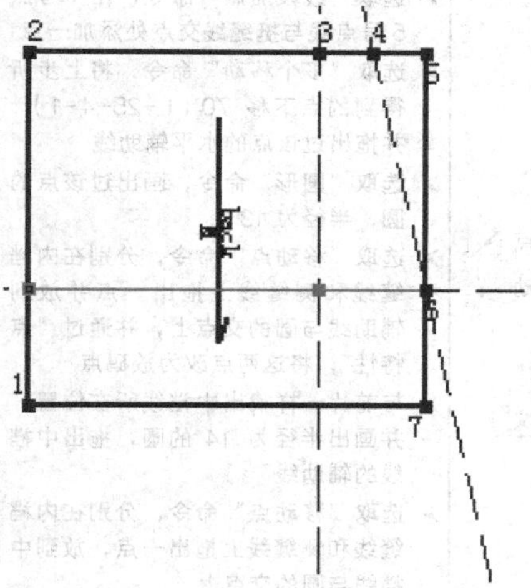	大裆斜线	线段加点 辅助线 平行辅助线	➢ 选取“线段加点”命令，在竖直辅助线与 2 号点、3 号点线交点处添加一点 ➢ 选取“线段加点”命令，在该点与右上角的点之间再添加一中点 ➢ 顺时针选取此中点和臀围线与右边竖直线交点，选取【纸样】|【平行辅助线】命令，画出过此中点和臀围线与右边竖直线交点的辅助线
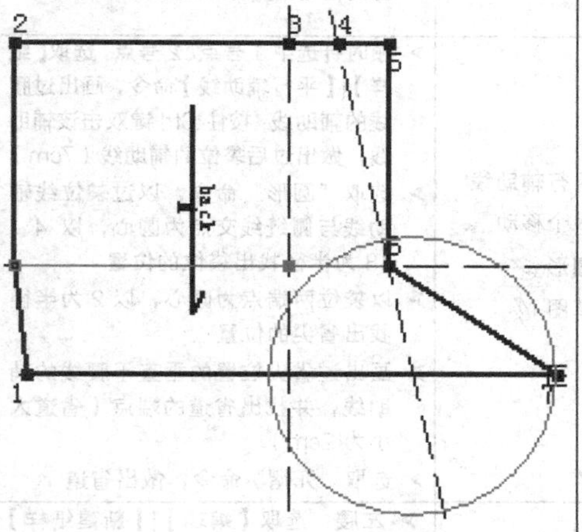	落裆线 大裆位置	多个移动 辅助线 测量 圆形 移动点	➢ 选取“多个移动”命令，框选 1 号点和 7 号点，在弹出的对话框的 y 坐标输入框中输入−1，得到落裆线 ➢ 拉出过落裆线的辅助线 ➢ 选取“测量”命令，量出 7 号点到落裆线与裆斜线交点的距离 ➢ 用“圆形”命令画一个半径为 10（H/10）的圆，找出大裆点的位置 ➢ 选取选取“移动点”命令，将 7 号点移到大裆点所在位置 ➢ 选取“多个移动”命令，框选 1 号点，将其向右移动 1cm
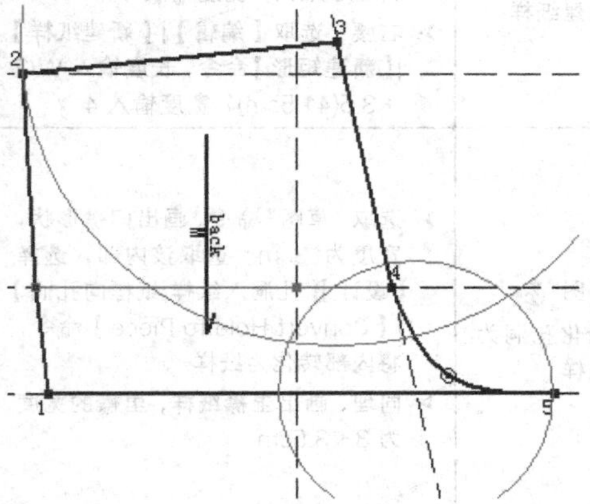	后片起翘 腰线	Delete 延伸轮廓 移动点 圆形	➢ 选中 5 号点，用 Delete 键将其删除 ➢ 选中裆斜线，选取“延伸轮廓”命令，做出 2.5cm 的起翘 ➢ 选取“移动点”命令，将 4 号点移动到起翘后的位置，并将此处的内部线条删除掉 ➢ 选取“圆形”命令，以起翘点为圆心，以为 23(W/4+1+3)半径画圆，找出腰的位置 ➢ 选取“移动点”命令，将 2 号点移动到上平线与圆的交点 ➢ 将 3 号点删除 ➢ 选取“移动点”命令，按住 Shift 键，拉出大裆弯曲线

续表

图　　示	步　骤	命　　令	操作方法
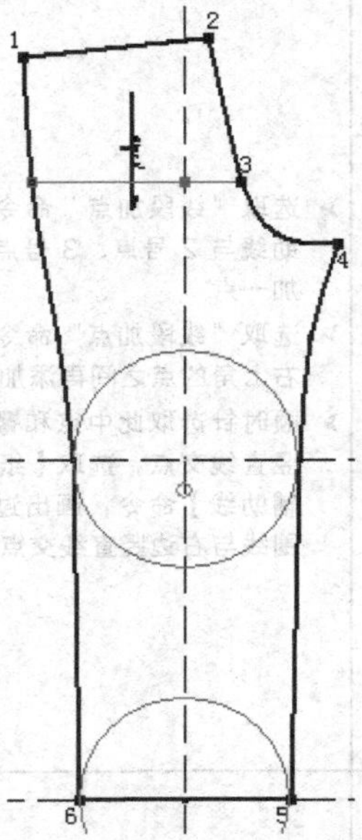	做脚口 做中裆	线段加点 多个移动 辅助线 圆形 移动点	➢ 选取"线段加点"命令，在1号点5号点线与挺缝线交点处添加一点 ➢ 选取"多个移动"命令，将上步所得到的点下移 70（L−25−4−1），并拖出过该点的水平辅助线 ➢ 选取"圆形"命令，画出过该点的圆，半径为13 ➢ 选取"移动点"命令，分别在内裆缝线和侧缝线上拖出一点并放到辅助线与圆的交点上，并通过"点特性"，将这两点改为放码点 ➢ 与前片一样找出中裆线所在位置，并画出半径为14的圆，拖出中裆线的辅助线 ➢ 选取"移动点"命令，分别在内裆缝线和侧缝线上拖出一点，放到中裆线与圆的交点上 ➢ 选取"移动点"命令，按住Shift键，将内裆缝及侧缝拉出圆滑的弧线
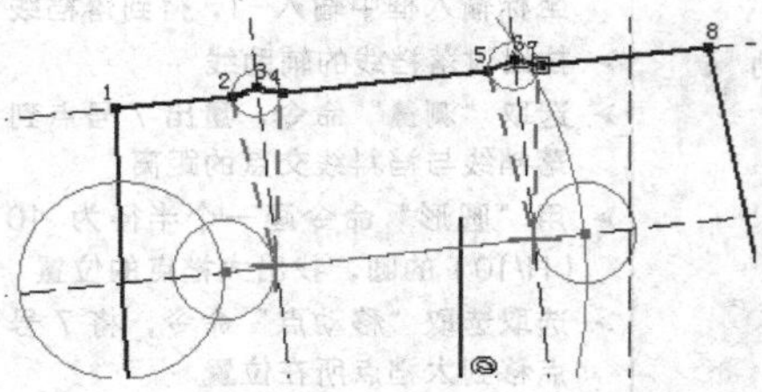	确定袋位 做省	平行辅助线 多个移动 圆形 草图	➢ 顺时针选中1号点、2号点，选取【纸样】|【平行辅助线】命令，画出过腰线的辅助线；按住Ctrl键双击该辅助线，做出过后袋位的辅助线（7cm） ➢ 选取"圆形"命令，以过袋位线辅助线与侧缝线交点为圆心，以4、18为半径找出袋位的位置 ➢ 以袋位两端点为圆心，以2为半径找出省尖的位置 ➢ 画出过省尖位置的垂直于腰线的辅助线，并找出省道的端点（省道大小为2cm） ➢ 选取"死褶"命令，做出省道
	做腰	新建纸样	➢ 左腰：选取【编辑】|【新建纸样】|【新建矩形】命令，长度输入W/2(38cm)，宽度输入4 ➢ 右腰：选取【编辑】|【新建纸样】|【新建矩形】命令，长度输入W/2＋3.5(41.5cm)，宽度输入4
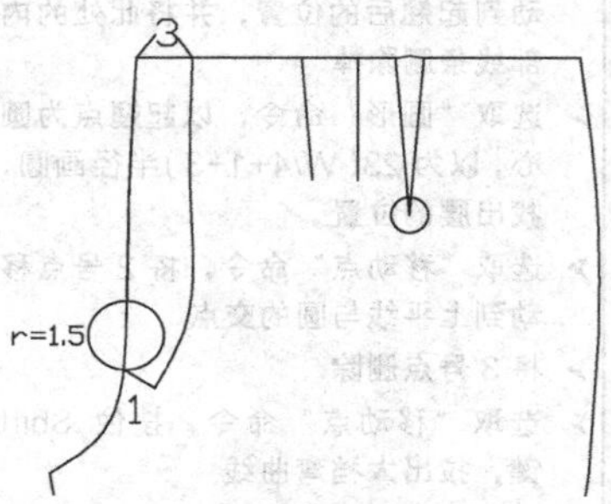	门襟 里襟	草图 转化孔洞为纸样	➢ 选取"草图"命令，画出门襟形状，宽度为3cm，选取该内部，选择【设计】|【孔洞入纸样/纸样向孔洞】|【Convert Hole to Piece】命令，将内部转化为纸样 ➢ 同理，画出里襟纸样，里襟的宽度为3～3.5cm

续表

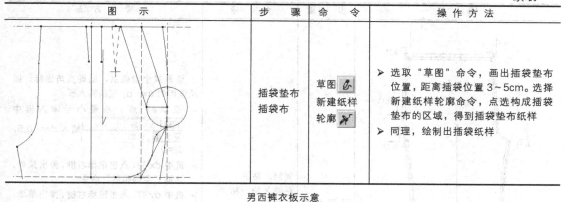

图　示	步　骤	命　令	操作方法
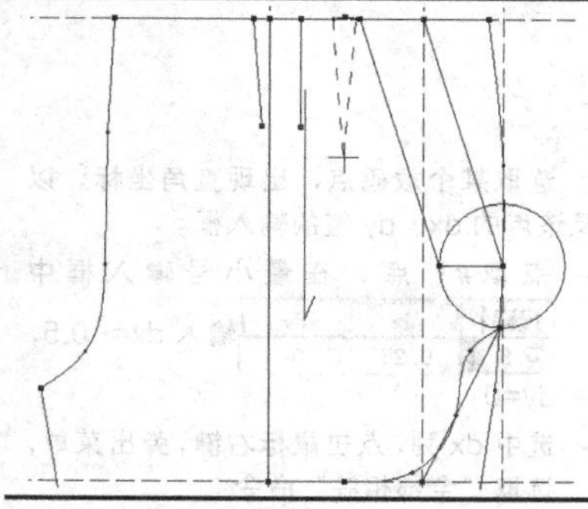	插袋垫布 插袋布	草图 新建纸样 轮廓	➢ 选取“草图”命令，画出插袋垫布位置，距离插袋位置 3～5cm。选择新建纸样轮廓命令，点选构成插袋垫布的区域，得到插袋垫布纸样 ➢ 同理，绘制出插袋纸样

男西裤衣板示意

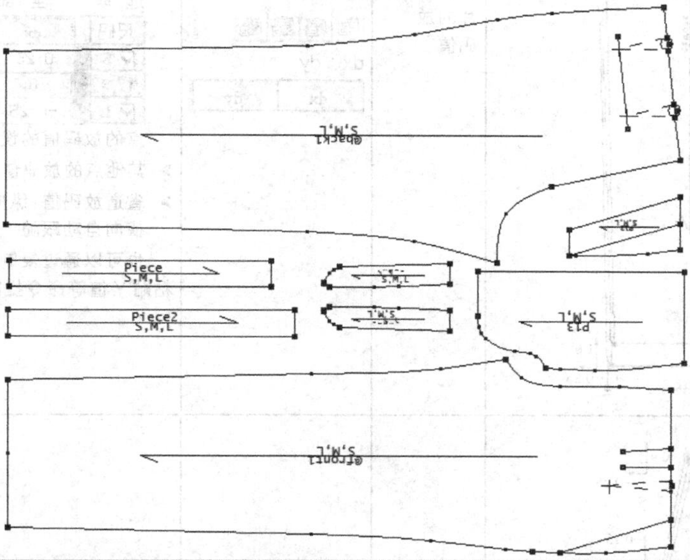

二、男西裤推档

男西裤推档如表 11-9 所列。

表 11-9　男西裤推档

图　示	步　骤	命　令	操作方法
	打开 放码表	Ctrl+F4	➢ 按快捷键 Ctrl+F4，打开“放码表”对话框
	设置衣板的尺码	尺码	➢ 选取【放码】|【尺码】命令，弹出“尺码”对话框，将当前码改为 M 码，通过“插入”命令添加 S 码、“附加”命令添加 L 码，完成尺码设置； ➢ 确定 M 码为基本码

续表

<table>
<tr><th>图 示</th><th>步 骤</th><th>命 令</th><th>操 作 方 法</th></tr>
<tr>
<td>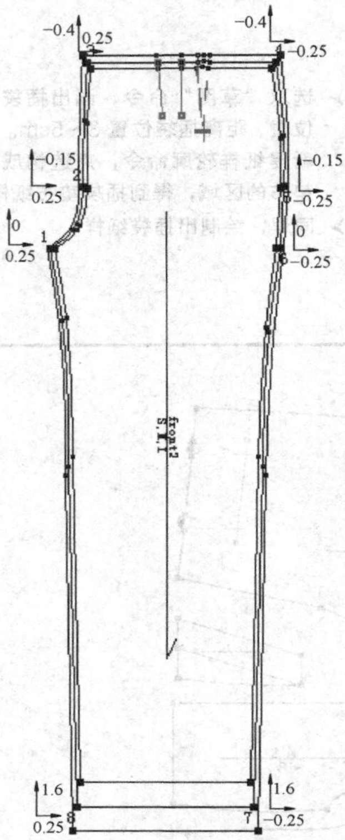
</td>
<td>设置前裤片的放码值</td>
<td>复制、粘贴、粘贴 X 值、粘贴 Y 值

dx、dy
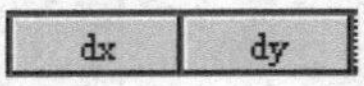</td>
<td>选取某个放码点，出现直角坐标，以及该点的 dx、dy 值的输入框。
➢ 点取#1 点，在最小号输入框中<table><tr><th>尺码</th><th>dx</th><th>dy</th></tr><tr><td>☑ S</td><td>0.25</td><td>0</td></tr></table>输入 dx=−0.5，dy=0；
➢ 选中 dx 列，点击鼠标右键，弹出菜单，选取“全部相等”命令；
➢ 选中 dy 列，点击鼠标右键，弹出菜单，选取“全部相等”命令，<table><tr><th>尺码</th><th>dx</th><th>dy</th></tr><tr><td>☑ S</td><td>0.25</td><td>0</td></tr><tr><td>M</td><td>0</td><td>0</td></tr><tr><td>☑ L</td><td>-0.25</td><td>0</td></tr></table>完成了#1 点的放码值的设置；
➢ 其他点的放码值的设置类似。
➢ 省道放码值：纵向为−0.4 和−0.4×2/3，横向自动跟随
也可以通过复制、粘贴、粘贴 X 值、粘贴 Y 值等命令提高设置放码值的效率</td>
</tr>
<tr>
<td>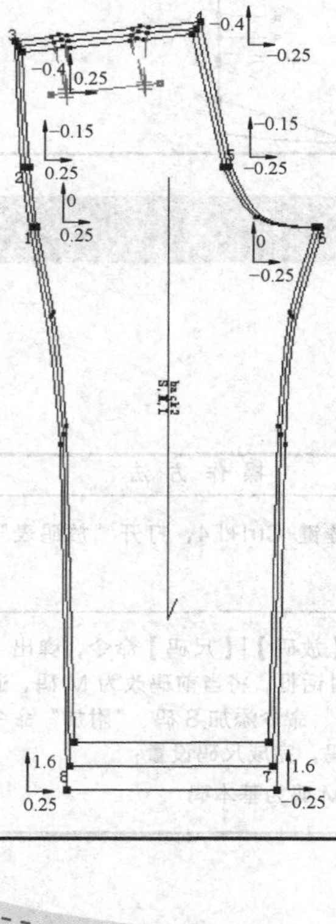
</td>
<td>设置后片的放码值</td>
<td>复制、粘贴、粘贴 X 值、粘贴 Y 值

dx、dy
</td>
<td>➢ 操作步骤与上类似，放码值如图所示</td>
</tr>
</table>

续表

图　　示	步　　骤	命　　令	操作方法
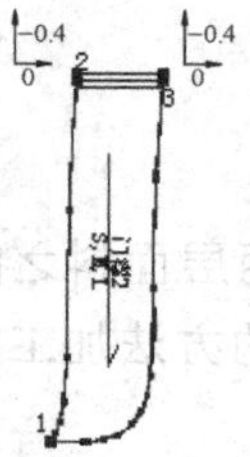	设置门里襟的放码值	复制、粘贴、粘贴X值、粘贴Y值 dx、dy dx　dy	➢ 操作步骤与上类似，放码值如图所示
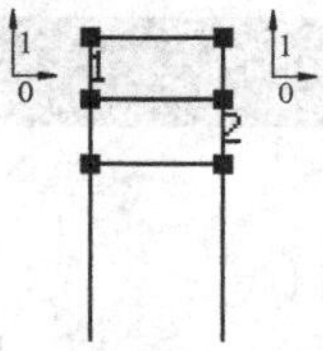	设置腰的放码值	复制、粘贴、粘贴X值、粘贴Y值 dx、dy dx　dy	➢ 操作步骤与上类似，放码值如图所示
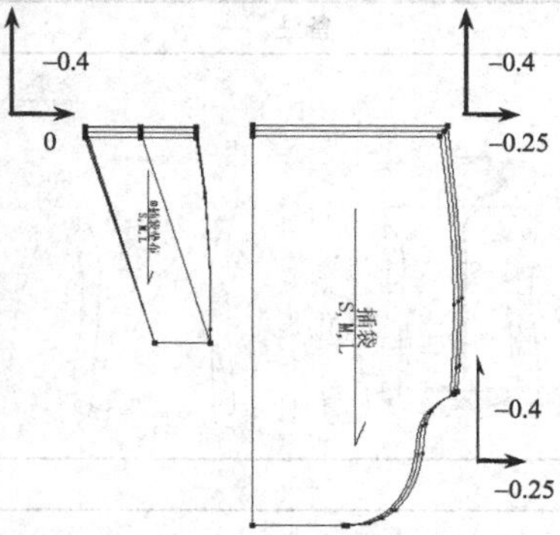	设置插袋垫布和插袋的放码值	复制、粘贴、粘贴X值、粘贴Y值 dx、dy dx　dy	➢ 操作步骤与上类似，放码值如图所示

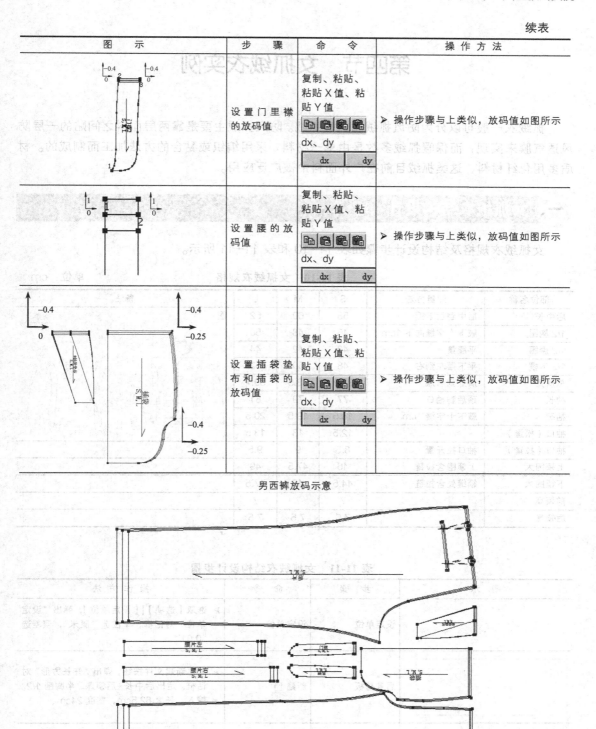

男西裤放码示意

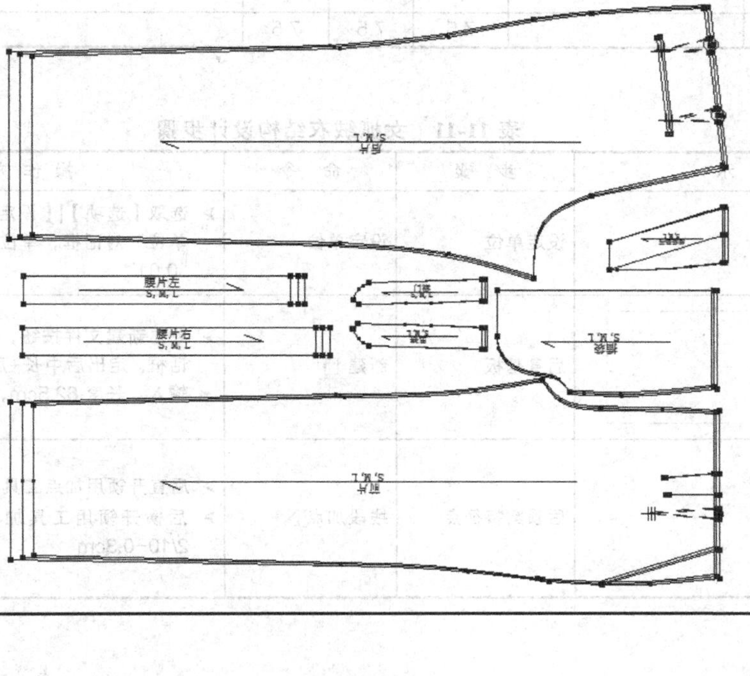

第四节　女抓绒衣实例

抓绒衣一般可以分为防风抓绒和保暖抓绒。防风抓绒主要是靠两层面料之间贴的一层防风透气膜来实现；而保暖抓绒多数是由单一材料，采用编织或黏合的方法加工而制成的。材质多用化纤材料，这类抓绒目前在户外面料中被广泛应用。

一、女抓绒衣结构设计

女抓绒衣规格及结构设计步骤如表 11-10 和表 11-11 所示。

表 11-10　女抓绒衣规格　　单位：cm

部位名称	测量方法	S	M	L	备注
后中长	后中到后下摆	58	60	62	图：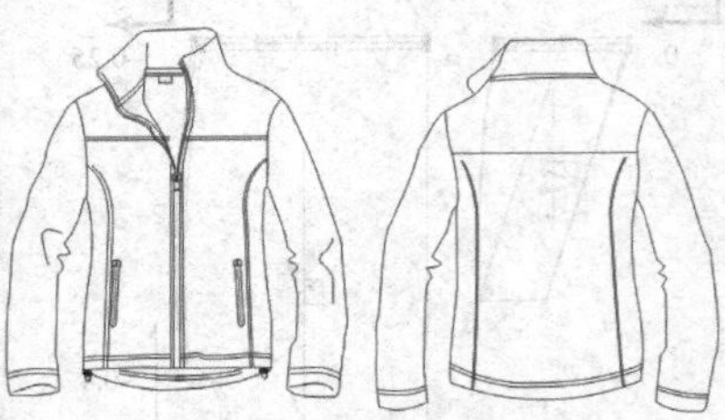
1/2 胸围	腋下十字缝向下 1cm	46	48	50	
1/2 腰围	平腰量	40	42	44	
1/2 下摆	平下摆左到右	48	50	52	
总肩宽	肩点到肩点	37.3	38.5	39.7	
袖长	颈后到袖口	77	79	81	
袖肥	腋下十字缝 1cm	18.5	19.5	20.5	
袖口（松量）		12.5	13	13.5	
袖口（拉量）	袖口拉开量	8.5	9	9.5	
上领围大	上领围含拉链	46	47.5	49	
下领围大	领缝处含拉链	44.5	46	47.5	
前领高		7	7	7	
后领高		7.5	7.5	7.5	

表 11-11　女抓绒衣结构设计步骤

图　示	步　骤	命　令	操 作 方 法
	设定单位	设定单位	➢ 选取【选项】|【设定单位】，弹出“设定单位”对话框，单位选“厘米”，误差选“0.01”
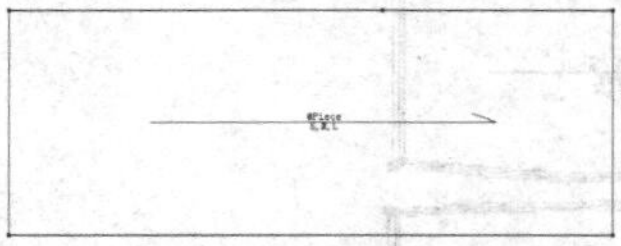	后身基板	新建	➢ 单击新建文件按钮，弹出“开长方形”对话框。定出后中长+后领深、半胸围 1/2。输入：长度 62.5cm，宽度 24cm
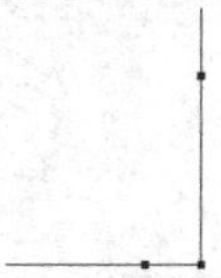	后领窝特征点	线段加点	➢ 后直开领用加点工具定出 2.5cm ➢ 后横开领用工具加点，以下领围大的 2/10−0.3cm

续表

图　示	步　骤	命　令	操作方法
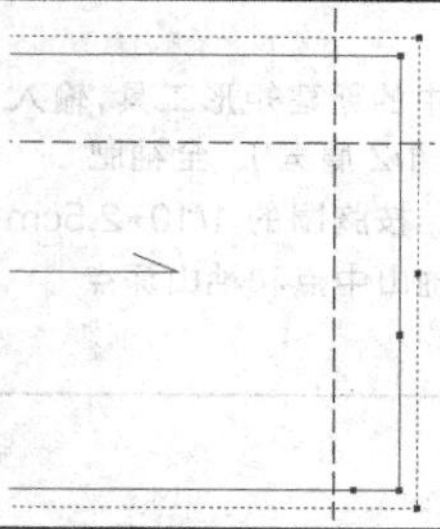	肩斜 肩宽	线段加点	➢ 肩宽用辅助线作出 1/2 肩宽，属性输入按总肩宽的 1/2 = 19.25cm ➢ 肩斜线按半胸围的 1/10-1.3，用辅助线工具
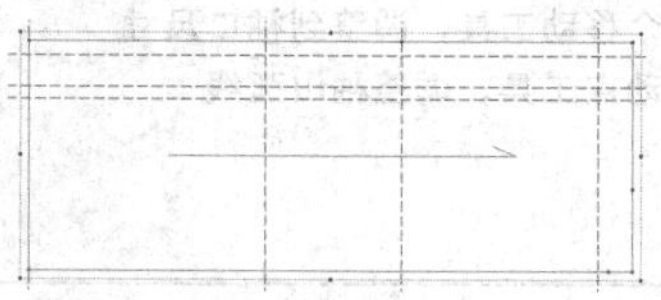	确定后袖窿深 确定后背宽 腰节位置 腰围收量	线段加点 移动点	➢ 后袖窿深用加点工具，以胸围的 1.5/10+6+肩斜 = 23.9cm ➢ 后背宽用辅助线以胸围的 1.5/10+3.5 = 17.9cm ➢ 侧腰按胸围大进 1cm ➢ 腰节位置按袖窿深向下 13.5cm
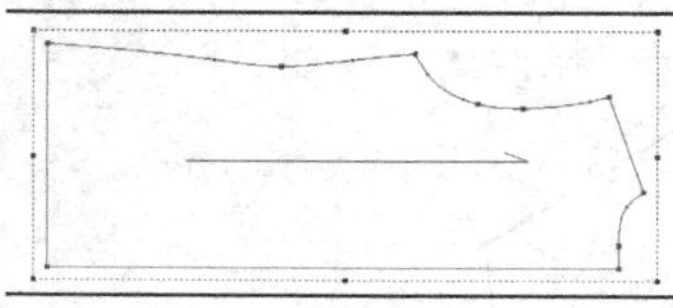	调整后领窝、袖窿和大身弧线	移动点	➢ 用移动点工具调整后领弧线 ➢ 用移动点工具调整袖窿弧线 ➢ 用移动点工具调整大身缝弧线
	前身基板	线段加点 移动点 沿着移动	➢ 复制后片 ➢ 前衣长线：由后衣长最高点下 1cm（可用辅助线） ➢ 前横开领以后横开领-0.3cm ➢ 前直开领以下领围大的 2/10，用加点工具 ➢ 前肩斜线按半胸围的 1/10-0.3cm，用辅助线 ➢ 用移动点工具调整前领膛弧线 ➢ 用沿着移动工具调整前肩宽 ➢ 前袖窿深用移动点工具，以后袖窿深-1.5cm（做省道转移用） ➢ 前胸宽以后背宽-1.2cm。用移动点工具调整袖窿弧线

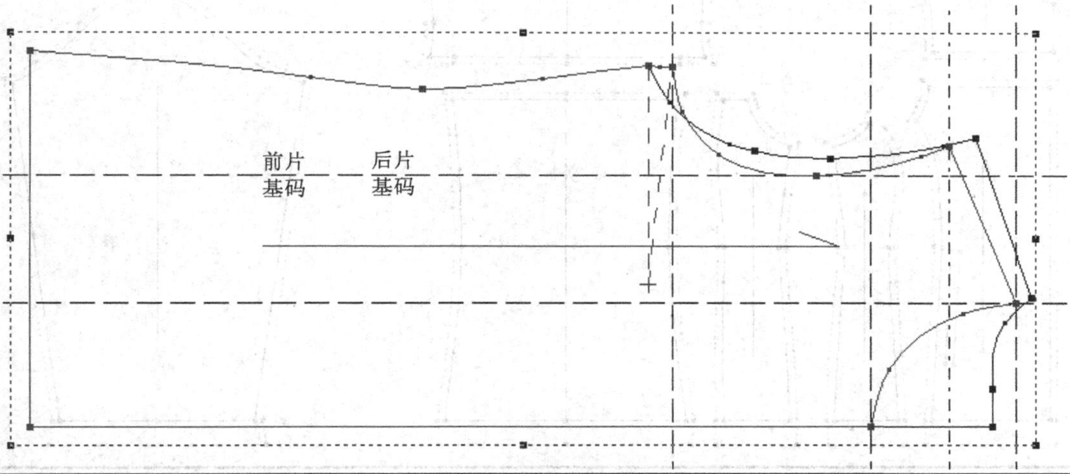

续表

图示	步骤	命令	操作方法
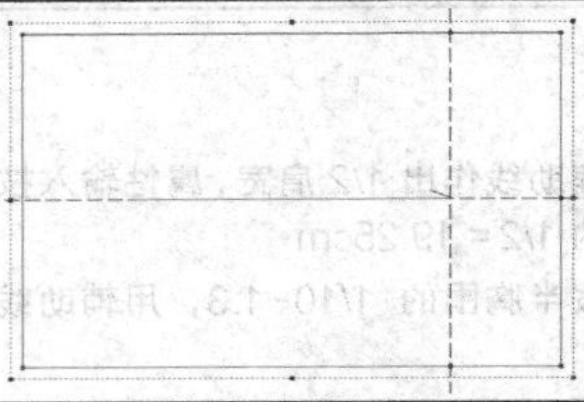	袖片大轮廓	新建矩形 辅助线 线段加点	➢ 在菜单栏中编辑中的新建矩形工具，输入袖长（后中袖长-1/2 肩宽）、全袖肥 ➢ 袖山深用辅助线，按胸围的 1/10+2.5cm ➢ 用加点工具，加袖山中点和袖山深点
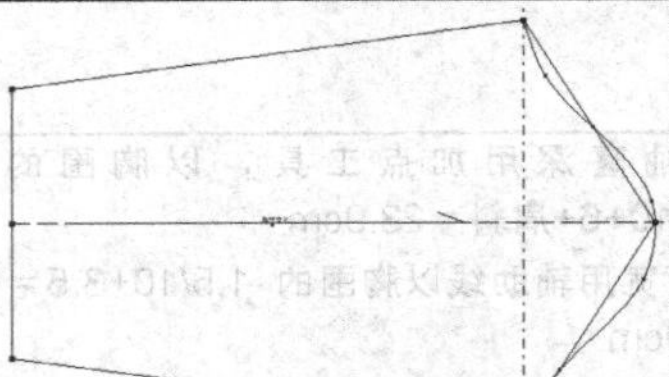	调整袖山和袖口，完成衣袖	多个移动 移动点	➢ 用多个移动工具，调整到袖口尺寸 ➢ 用移动点工具，调整袖山弧线

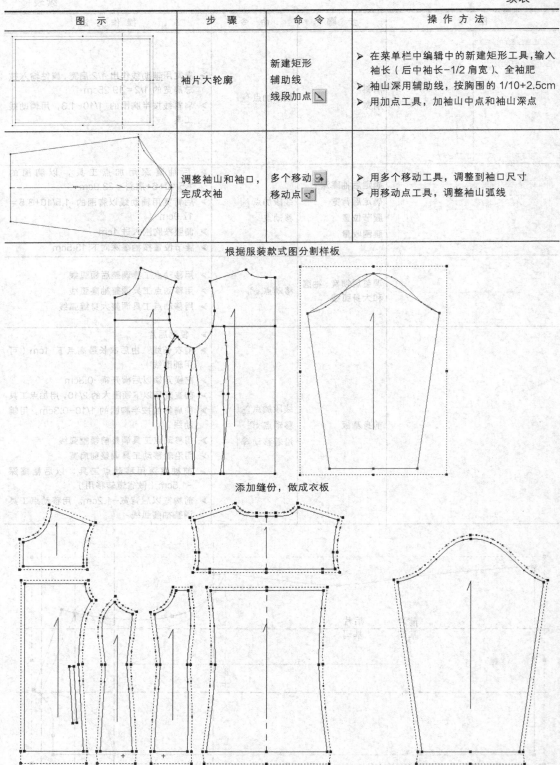

根据服装款式图分割样板

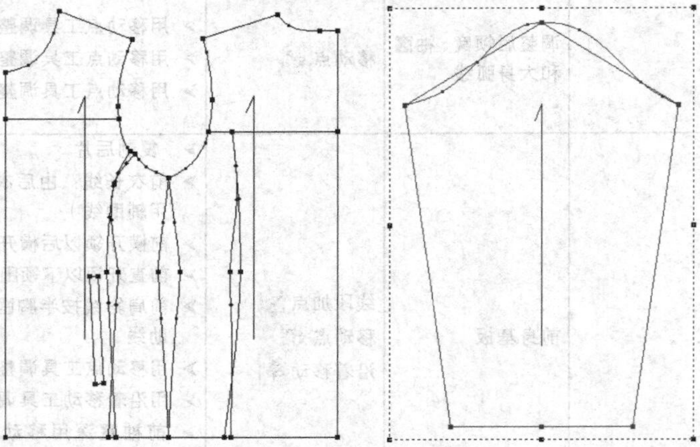

添加缝份，做成衣板

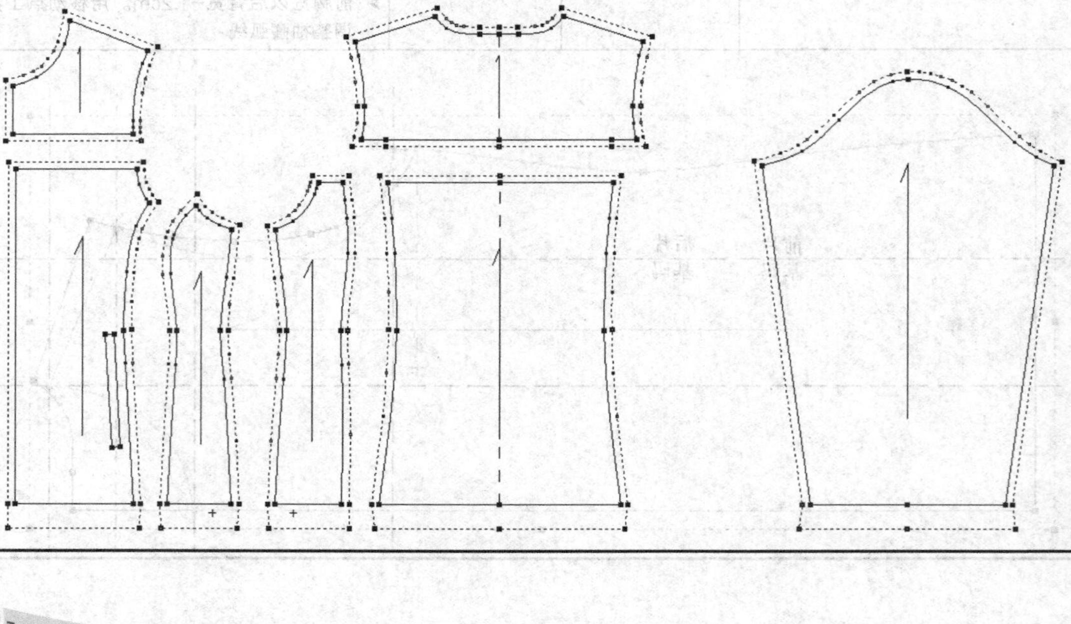

续表

图　示	步　骤	命　令	操 作 方 法
配领、袋布等小部件			
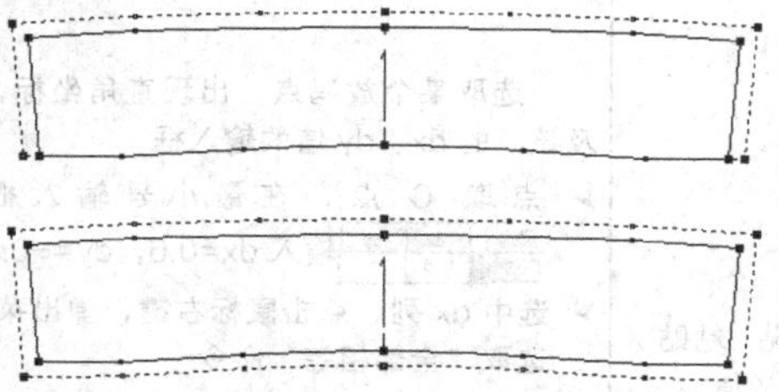 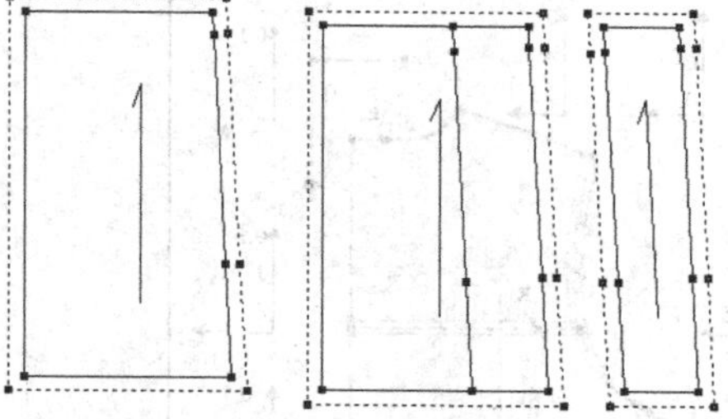			

二、女抓绒衣推档

女抓绒衣推档如表 11-12 所示。

表 11-12　女抓绒衣推档

图　示	步　骤	命　令	操 作 方 法
	打开放码表	Ctrl+F4	按快捷键 Ctrl+F4，打开“放码表”对话框
	设置衣版的尺码	尺码	➢ 选取【放码】|【尺码】命令，弹出“尺码”对话框，通过“插入”、“附加”等命令完成尺码设置 ➢ 确定基本码
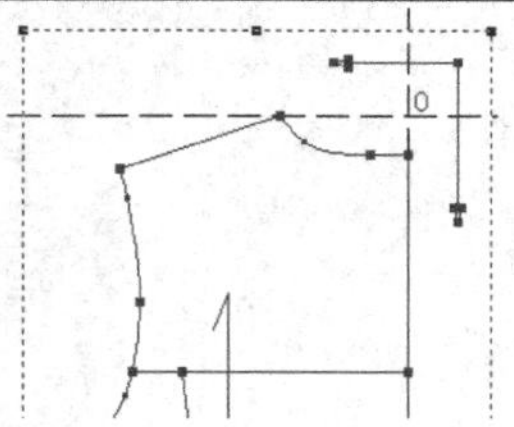 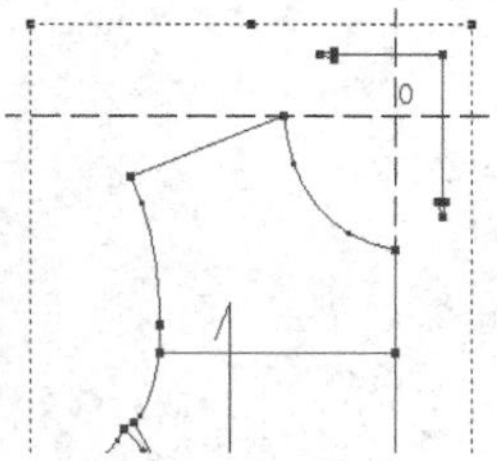 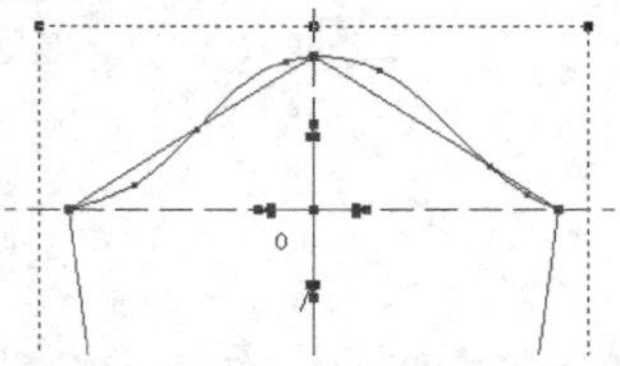	设定放码的基点 O 点		➢ 后身以后中线、上平线的交叉点为 O 点 ➢ 前身以前中线、上平线的交叉点为 O 点 ➢ 袖子以袖中线、袖肥线的交叉点为 O 点

续表

图　示	步　骤	命　令	操 作 方 法
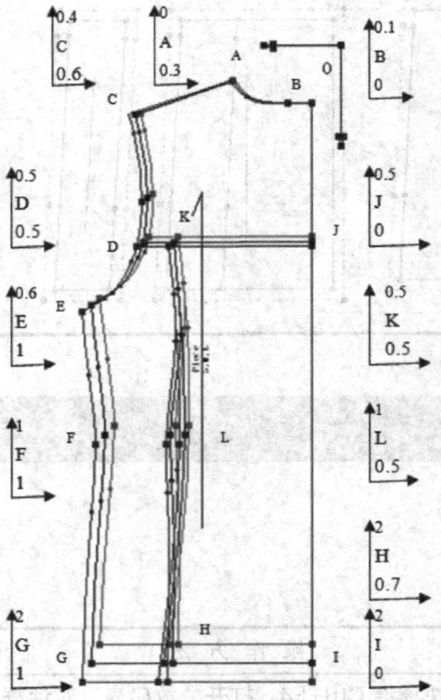	设置后衣片的放码值	复制、粘贴、粘贴 X 值、粘贴 Y 值  dx、dy 	选取某个放码点，出现直角坐标，以及该点的 dx、dy 值的输入框 ➢ 点取 C 点，在最小号输入框中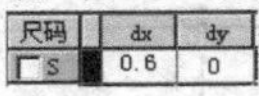输入 dx=0.6，dy=−0.4 ➢ 选中 dx 列，点击鼠标右键，弹出菜单，选取“全部相等”命令 ➢ 选中 dy 列，点击鼠标右键，弹出菜单，选取“全部相等”命令，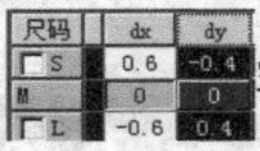完成 C 点的放码值的设置 ➢ 其他点的放码值的设置类似 也可以通过复制、粘贴、粘贴 X 值、粘贴 Y 值等命令提高设置放码值的效率
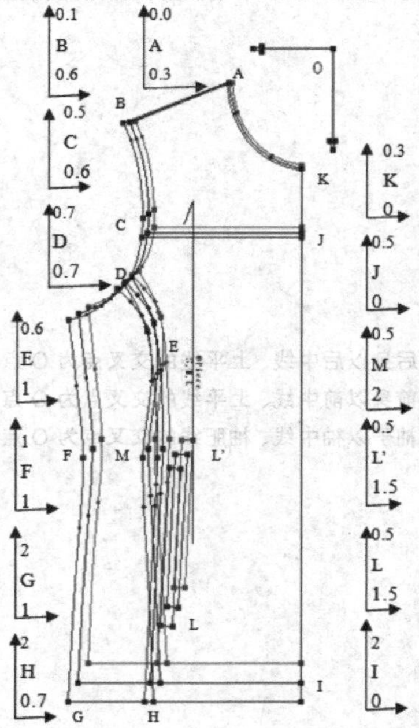	设置前衣片的放码值	复制、粘贴、粘贴 X 值、粘贴 Y 值  dx、dy 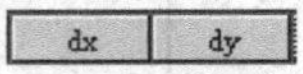	与上类似

续表

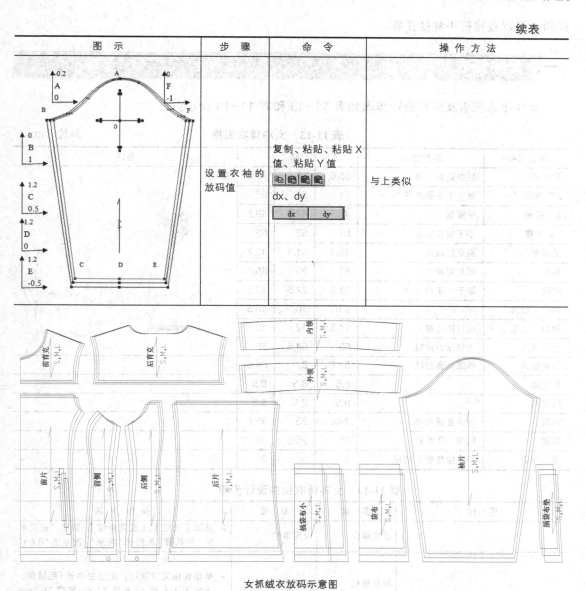

图　示	步　骤	命　令	操 作 方 法
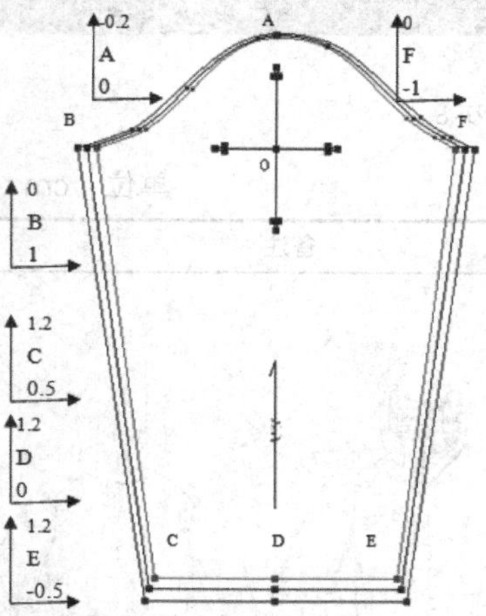	设置衣袖的放码值	复制、粘贴、粘贴X值、粘贴Y值 dx、dy dx　dy	与上类似

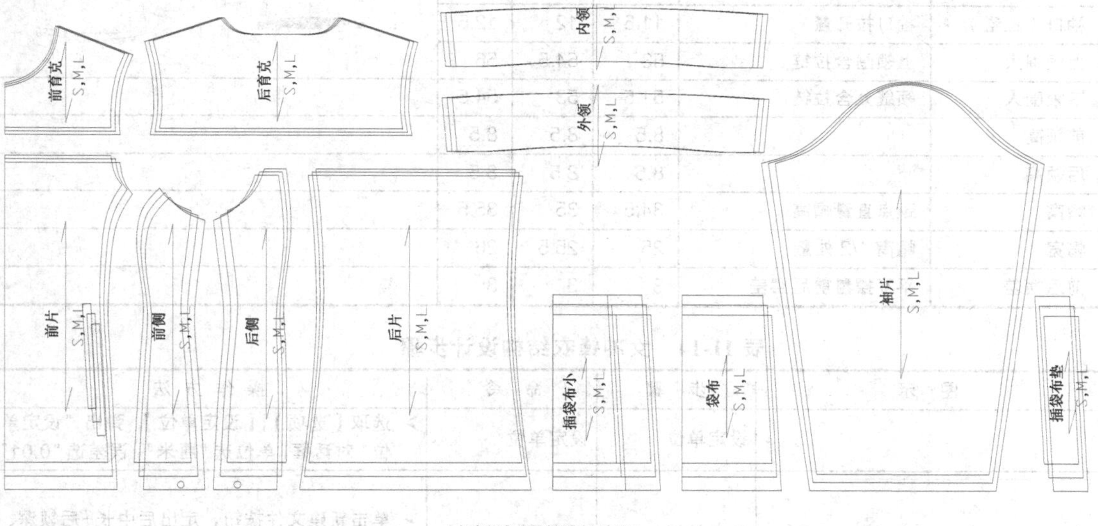

女抓绒衣放码示意图

第五节　女冲锋衣实例

冲锋衣，适用于城市休闲族普通的周末郊游，也适用于中长距离的远足和登山以及专业的探险，是户外运动爱好者的必备装备之一。在设计上有以下特点：肩部、肘部要有耐磨层；内中下部要有风裙，以防止风从下摆灌入衣内；腋下有透气拉链，在出汗较多的情况下可拉开透气；内置式帽子，以便在不用的时候可以收起。另外还有一些细节，比如在袖口处有小挂扣，可以直接把手套挂住等。

一、女冲锋衣结构设计

女冲锋衣规格及结构设计步骤如表 11-13 和表 11-14 所示。

表 11-13 女冲锋衣规格 单位：cm

部位名称	测量方法	S	M	L	备注
后中长	后中到后下摆	66.5	68.5	70.5	图：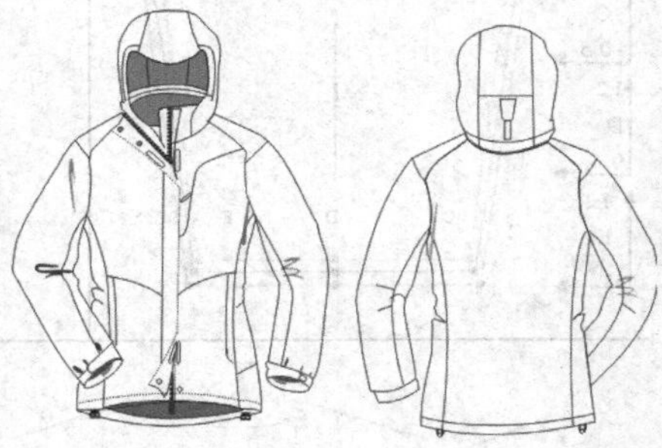
1/2 胸围	腋下十字缝向下 1cm	51	53	55	
1/2 腰围	平腰量	45.5	47.5	49.5	
1/2 下摆	平下摆左到右	51	53	55	
总肩宽	肩点到肩点	40.3	41.5	42.7	
袖长	颈后到袖口	81	83	85	
袖肥	腋下十字缝 1cm	21.5	22.5	23.5	
袖口（松量）		9.5	10	10.5	
袖口（拉量）	袖口拉开量	11.5	12	12.5	
上领围大	上领围含拉链	53	54.5	56	
下领围大	领缝处含拉链	51.5	53	54.5	
前领高		8.5	8.5	8.5	
后领高		8.5	8.5	8.5	
帽高	颈点直量帽高	34.5	35	35.5	
帽宽	帽高 1/2 处量	25	25.5	26	
前后摆差	平下摆量前后摆差	3	3	3	

表 11-14 女冲锋衣结构设计步骤

图 示	步 骤	命 令	操 作 方 法
	设定单位	设定单位	➢ 选取【选项】|【设定单位】，弹出“设定单位”对话框，单位选“厘米”，误差选“0.01”
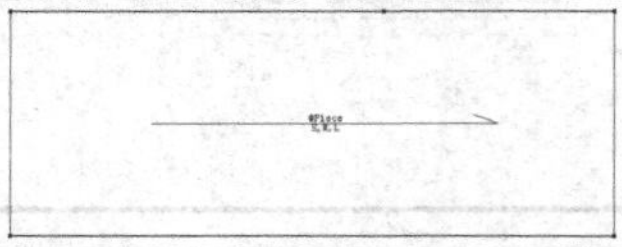	后身基板	新建	➢ 单击新建文件按钮，定出后中长+后领深、半胸围 1/2。输入：长度 71cm，宽度 26.5cm
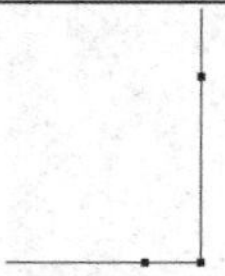	后领窝特征点	线段加点	➢ 后直开领用加点工具定出 2.5cm ➢ 后横开领用工具加点，以下领围大的 2/10−0.3cm
	肩斜 肩宽	线段加点	➢ 肩宽用辅助线 1/2 肩宽，辅助线属性输入按总肩的 1/2=20.75cm ➢ 肩斜线按半胸围的 1/10−1.8cm，用辅助线工具

续表

图示	步骤	命令	操作方法
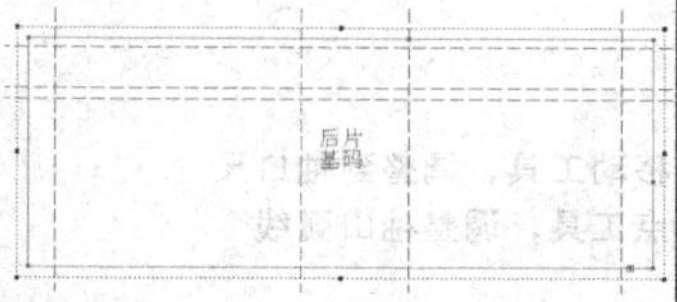	确定后袖窿深 确定后背宽 腰节位置 腰围收量	线段加点 移动点	➢ 后袖窿深用加点工具，大小为胸围的1.5/10+8+肩斜=27.4cm ➢ 后背宽用辅助线，大小为胸围的1.5/10+3.5=19.4cm ➢ 摆差：由底边向上 3cm ➢ 腰节按胸围大进 1cm ➢ 腰节位置：由袖窿深往下 12cm
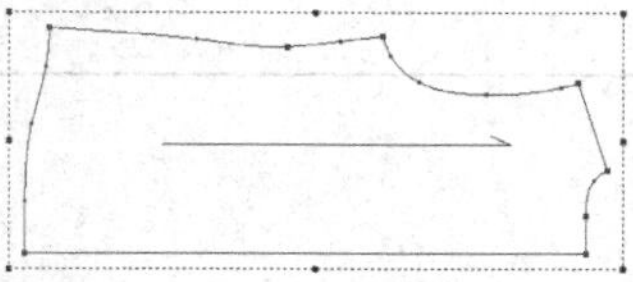	调整后领窝、袖窿和大身弧线	移动点	➢ 用移动点工具调整后领弧线 ➢ 用移动点工具调整袖窿弧线 ➢ 用移动点工具调整大身缝弧线 ➢ 用移动点工具调整下摆弧线
	前身基板	辅助线工具 线段加点 移动点 沿着移动	➢ 复制后片 ➢ 去摆差 3cm，调整前衣片底边线 ➢ 前衣长线：由后衣长最高点下 1cm（可用辅助线） ➢ 前横开领以后横开领-0.3cm ➢ 前直开领按下领围大的 2/10，用加点工具完成 ➢ 肩斜线按半胸围的 1/10-0.8cm，用辅助线 ➢ 用移动点工具调整前领膛弧线 ➢ 用沿着移动工具调整前肩宽 ➢ 前袖窿深用移动点工具，按后袖窿深上1.5cm（做省道转移用） ➢ 前胸宽以后背宽-1.2cm。用移动点工具调整袖窿弧线

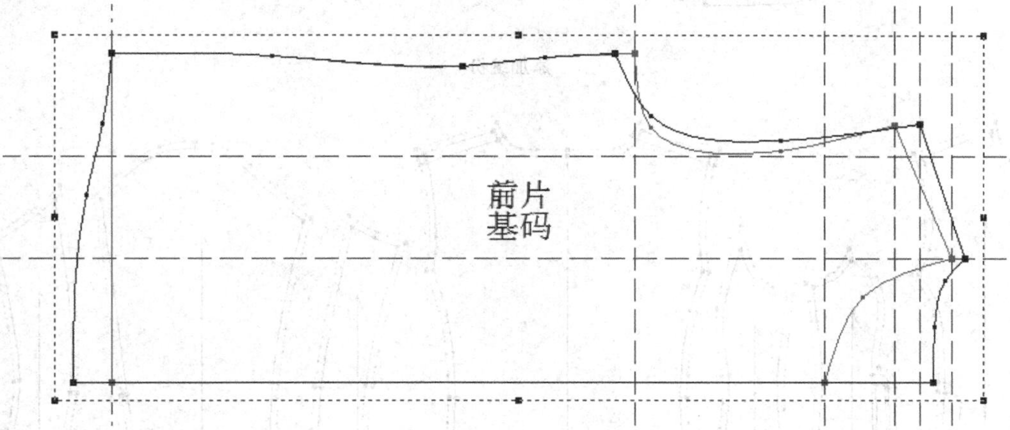

	袖片大轮廓	新建矩形 辅助线 线段加点	➢ 在菜单栏中编辑中的新建矩形工具，输入袖长（后中袖长-1/2 肩宽）、全袖肥 ➢ 袖山深用辅助线，按胸围的 1/10+5cm ➢ 用加点工具，加袖山中点和袖山深点

续表

图示	步骤	命令	操作方法
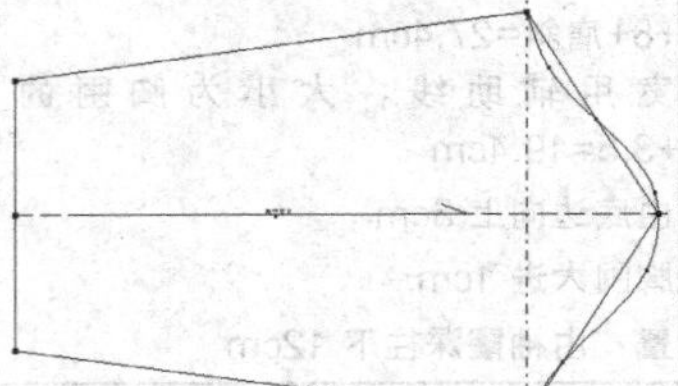	调整袖山和袖口，完成衣袖	多个移动 移动点	➤ 用多个移动工具，调整到袖口尺寸 ➤ 用移动点工具，调整袖山弧线

根据服装款式图分割样板

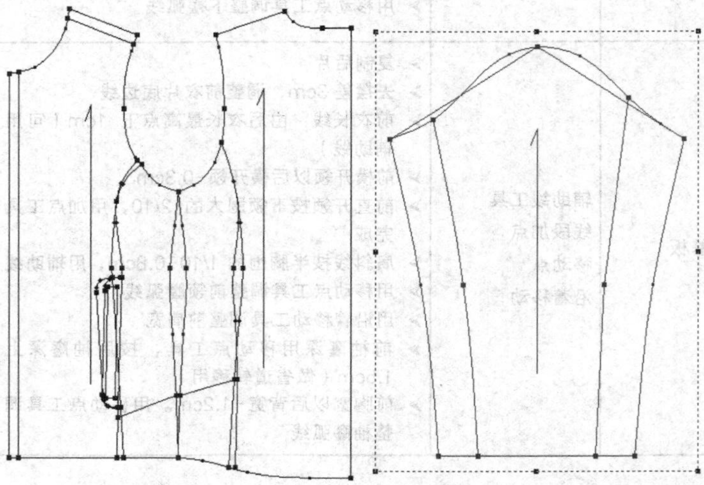

添加缝份

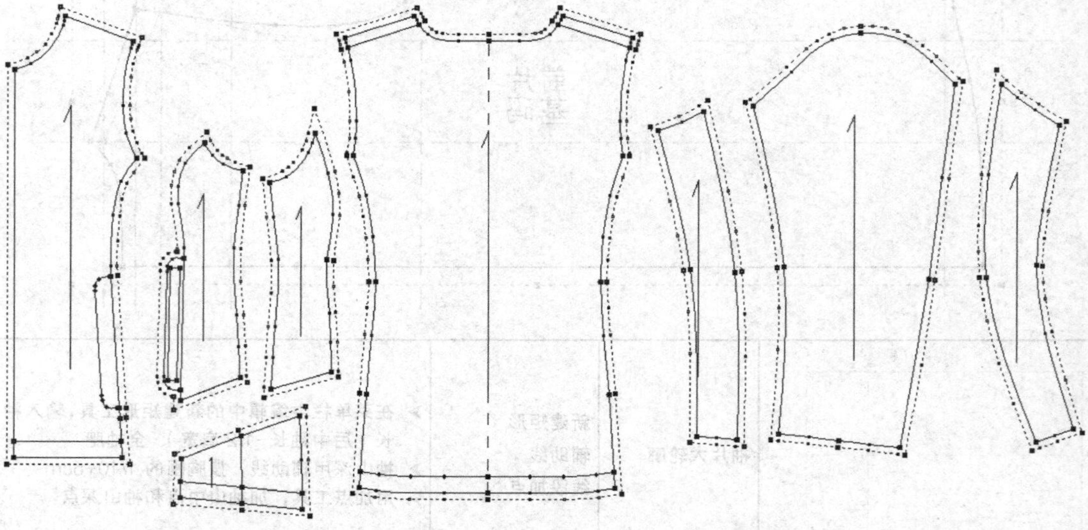

续表

图 示	步 骤	命 令	操 作 方 法

配领、帽等小部件

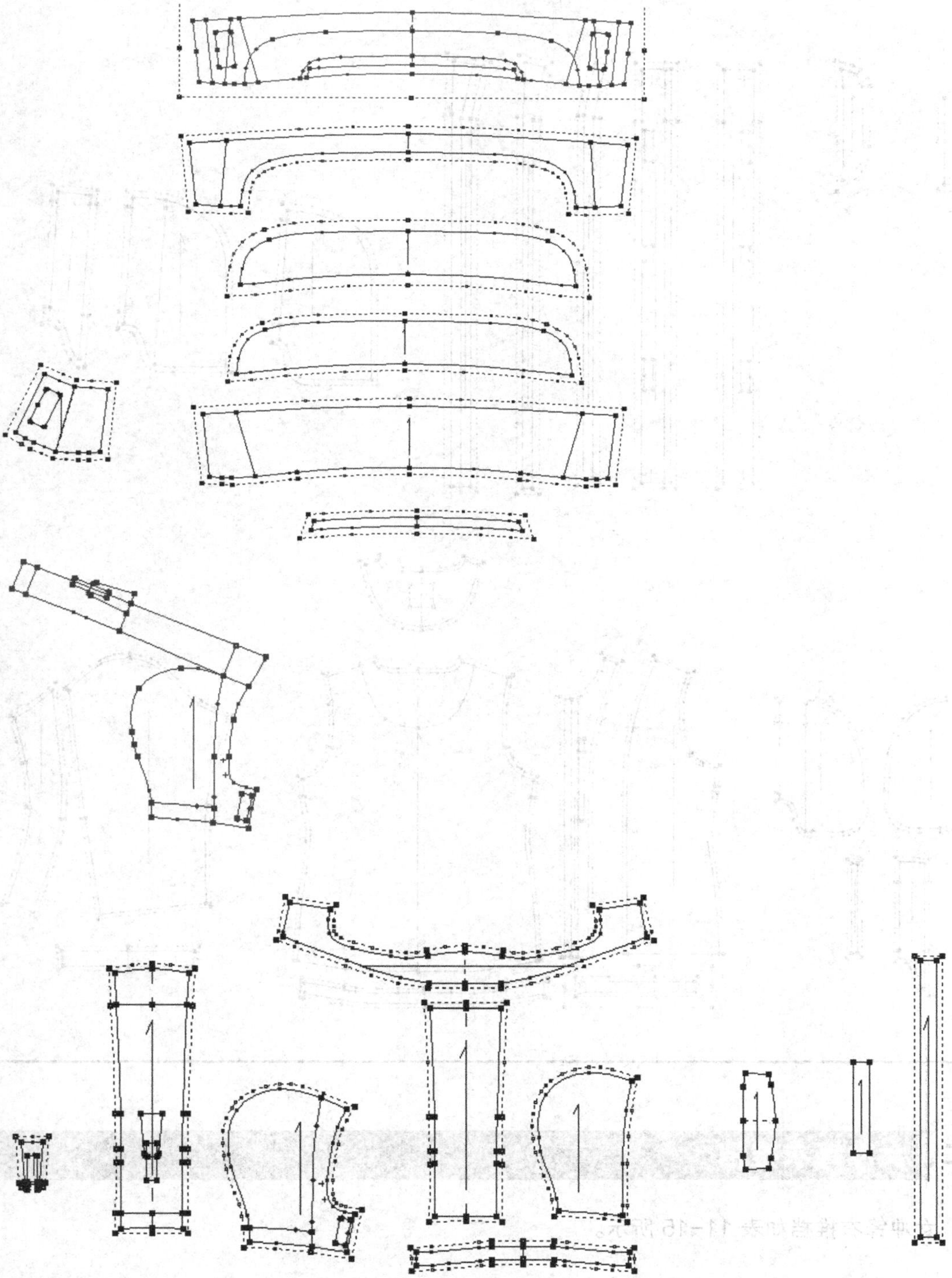

续表

图 示	步 骤	命 令	操作方法
配里布、袋布等小部件 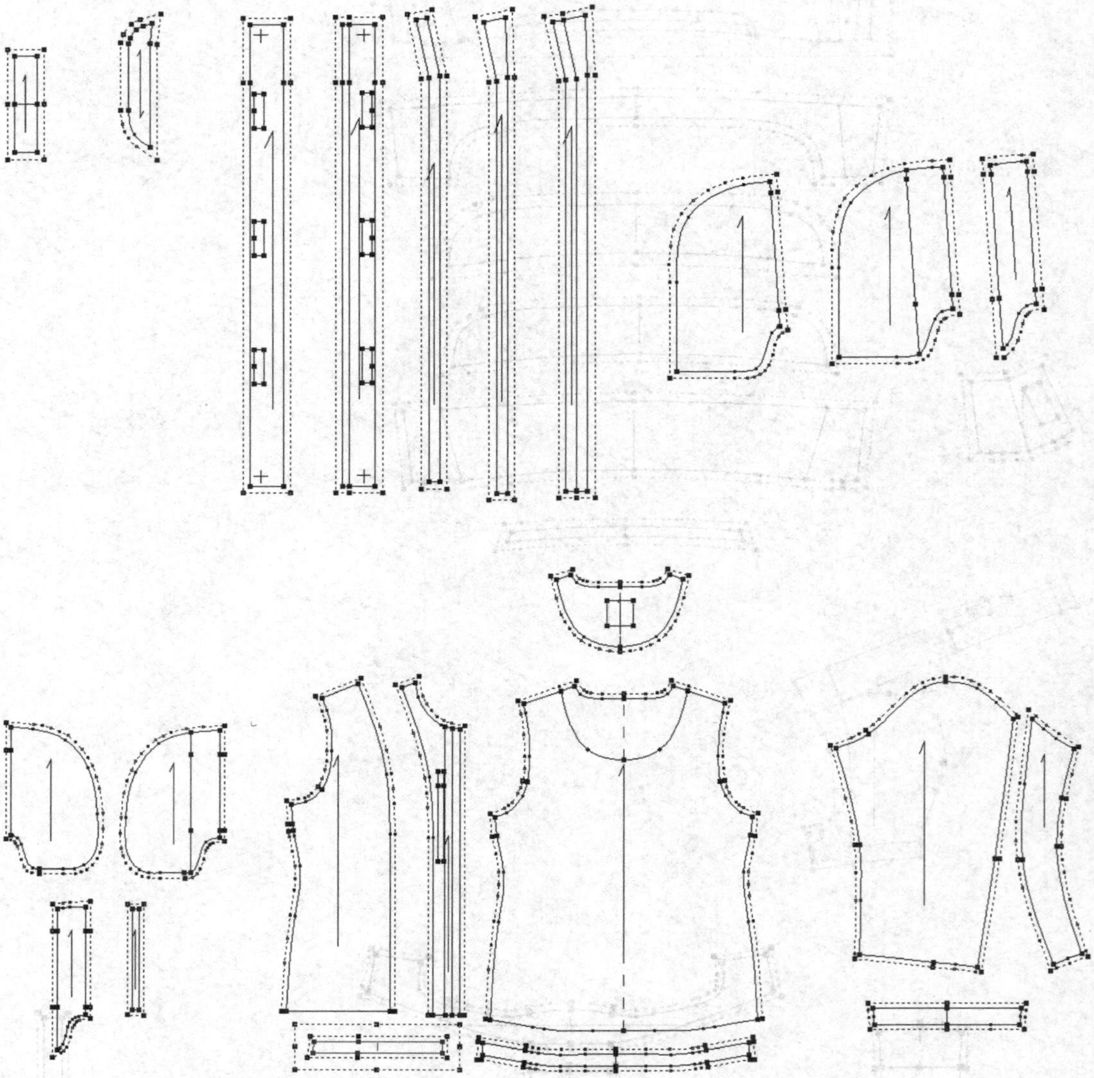			

二、女冲锋衣推档

女冲锋衣推档如表 11-15 所示。

表 11-15　女冲锋衣推档

图　示	步　骤	命　令	操 作 方 法
	打开放码表	Ctrl+F4	➢ 按快捷键 Ctrl+F4，打开“放码表”对话框
	设置衣版的尺码	尺码	➢ 选取【放码】|【尺码】命令，弹出“尺码”对话框，通过“插入”、“附加”等命令完成尺码设置 ➢ 确定基本码
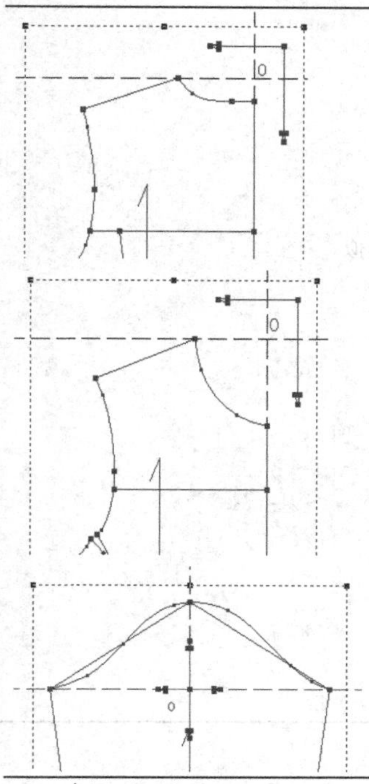	设定放码的基点 O 点		➢ 后身以后中线、上平线的交叉点为 O 点 ➢ 前身以前中线、上平线的交叉点为 O 点 ➢ 袖子以袖中线、袖肥线的交叉点为 O 点
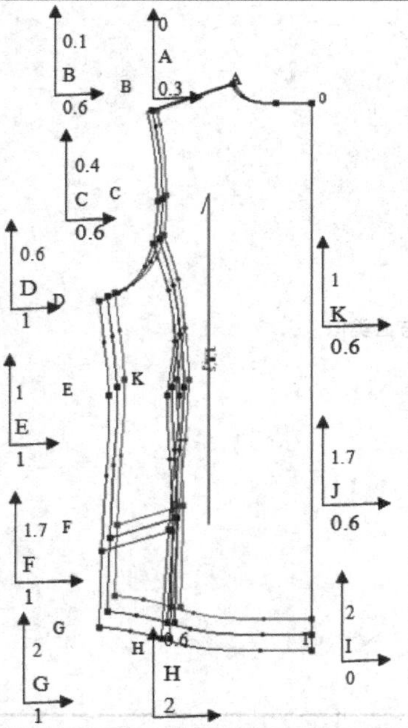	设置后衣片的放码值	复制、粘贴、粘贴 X 值、粘贴 Y 值 dx、dy dx　dy	➢ 选取某个放码点，出现直角坐标，以及该点的 dx、dy 值的输入框 ➢ 点取 C 点，在最小号输入框中（尺码 dx dy；S 0.6 0）输入 dx=0.6，dy=−0.4 ➢ 选中 dx 列，点击鼠标右键，弹出菜单，选取“全部相等”命令 ➢ 选中 dy 列，点击鼠标右键，弹出菜单，选取“全部相等”命令，（尺码 dx dy；S 0.6 -0.4；M 0 0；L -0.6 0.4）完成 C 点的放码值的设置 ➢ 其他点的放码值的设置类似 也可以通过复制、粘贴、粘贴 X 值、粘贴 Y 值等命令提高设置放码值的效率

续表

图示	步骤	命令	操作方法
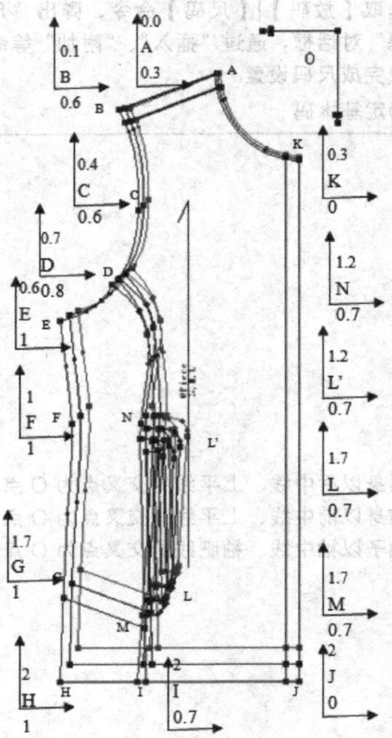	设置前衣片的放码值	复制、粘贴、粘贴 X 值、粘贴 Y 值 dx、dy	➢ 与上类似
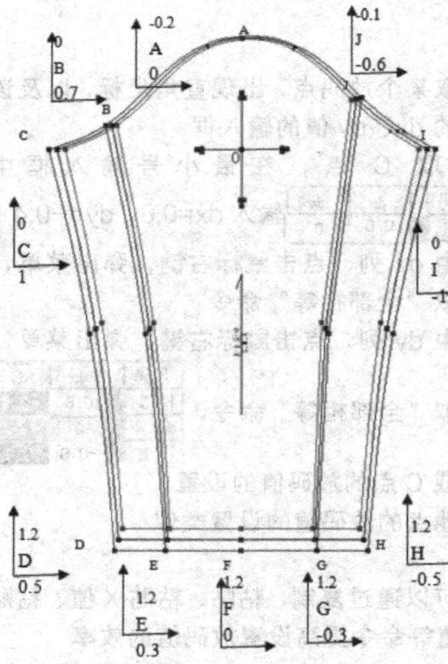	设置衣袖的放码值	复制、粘贴、粘贴 X 值、粘贴 Y 值 dx、dy	➢ 与上类似

续表

图示	步骤	命令	操作方法

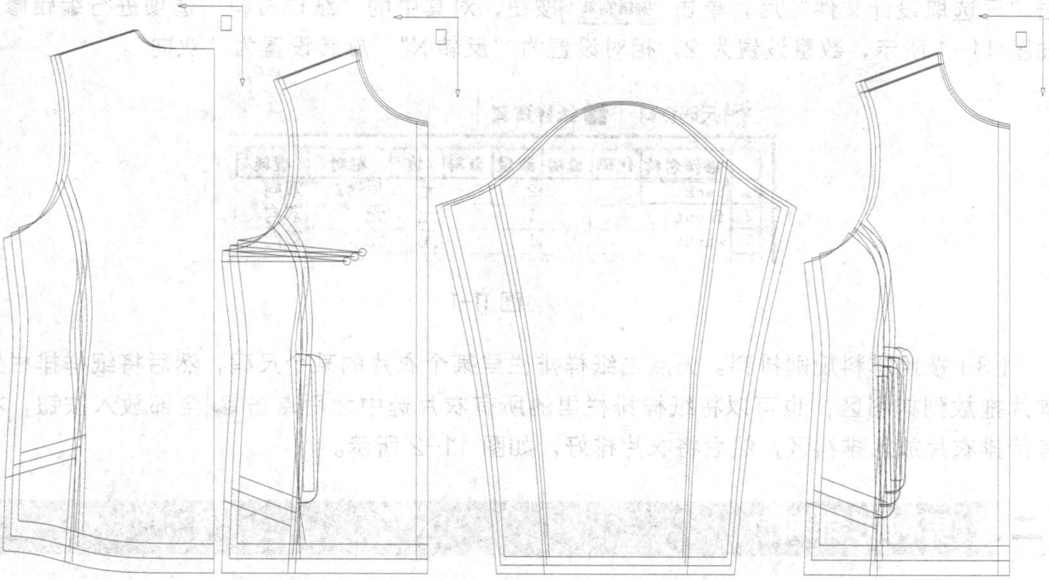

女冲锋衣放码示意图

第六节　排料实例

排料是服装技术人员必须掌握的项目，可以提高打板技能，亦可以提供生产效率。本章重点介绍西装裙、男衬衫和男西裤的排料。

一、西装裙排料

1. 打开 OptiTex Mark 排料系统

双击桌面 Mark 快捷方式图标或者选取【开始】|【所有程序】|【PGM】|【Mark】命令，打开 OptiTex Mark 排料系统。

2. 西装裙排料操作步骤

（1）点击“新建”按钮，弹出“排料图定义”对话框，宽度输入框中输入 140cm，长度输入框中输入 1000cm。

（2）选取【文件】|【打开设计文件】命令，弹出“选择设计文件”对话框，点击 浏览... 按钮，选择欲排的衣板文件，弹出“排料图制单”对话框，设定设计名称，并设定每版中的

号码及件数。

若所打开衣板的衣片不符合要求，则可以再次选取【文件】|【打开设计文件】命令，点击“已选取设计文件”后，单击 编辑制单 按钮，对其中的“纸样资料”选项进行编辑修改，如图 11-1 所示，数量设置为 2，相对设置为“反转 X”，旋转设置为“双向”。

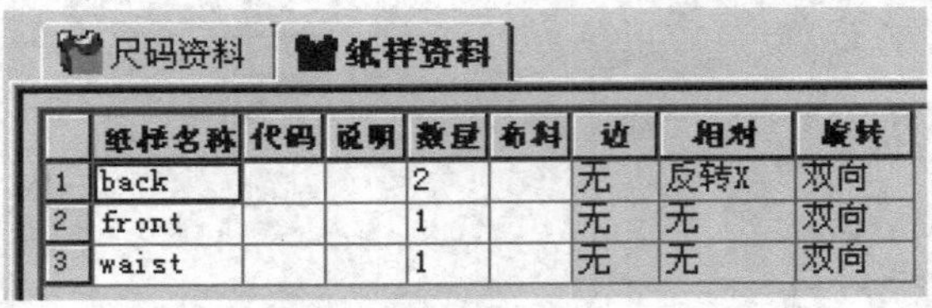

	纸样名称	代码	说明	数量	布料	边	相对	旋转
1	back			2		无	反转X	双向
2	front			1		无	无	双向
3	waist			1		无	无	双向

▲ 图 11-1

（3）按照排料规则排料。先点击纸样排栏里某个衣片的某个尺码，然后将纸样排栏里的衣片拖放到排料区；也可以将纸样排栏里的所有衣片选中之后点击全部放入按钮，将所有待排衣片放入排料区，然后将衣片排好，如图 11-2 所示。

二、男衬衫排料

若已经打开 OptiTex Mark 排料系统，则通过单击新建按钮或者选取【文件】|【清幕及开新排料图】命令，弹出“排料图定义”对话框，宽度输入框中输入 150cm，长度输入框中输入 1000cm。

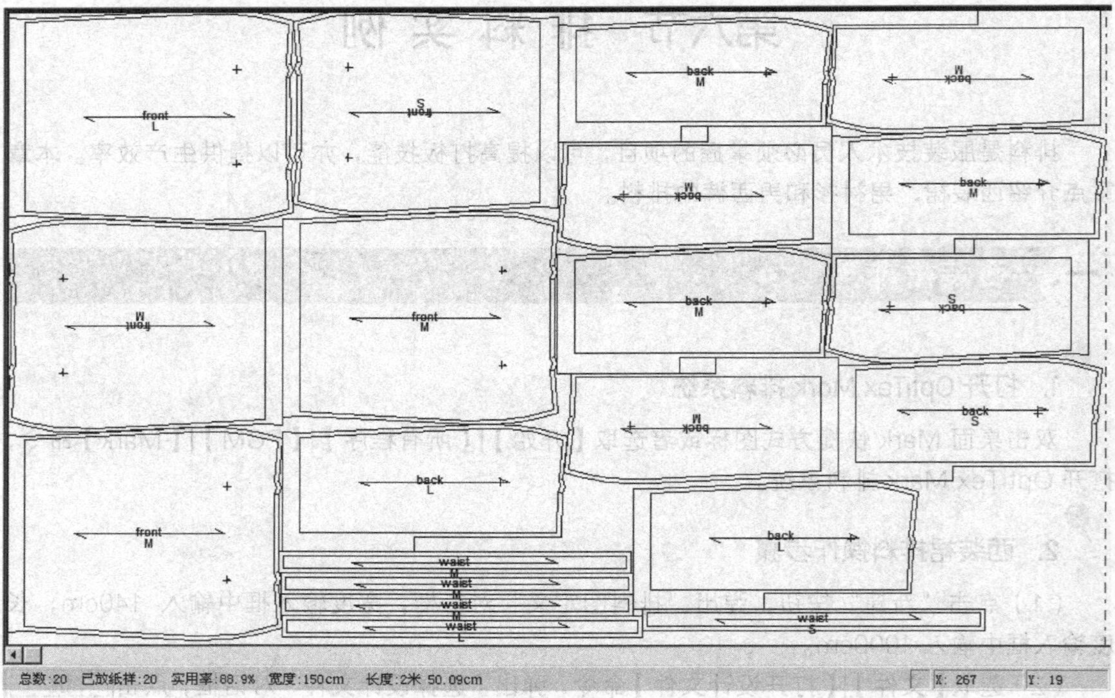

▲ 图 11-2

若未打开 OptiTex Mark 排料系统，则需先双击桌面 Mark 快捷方式图标或者选取【开始】|【所有程序】|【PGM】|【Mark】命令，进入 OptiTex Mark 排料系统，然后再进行其他操作。

男衬衫排料操作步骤如下：

（1）选取【文件】|【打开设计文件】命令，弹出“选择设计文件”对话框，点击[浏览...]按钮，选择欲排的衣板文件，弹出“排料图制单”对话框，在“尺码资料”选项中设定设计名称以及设定每版中的号码及件数。

（2）“排料图制单”对话框的“纸样资料”中设定各片衣板的纸样名称、数量、相对以及旋转要求，如图 11-3 所示。

	纸样名称	代码	说明	数量	布料	边	相对	旋转
1	前片			2		无	反转X	双向
2	袖片			2		无	反转X	双向
3	袖克夫			2		无	反转X	双向
4	后片			1		无	无	双向
5	育克			2		无	反转X	双向
6	翻领			2		无	反转X	双向
7	领座			2		无	反转X	双向

▲ 图 11-3

（3）按照排料规则排料。先点击纸样排栏里某个衣片的某个尺码，然后将纸样排栏里的衣片拖放到排料区；也可以将纸样排栏里的所有衣片选中之后点击[全部放入]全部放入按钮，将所有待排衣片放入排料区，然后将衣片排好，如图 11-4 所示。

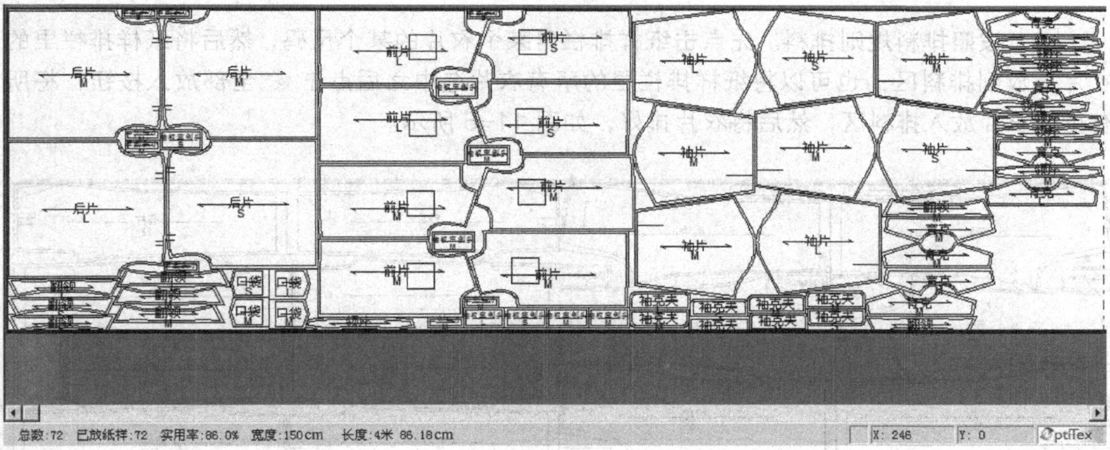

▲ 图 11-4

三、男西裤排料

在 OptiTex PDS 打版系统里将不要的衣板删除掉，根据服装号型进行推档。打开 OptiTex Mark 排料系统，调入男西裤样板进行排料操作。

其操作步骤如下。

若已经打开 OptiTex Mark 排料系统，则通过单击[新建]新建按钮或者选取【文件】|【清幕

及开新排料图】命令，弹出“排料图定义”对话框，宽度输入框中输入 150cm，长度输入框中输入 1000cm。

若未打开 OptiTex Mark 排料系统，则需先双击桌面 Mark 快捷方式图标或者选取【开始】|【所有程序】|【PGM】|【Mark】命令，进入 OptiTex Mark 排料系统，然后再进行其他操作。

男西裤排料操作步骤如下。

（1）选取【文件】|【打开设计文件】命令，弹出“选择设计文件”对话框，点击 浏览... 按钮，选择欲排的衣板文件，弹出“排料图制单”对话框，在“尺码资料”选项中设定设计名称以及设定每版中的号码及件数。

（2）“排料图制单”对话框的“纸样资料”中设定各片衣板的纸样名称、数量、相对以及旋转要求，如图 11-5 所示。

	纸样名称	代码	说明	数量	布料	边	相对	旋转
1	后片			2		无	反转X	双向
2	插袋垫布			2		无	反转X	双向
3	前片			2		无	反转X	双向
4	腰片左			2		无	反转X	双向
5	腰片右			2		无	反转X	双向
6	里襟			2		无	反转X	双向
7	门襟			1		无	无	双向

▲ 图 11-5

（3）按照排料规则排料。先点击纸样排栏里某个衣片的某个尺码，然后将纸样排栏里的衣片拖放到排料区；也可以将纸样排栏里的所有衣片选中之后点击全部放入按钮，将所有待排衣片放入排料区，然后将衣片排好，如图 11-6 所示。

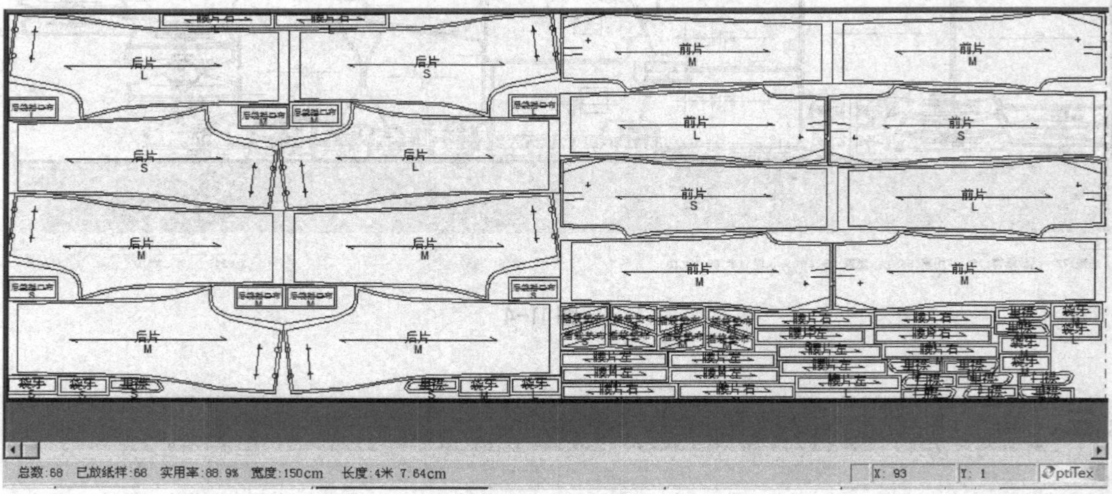

▲ 图 11-6

第七节　工艺单制作实例

在进行服装批量生产前，首先要做好生产前的技术准备工作，包括工艺单制作、样板和样衣的制作等内容，是确保生产顺利进行以及最终成品符合客户要求的重要手段。

工艺单是服装加工中的指导性文件，它对服装的规格、缝制、整烫、包装等都提出了详细的要求，对服装辅料搭配、缝迹密度等细节问题也加以明确，服装加工中的各道工序都应严格参照工艺单的要求进行。

工艺单的编制，主要分为两种类型：表格式和文本式。其中表格式指的是用表格形式制作的工艺单，文本式指的是用文本形式制作的工艺单。下面将用具体实例进行说明。

一、西装裙工艺单

×××服饰有限公司

西服裙工艺单

正面效果图

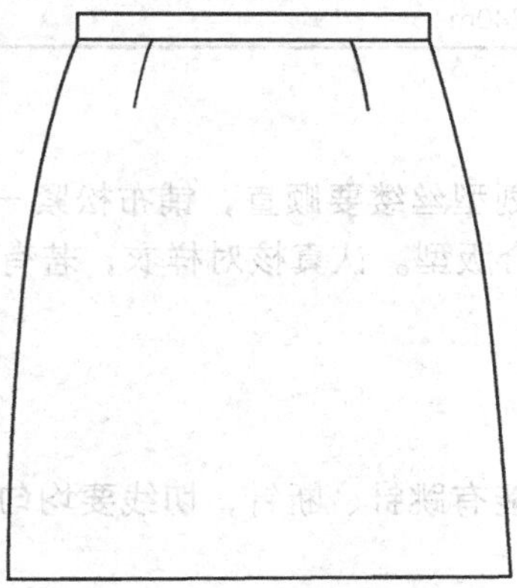

反面效果图

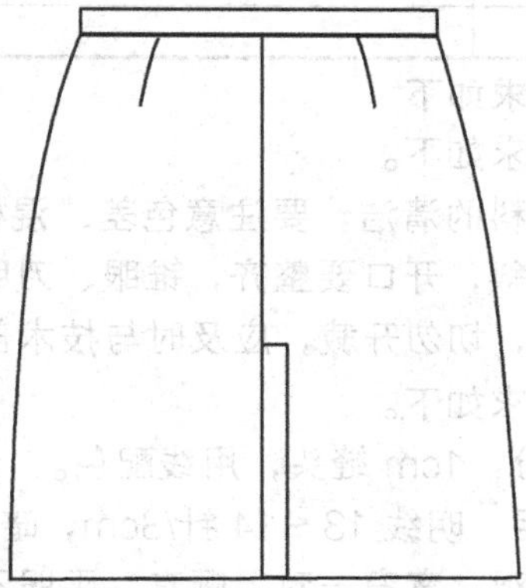

地区：×××　　客户：×××

款号：×××　　制板：×××

制单：×××　　审核：×××

×××服饰有限公司技术科

日期：××××年××月××日

大规格 单位：cm

部位 \ 号型	150/64	155/66	160/68	165/70	170/72	规格档差
腰围	64	66	68	70	72	2
裙长	55	57.5	60	62.5	65	2.5
臀围	90	92	94	96	98	2
下摆	82	84	86	88	90	2

小规格 单位：cm

部位 \ 号型	150/64	155/66	160/68	165/70	170/72	规格档差
腰头宽	3	3	3	3	3	—
下摆折边	4	4	4	4	4	—
后衩长/宽	15.9	16.6	17.3	18	18.7	0.7
拉链	18	18	18	18	18	—

面辅料表

面辅料名称	数量	颜色	描述	使用方法
面料		蓝色		
里料		蓝色	T/C	前后里
有胶衬			DR－8300	拉链护齿/腰里无松紧位
拉链	1 根	蓝色	两面拉链	用于后中
裤钩	1 付	银色		
纽扣	2 只	蓝色	1.5cm	用于后中/备扣
主标	1 只			夹于
洗标	1 只			
603 线	面底线＋拷边线：240m			

工艺要求如下

裁剪要求如下。

保持面料的清洁，要注意色差、混档、布疵、色杠，划型丝缕要顺直，铺布松紧一致，不起浪不歪斜，开口要整齐，锥眼、刀眼打准，裁坯要符合版型。认真核对样衣，若有遗漏或其他问题，切勿开裁，应及时与技术部门联系。

车缝要求如下。

① 缝份：1cm 缝头，用线配色。

② 针距：明线 13～14 针/3cm，暗线 14 针/3cm，不能有跳针、断针，切线要均匀，成衣切线要美观，宽窄一致、顺直，平服不起皱。

③ 里料：里料为 T/C 布，所有里缝要幌边，幌边要美观，密度大一些。

④ 后中装拉链，拉链要平服不起皱，左后片自带拉链护齿，拉链切线要顺直、美观。拉链的铁头在切线下口，拉链下口与铁头用布包覆。

锁钉要求如下。

① 挂钩扣：1 付，面底均要垫片，扣不转动。

② 锁平头：1 只。

③ 钉纽扣：1 只。

整烫要求如下。

整烫平服不起皱，无线头污迹，无极光。

二、男衬衫工艺单

×××服饰有限公司

男衬衫工艺单

正面效果图 反面效果图

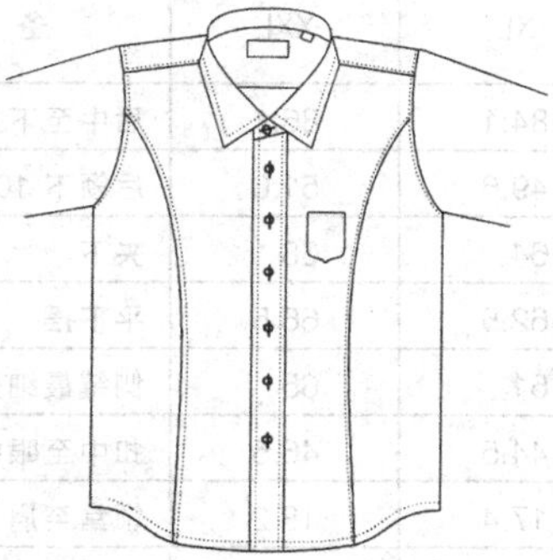

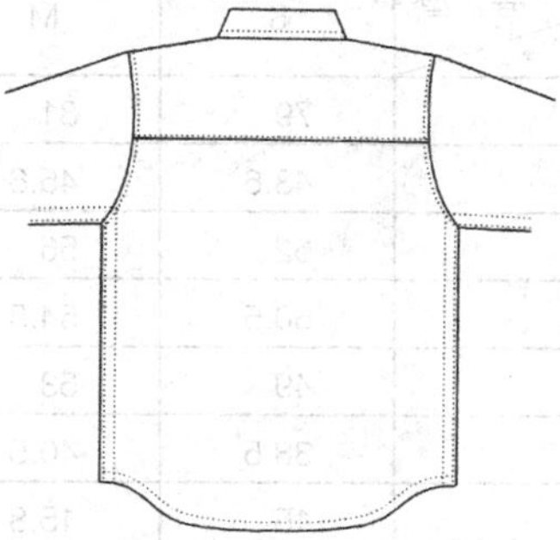

地区：×××　　客户：×××

款号：×××　　制板：×××

制单：×××　　审核：×××

×××服饰有限公司技术科

日期：××××年××月××日

成衣规格表 单位：cm

部位＼号型	S	M	L	XL	XXL	备　注
后衣长	78	80	82	83	85	后中至下摆边
后背宽	43	45	47	49	51	后领下 10cm 量
1/2 胸围	52	56	60	64	68	夹下
1/2 摆围	50.5	54.5	58.5	62.5	66.5	平下摆
1/2 腰围	49	53	57	61	65	侧缝最细处
领长	38	40	42	44	46	扣中至眼中
小肩长	15	15.8	16.6	17.4	18.2	领堂至肩
1/2 袖窿	25	26	27	28	29	肩至夹底直量
前胸宽	38	40	42	44	46	前袖窿最细处
袖长	65	66	67	68	69	肩至袖口
袖口	24.5	25.5	26.5	27.5	28.5	
领尖	9	9	9	9	9	
上领中宽	6	6	6	6	6	
下领中宽	5	5	5	5	5	
口袋宽	12.5	12.5	12.5	12.5	12.5	
口袋长	14	14	14	14	14	
口袋距门襟边	7.5	7.5	7.5	7.5	7.5	

续表

号型	S	M	L	XL	XXL	备注
口袋距肩顶点	25.5	25.5	26.5	26.5	27	
第一眼距	6	6	6	6	6	下领根量
锁钉距离	8.9	9.1	9.3	9.3	9.5	眼中至眼中
说明	男长袖衬衫前片破刀，袖口两只裥					

水洗前规格表 单位：cm

号型 部位	S	M	L	XL	XXL	备注
后衣长	79	81	83.1	84.1	86.1	后中至下摆边
后背宽	43.6	45.6	47.6	49.6	51.6	后领下 10cm 量
1/2 胸围	52	56	60	64	68	夹下
1/2 摆围	50.5	54.5	58.5	62.5	66.5	平下摆
1/2 腰围	49	53	57	61	65	侧缝最细处
领长	38.5	40.5	42.5	44.5	46.5	扣中至眼中
小肩长	15	15.8	16.6	17.4	18.2	领堂至肩
1/2 袖窿	25	26	27	28	29	肩至夹底直量
前胸宽	38	40	42	44	46	前袖窿最细处
袖长	65.8	66.8	67.8	68.8	69.8	肩至袖口
袖口	24.8	25.8	26.8	27.8	28.8	
领尖	9	9	9	9	9	
上领中宽	6	6	6	6	6	
下领中宽	5	5	5	5	5	
口袋宽	12.5	12.5	12.5	12.5	12.5	
口袋长	14.2	14.2	14.2	14.2	14.2	
口袋距门襟边	7.5	7.5	7.5	7.5	7.5	
口袋距肩顶点	25.8	25.8	26.3	26.3	27.4	
第一眼距	6	6	6	6	6	下领根量
锁钉距离	9	9.2	9.4	9.4	9.6	眼中至眼中
说明	男长袖衬衫前片破刀，袖口两只裥。水洗缩率：径向 1.3%，纬向 0					

工艺要求如下。

裁剪：

一件一顺排版，划皮清晰，排料整齐，裁片不多排、不漏排，铺布分清正反面、丝纹顺直，铺料层不宜多，铺料平服，松紧一致，推刀刀口整齐，压剪齐全、位置准确。打号位置按样板另外加放，布边针眼外露。成衣无油污、脏渍及油墨印等。

条格：

门里襟对主条，对横条，口袋对整布，袖克夫对直不对横，领尖对称，两只袖衩对横不对竖，其他部位横平竖直。

阴阳：

上下领阴阳一顺，下领翻下后与复势一顺，全件阴阳一顺。

用衬：

上领、下领用 2060－S 斜丝，袖口用 2060－S 直丝，小胶用 4262－S 直丝。

绣花：

口袋袋口绣标志，绣花线配面料主色。

缝制：

注意面料正反面，成衣针眼不得外漏，车线平服、顺直，线迹松紧一致，成衣各部位正反面都不允许有铅笔印，杜绝油污、脏渍及油墨印等，钉商标线配面料颜色。

锁钉：

锁眼钉扣用面料线，锁眼齿轮用 110#，钉扣为“×”形。眼位按规格表，不偏不歪，锁眼钉扣牢固，扣位与眼位相对。

整烫：

整烫平服，折叠端正，袋口要平，保持产品清洁，成衣不允许有任何笔迹、墨迹、油污、脏渍，杜绝沙头，注意成衣规格。

折叠：

立领包装，1 只方形胶夹，1 根纸领条（3.2cm×34cm），1 只吊牌，1 只小领卡，1 根铜针，2 只有齿胶夹，1 张拷贝纸（靠后身），1 只铜夹，1 张背板（慢板，双面白色，22cm×35cm），1 只吊粒，1 根胶领条，1 只备扣袋，吊牌在上，备扣袋在下，合并后挂在门襟第二粒钮眼中，吊牌反面贴一张贴纸，下摆放入袖山与后背之间。

包装：

一件一胶袋，胶袋外贴一张贴纸（贴纸分款号、颜色、成分、规格），贴在左下角距边 3cm 处。

一件一内盒，胶袋外用一张拷贝纸包住衣服，纸盒开窗右侧居中贴一张贴纸。

装箱：

10 件 1 箱，独色混码，比例为 1：2：3：3：1。采用无字透明封箱胶以“工”字形封箱，“1 1”形打包。

三、男西裤工艺单

×××服饰有限公司

男西裤工艺单

正面效果图　　　　反面效果图

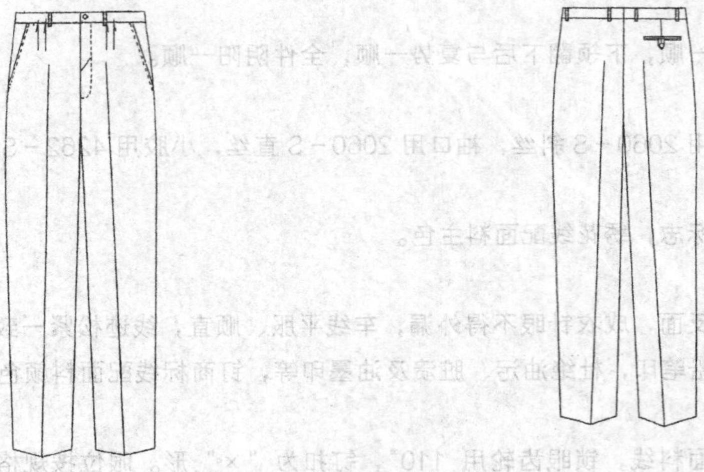

地区：×××	客户：×××
款号：×××	制板：×××
制单：×××	审核：×××

×××服饰有限公司技术科

日期：××××年××月××日

大规格 单位：cm

号型 部位	160/70	165/72	170/74	175/76	180/78	规格档差
腰围	72	74	76	78	80	2
裤长	97	100	103	106	109	3
臀围	100	102	104	106	108	2
直档	28.5	29.25	30	30.75	31.5	0.75
横档	65	67	69	71	73	2
脚口	23	23.5	24	24.5	25	0.5

小规格 单位：cm

号型 部位	160/70	165/72	170/74	175/76	180/78
腰宽	4	4	4	4	4
脚招边	4	4	4	4	4
门里襟	4/4	4/4	4/4	4/4	4/4
拉链长/门禁辑线长/宽	19/21/3.5	19.5/21.5/3.5	20/22/3.5	21.5/22.5/3.5	22/23/3.5
插袋口宽/大/止口	3/15/0.6	3/15/0.6	3/15.5/0.6	3/16/0.6	3/16/0.6
后袋宽/长	1/13	1/13	1/13.5	1/14	1/14
马王带长/宽	4.5/1	4.5/1	4.5/1	4.5/1	4.5/1
前襟收长	4	4	4	4	4

辅料耗用

名　称	单位(规格)	单　耗	名　称	单位(规格)	单　耗
腰衬	米	1.15	吊牌	只	1
腰里	米	1	线	米(603)	320
主标	只	1	拉链	根	1
水洗标	只	1	胶袋	只	1
纽扣	粒	3	封箱胶	米	0.4

工艺要求如下。

裁剪：

铺布前面料静放24h，注意布面疵点，面料无段差，纬斜不超标。严格控制裁片公差，小料不漏排。

压胶部位及用衬要求如下。

门襟、里襟、后袋嵌线、前插袋口部位使用无纺衬，腰使用腰面专用衬。

锁钉：

门襟锁圆头眼，眼直径1.7cm。门襟、后袋钉扣，纽扣大小为24L。

缝制：

明线针距13针/3cm，暗线针距13针/3cm。

主标钉于后袋垫口缉线下，居中位置，平针缉四周。水洗标钉于主标下面。

后裆缝缝份3.7cm，其余缝份1.2cm。

前插袋袋口明线宽0.6cm，门襟缉线3.5cm。

前插袋上下打套结，上套结从腰面向下1cm。后袋为双嵌线袋单口袋，开在右边，两头套结，袋口有扣袢。

训练题

1. 西服裙的打板、放码、排料和工艺文件编制。
2. 男西裤的打板、放码、排料和工艺文件编制。
3. 男衬衫的打板、放码、排料和工艺文件编制。
4. 女休闲风衣的打板、放码、排料和工艺文件编制。
5. 旗袍的打板、放码、排料和工艺文件编制。
6. 男夹克的打板、放码、排料和工艺文件编制。
7. 男童休闲西服的打板、放码、排料和工艺文件编制。
8. 女童连衣裙的打板、放码、排料和工艺文件编制。

参考文献

[1] 尚笑梅等. 服装 CAD 应用手册. 北京：中国纺织出版社，1999.
[2] 斯蒂芬·格瑞著. 服装 CAD/CAM 概论. 张辉，张玲译. 北京：中国纺织出版社，2000.
[3] 谭雄辉等. 服装 CAD. 北京：中国纺织出版社，2002.
[4] 张鸿志. 服装 CAD 原理与应用. 北京：中国纺织出版社，2005.